新材料领域普通高等教育系列教材

功能材料性能测试方法

朱和国　徐　锋　唐国栋　董宇辉　夏求应　主编

科学出版社

北　京

内 容 简 介

本书主要介绍功能材料的结构、形貌和成分与其性能的分析测试方法。结构分析技术主要包括 X 射线衍射、电子衍射、电子背散射衍射、中子衍射等。形貌分析技术主要有扫描电子显微镜、扫描透射电子显微镜、扫描隧道显微镜、原子力显微镜、透射电子显微镜、冷冻电子显微镜等。成分分析技术主要包括俄歇电子能谱、X 射线光电子能谱、特征 X 射线能谱（电子探针）、原子探针、X 射线荧光光谱及光谱分析（原子光谱、红外光谱、激光拉曼光谱）等。性能分析技术主要包括功能材料的光、声、电、热、磁、电化学和力学性能的测试方法、原理特点及其应用。本书对每章内容均作了小结，并附有适量的习题。本书配套了重难点的讲解视频，读者可扫描二维码观看。

本书可作为高等学校材料类专业本科生、研究生的教材，也可供相关学科与专业的读者参考。

图书在版编目（CIP）数据

功能材料性能测试方法 / 朱和国等主编. -- 北京：科学出版社，2025.3 --（新材料领域普通高等教育系列教材）. -- ISBN 978-7-03-080750-2

Ⅰ. TB34

中国国家版本馆 CIP 数据核字第 2024W7P795 号

责任编辑：侯晓敏　智旭蕾 / 责任校对：杨　赛
责任印制：张　伟 / 封面设计：无极书装

科学出版社 出版

北京东黄城根北街 16 号
邮政编码：100717
http://www.sciencep.com

北京厚诚则铭印刷科技有限公司印刷
科学出版社发行　各地新华书店经销

*

2025 年 3 月第 一 版　　开本：787×1092　1/16
2025 年 3 月第一次印刷　　印张：19
字数：474 000

定价：78.00 元

（如有印装质量问题，我社负责调换）

丛 书 序

材料是人类社会发展的里程碑和现代化的先导，见证了从石器时代到信息时代的跨越。进入新时代以来，新材料领域的发展可谓日新月异、波澜壮阔，低维、高熵、量子、拓扑、异构、超结构等新概念层出不穷，飞秒、增材、三维原子探针、双球差等加工与表征手段迅速普及，超轻、超强、高韧、轻质耐热、高温超导等高新性能不断涌现，为相关领域的科技创新注入了源源不断的活力。

在此背景下，为满足新材料领域对于立德树人的"新"要求，我们精心编撰了这套"新材料领域普通高等教育系列教材"，内容涵盖了"纳米材料""功能材料""新能源材料"以及"材料设计与评价"等板块，旨在为高端装备关键核心材料、信息能源功能材料领域的广大学子和材料工作者提供一套体现时代精神、融汇产学共识、凸显数字赋能的专业教材。

我们邀请了来自南京理工大学、北京理工大学、北京科技大学、中南大学、东南大学等多所高校的知名学者组成了优势教研团队，依托虚拟教研室平台，共同参与编写。他们不仅具有深厚的学术造诣、先进的教育理念，还对新材料产业的发展保持着敏锐的洞察力，在解决新材料领域"卡脖子"难题方面有着成功的经验。不同学科学者的参与，使得本系列教材融合了材料学、物理学、化学、工程学、计算科学等多个学科的理论与实践，能够为读者提供更加深厚的学科底蕴和更加宽广的学术视野。

我们希望，本系列教材能助力广大学子探索新材料领域的广阔天地，为推动我国新材料领域的研究与新材料产业的发展贡献一份力量。

陈光

2024 年 8 月于南京

前　　言

材料、信息和能源是现代科学技术重点发展的三大领域，材料又是信息和能源发展的物质基础，是重中之重，没有先进材料就没有现代科技。材料按其功能可分为结构材料和功能材料两大类，结构材料具有良好的力学性能，而功能材料不仅具有良好的光、电、声、热、磁及电化学等特性，应用十分广泛，也是易被"卡脖子"的重点领域。功能材料的各种性能测试方法的合理选择与应用是对功能材料进行科学研究和性能改进的前提，也是广大材料科学工作者的必备知识。

本书是新兴领域"十四五"高等教育教材新材料领域系列教材之一。全书包括功能材料的光、电、声、热、磁、电化学及力学等性能测试方法及材料的结构、形貌和成分的分析方法。对每章内容均作了小结，便于读者复习和掌握所学内容，对于一些重要的分析方法，还列举了相关的分析实例，帮助读者深刻领会材料分析的科学思路，掌握该分析什么、为何分析及怎样分析。全书力求内容深度适中，表述繁简结合，通俗易懂。

本书共 10 章，由南京理工大学材料科学与工程学院一线教师编写而成，具体编写分工为：第 1~3、10 章由朱和国编写，第 4、8 章由唐国栋编写，第 5、7 章由徐锋编写，第 6 章由董宇辉编写，第 9 章由夏求应编写，全书由朱和国统稿。

本书广泛参考和引用了其他材料科学工作者的研究成果，在编写过程中得到了南京理工大学教务处及材料科学与工程学院领导的积极支持，东南大学吴申庆教授的热情鼓励，以及黄思睿、吴健、杨泽晨等研究生的鼎力协助，在此表示深深的敬意和感谢！

由于作者水平有限，书中难免有疏漏之处，敬请广大读者批评指正。

朱和国

2024 年 9 月于南京

目　　录

第1章

功能材料结构分析

功能材料的成分、显微形貌对其性能有着重要影响，材料的物相结构、晶体结构同样直接决定功能材料的性能。因此，结构分析是材料研究中最关键的一环，结构分析的方法主要有 X 射线衍射法、电子衍射法、电子背散射衍射法、中子衍射法等，其中电子衍射法又分为低能电子衍射法和高能电子衍射法两种。本章主要介绍上述分析技术的分析原理、方法和应用。

1.1 X 射线衍射法

1.1.1 X 射线衍射原理

X 射线是波长为 0.001~10nm 的电磁波，射入晶体时，作用于束缚较紧的电子，电子发生晶格振动，向空间辐射与入射波频率相同的电磁波（散射波），该电子成为新的辐射源，所有电子的散射波均可看成是由原子中心发出的，这样每个原子就成为发射源，它们在空间中发生干涉，在某些固定方向得到增强或减弱甚至消失，产生衍射现象，形成波的干涉图案，即衍射花样，可用于物相的晶体结构分析。

1. X 射线衍射的方向

X 射线的衍射方向主要由劳厄方程、布拉格方程及衍射矢量方程决定。

1）劳厄方程

劳厄方程是三维方向均应满足衍射条件，即光程差为波长的整数倍。为此设三维方向的单位矢量分别为 a、b 和 c，入射方向与三维 a、b 和 c 方向的夹角分别为 α_0、β_0 和 γ_0，衍射方向的夹角则为 α、β 和 γ，衍射时以下方程组成立

$$\left.\begin{array}{l} a\cos\alpha - a\cos\alpha_0 = h\lambda \\ b\cos\beta - b\cos\beta_0 = k\lambda \\ c\cos\gamma - c\cos\gamma_0 = l\lambda \end{array}\right\} \tag{1-1}$$

或写为矢量式

$$\left.\begin{array}{l} a\cdot(s-s_0) = h\lambda \\ b\cdot(s-s_0) = k\lambda \\ c\cdot(s-s_0) = l\lambda \end{array}\right\} \tag{1-2}$$

式中，h、k、l 为正整数；s_0 和 s 分别为入射线和反射线的单位矢量；λ 为 X 射线的波长。劳

厄方程从理论上解决了 X 射线衍射的方向问题。但方程组中除了 α、β、γ 外，其余均为常数，由于在三维空间中还应满足方向余弦定理，即 $\cos^2\alpha_0 + \cos^2\beta_0 + \cos^2\gamma_0 = 1$ 和 $\cos^2\alpha + \cos^2\beta + \cos^2\gamma = 1$，这样研究 X 射线的衍射方向时须同时考虑五个方程，实际使用不便。布拉格父子（W. H. Bragg 和 W. L. Bragg）对此进行了简化研究，并推导出了简单实用的布拉格方程。

2）布拉格方程

布拉格父子对 X 射线衍射进行了以下几点假设：①原子静止不动；②电子集中于原子核；③X 射线平行入射；④晶体由无数个平行晶面组成，X 射线可同时作用于多个晶面；⑤晶体到感光底片的距离为几十毫米，衍射线视为平行光束。这样晶体被看作由无数个晶面组成，晶体的衍射被看作某些晶面对 X 射线的选择反射，见图 1-1。M、M_1 分别为两个原子，且 MM_1 不垂直于晶面。

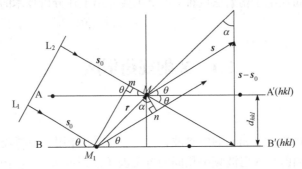

图 1-1　布拉格方程导出示意图

设入射线和反射线的单位矢量分别为 s_0 和 s，分别过 M_1 和 M 作入射矢量和反射矢量的垂线，垂足分别为 m 和 n，由矢量知识可知（$s-s_0$）垂直于反射晶面，方向朝上，其大小为 $|s-s_0|=2\sin\theta$。相邻晶面的光程差

$$\delta = M_1n - mM = r\cdot s - r\cdot s_0 = r(s-s_0) = |r|2\sin\theta\cos\alpha \qquad （1\text{-}3）$$

式中，α 为 r 与（$s-s_0$）的夹角，显然 $|r|\cos\alpha = d_{hkl}$。

所以，$\delta = 2d_{hkl}\sin\theta$，当光程差为波长的整数倍，即 $\delta = n\lambda$（n 为正整数）时，则在该方向上的散射线满足相干条件，产生衍射现象。

$$2d_{hkl}\sin\theta = n\lambda \qquad （1\text{-}4）$$

即为布拉格方程。式中，θ 为布拉格角，又称掠射角或衍射半角。

3）衍射矢量方程

可由劳厄方程推导出衍射矢量方程：

$$\frac{s-s_0}{\lambda} = h\boldsymbol{a}^* + k\boldsymbol{b}^* + l\boldsymbol{c}^* \qquad （1\text{-}5）$$

式中，s_0 和 s 分别为入射线和反射线的单位矢量；（hkl）为某一衍射晶面；$\boldsymbol{a}^*$、$\boldsymbol{b}^*$、$\boldsymbol{c}^*$ 分别为倒空间的单位矢量。该方程即为衍射矢量方程。其物理意义是当单位衍射矢量与单位入射矢量的差为倒易矢量时，衍射就可发生。

其实，衍射矢量方程、劳厄方程和布拉格方程均是表示衍射方向条件的方程，只是角度不同而已。从衍射矢量方程也可方便地推导出其他两个方程，即由矢量方程分别在晶胞的三个单位矢量 a、b、c 上的投影即可获得劳厄方程，若衍射矢量方程两边取标量、化简则可得到布拉格方程。由此可见，衍射矢量方程可以看作衍射方向条件的统一式。

2. X 射线的衍射强度

布拉格方程解决了衍射的方向问题，但能否产生衍射花样还取决于衍射线的强度。满足布拉格方程只是发生衍射的必要条件，衍射强度不为零才是产生衍射花样的充分条件。

多晶多相材料中 j 相的衍射强度为

$$I_j = \frac{I_0}{32\pi R} \cdot \frac{e^4}{(4\pi\varepsilon_0)^2 m^2 c^4} \cdot F_{hkl}^2 \frac{\lambda^3}{V_{0j}^2} \cdot V_j \cdot \frac{1+\cos^2 2\theta}{\sin^2\theta\cos\theta} \cdot PA\mathrm{e}^{-2M} \qquad (1\text{-}6)$$

式中，I_0 为 X 射线的入射强度；R 为距 X 射线作用点的距离，通常 R 可取单位 1；e 为电子电荷；ε_0 为真空介电常数；m 为电子质量；c 为电磁波速度；V_{0j} 为 j 相的单胞体积；V_j 为 X 射线的辐照体积；2θ 为散射角；P 为多重因子；A 为吸收因子；F_{hkl}^2 为结构因子；$\dfrac{1+\cos^2 2\theta}{\sin^2\theta\cos\theta}$ 为角度因子；e^{-2M} 为温度因子。该式得到的是衍射强度的绝对值，计算过程非常复杂，实际衍射分析中仅需要衍射强度的相对值，即

$$I_{j\text{相对}} = F_{hkl}^2 \cdot \frac{1+\cos^2 2\theta}{\sin^2\theta\cos\theta} \cdot P \cdot A \cdot \mathrm{e}^{-2M} \frac{V_j}{V_{0j}^2} \qquad (1\text{-}7)$$

式中，F_{hkl} 为结构振幅，其定义为

$$F_{hkl} = \frac{A_\mathrm{b}}{A_\mathrm{e}} = \frac{\text{单胞中所有原子的相干散射波的合成振幅}}{\text{单个电子相干散射波的振幅}} = \sum_{j=1}^{n} f_j \mathrm{e}^{\mathrm{i}\varphi_j} \qquad (1\text{-}8)$$

其中，

$$\varphi_j = 2\pi(hx_j + ky_j + lz_j) \qquad (1\text{-}9)$$

式中，h、k、l 为干涉面指数；(x_j, y_j, z_j) 为晶胞中原子的坐标；f_j 为原子散射因子；i 是虚数。

当 $F_{hkl}^2 = 0$ 时，即使满足布拉格方程，其衍射强度仍然为 0，此时发生消光现象，常见的消光规律见表 1-1。因此，产生衍射强度的充要条件是：①满足布拉格方程；②结构因子不为 0。

表 1-1　常见点阵的消光规律

点阵类型	简单点阵							底心点阵		体心点阵			面心点阵	
	简单单斜	简单斜方	简单正方	简单立方	简单六方	菱方	三斜	底心单斜	底心斜方	体心斜方	体心正方	体心立方	面心立方	面心斜方
消光规律（$F_{hkl}^2 = 0$）	无点阵消光							h、k 奇偶混杂，l 无要求		$h+k+l=$ 奇数			h、k、l 奇偶混杂	

1.1.2 X射线物相分析

1. X射线衍射仪

X射线衍射仪主要由X射线发生器、测角仪、辐射探测器、记录单元及附件（高温、低温、织构测定、应力测量、试样旋转等）等部分组成。其中测角仪最为重要，是X射线衍射仪的核心部件。

测角仪有水平与垂直两种布置方式，分别见图1-2和图1-3。新型X射线衍射仪中的测角仪均采用垂直布置方式，此时试样可水平放置，安装方便，并可提高试样在旋转过程中的稳定性。水平与垂直两种布置方式的原理完全相同。图1-2为水平布置测角仪。样品D为平板试样，置于样品台的中央，X射线源S是X射线管靶面上的线状焦斑产生的线状光源，线状方向与测角仪的中心转轴平行。线状光源首先经过索拉狭缝S_1，索拉狭缝S_1由一组平行的重金属（钼或钽）薄片组成，片厚约0.05mm，片间空隙在0.5mm以下，宽度以度（°）计量，有0.5°、1°、2°等多种，长度为30mm，这样线状光源经过索拉狭缝S_1后，在高度方向上的发散受到限制，随后通过狭缝光阑K，使入射X射线在宽度方向上的发散也受到限制，因此经过S_1和K后，X射线将以一定的高度和宽度照射在样品表面，样品中满足布拉格衍射条件的某组晶面将发生衍射，衍射线经过狭缝光阑L、索拉狭缝S_2和接收光阑F后，以线状进入计数管C，记录X射线的光子数，获得晶面衍射的相对强度。计数管与样品同时转动，且计数管的转动角速度为样品的两倍，这样可保证入射线与衍射线始终保持2θ夹角，从而使计数管收集到的衍射线是与样品表面平行的晶面产生的。当样品与计数管连续转动时，θ由低向高变化，计数管将逐一记录各衍射线的相对强度，并从刻度盘M上读出发生衍射的位置2θ，从而形成$I_{相对}$-2θ的关系曲线，即X射线的衍射花样。图1-4即为面心立方结构合金的衍射花样，纵坐标单位为每秒脉冲数（cps）。衍射晶面均平行于试样表面，晶面间距从左到右逐渐减小。衍射强度反映试样中相应指数的晶面平行于试样表面所在晶面的体积分数，意味着所有晶面间距由大到小（$d_{\min}=n\lambda/2, n=1$）平行于试样表面的晶面（$F_{hkl}^2 \neq 0$），依次参与衍射形成相应的衍射峰。

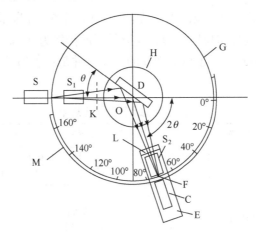

图1-2　水平布置测角仪结构原理图

C：计数管；S_1、S_2：索拉狭缝；D：样品；E：支架；K、L：狭缝光阑；F：接收光阑；G：测角仪圆；H：样品台；
O：测角仪中心轴；S：X射线源；M：刻度盘

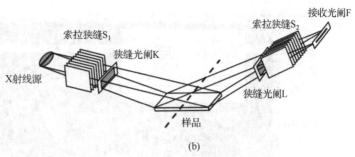

(a)　　　　　　　　　　　　　　　　　　　　　　(b)

图1-3　（a）D8 Advance 测角仪及其（b）光路图

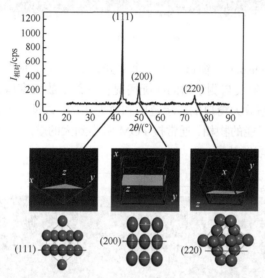

图1-4　面心立方结构合金的 $I_{相对}$ -2θ 衍射图

2. X 射线物相分析

X 射线的衍射分析是以晶体结构为基础的。X 射线衍射花样反映了晶体中的晶胞大小、点阵类型、原子种类、原子数目和原子排列等规律。每种物相均有自己特定的结构参数，因而表现出不同的衍射特征，即衍射线的数目、峰位和强度。即使该物相存在于混合物中，也不会改变其衍射花样。尽管物相种类繁多，却没有两种衍射花样特征完全相同的物相，这类似于人的指纹，没有两个人的指纹完全相同。因此，将各种标准相的衍射花样建成数据库或卡片，并制定出统一的检索规则。这样，物相分析工作的关键就在于衍射花样的测定和卡片的检索对照，卡片的检索对照可由计算机软件完成，常用软件主要是 Jade 和 XRD workshop 两种。

1）Jade 软件的物相定性分析

打开文件，"File"→"Read"→选中需要打开的文件，文件格式为".raw"，物相检索分三轮检索。

（1）第一轮检索。

（i）打开图谱，不做任何处理，鼠标右键点击"S/M"按钮，打开检索条件设置对话框，再点击"OK"按钮，进入"Search/Match Display"窗口，见图1-5。

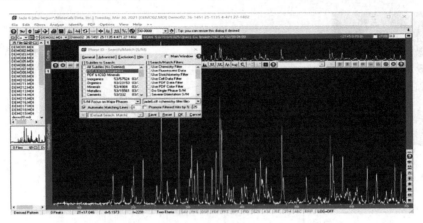

图 1-5   测量图谱

（ii）"Search/Match Display" 窗口分为三个部分，见图 1-6。顶部是全谱显示窗口，可以观察全部 PDF 卡片的衍射线与测量谱的匹配情况；中部是放大窗口，可观察局部匹配的细节，通过右边按钮可调整放大窗口的显示范围和放大比例，以便观察得更清楚；底部是检索列表，从上至下列出最可能的物相，通常按 FOM 由小到大的顺序排列，FOM 为匹配率的倒数，数值越小，表示匹配度越高。

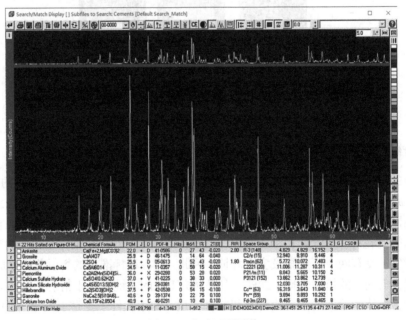

图 1-6   自动匹配图谱

（iii）物相鉴定完成后，关闭窗口返回主窗口。

第一轮检索一般可测出主要物相。

（2）第二轮检索。

（i）限定条件检索。限定条件主要是限定样品中存在的元素或化学成分，右键点击 "S/M" 右侧的 按钮，进入元素周期表对话框，见图 1-7。

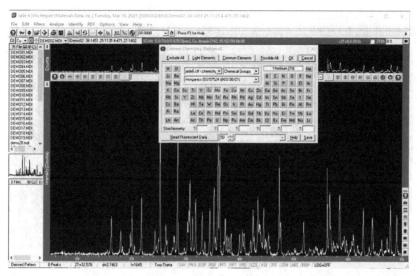

图 1-7　所有限定元素图

（ii）将样品中可能存在的元素全部输入，点击 "OK"，得出所有可能的组成相，见图 1-8。

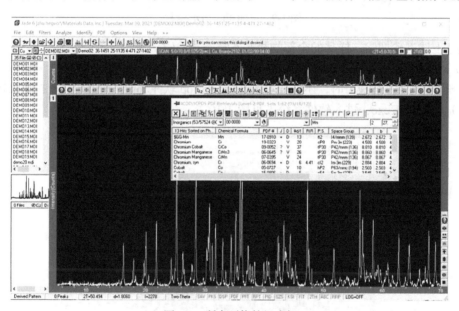

图 1-8　所有可能的组成相

（iii）出现每种物质对应的峰，通过衍射峰找出对应物相。第二轮检索一般能将剩余相检索出来。

（3）第三轮检索。

（i）如果经过前两轮检索尚有不能检索出的物相存在，也就是有个别的小峰未被检索出对应的物相，此时可用单峰搜索进行搜索。

（ii）在主窗口中选择 "Analyze" → "Find Peaks"。

（iii）在峰下面画一条底线，指定该峰，鼠标右键点击 "S/M"。此时，软件会列出在此峰位置处出现衍射峰的标准卡片列表，见图 1-9。

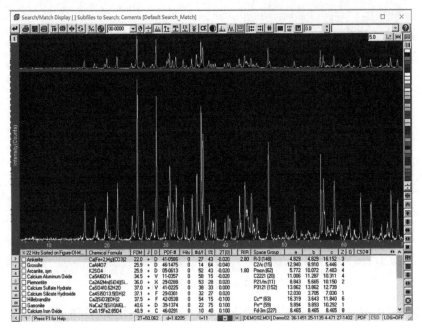

图 1-9　可能相的 PDF 卡片

通过上述三轮搜索，样品的全部物相基本都能被检索出来。

2）XRD workshop 查找物相

已知研究对象所含成分时，还可采用 XRD workshop 软件进行物相鉴定，查找步骤如下。

（ⅰ）点击 PDF.exe，进入软件系统，见图 1-10。

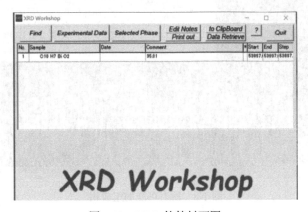

图 1-10　XRD 软件封面图

　　（ⅱ）点击 "Find"，在空白框中输入相的组成元素，如 B 和 Ti，点击 "Search" 得图 1-11，可见 Ti 与 B 可以组成 5 种不同结构的相，每一种相分别对应不同的 PDF 卡片，如第五种 TiB_2 相，点击 "Experimental Data" 即可获得其对应的 PDF 卡片，见图 1-12。当卡片上的衍射峰能与实验结果所有峰一一吻合时，即可认定实验结果中有卡片对应的相。如果实验结果的衍射峰中扣除卡片上所有相应峰后，尚有余峰，表明样品为多相组成，此时可将剩余峰进行归一化处理，再与剩余可能对应的 PDF 卡片一一核实，直至所有峰对应完毕。该软件使用方便，过程简洁明了，得到了广泛应用。

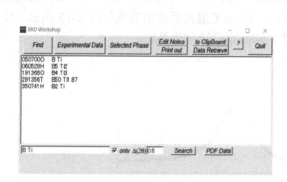

图 1-11 B 和 Ti 可能组成的相

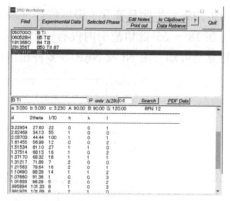

图 1-12 TiB₂ 对应的 PDF 卡片

1.1.3 非晶态物质 X 射线衍射分析

1. 非晶态物质的衍射花样

非晶态物质结构的主要特征是质点排列短程有序而长程无序，没有晶胞、晶面及其表征的结构常数或晶面指数的概念，其衍射图由少数的几个漫散峰组成，如图 1-13 所示。非晶态物质结构中的漫射峰又称馒头峰，是区分晶态和非晶态的最显著标志，同时也能提供以下结构信息。

（1）与峰位对应的是相邻分子或原子间的平均距离，其近似值可由非晶衍射的准布拉格方程 $2d\sin\theta = 1.23\lambda$ 获得：

$$d = \frac{1.23\lambda}{2\sin\theta} \tag{1-10}$$

（2）漫散峰的半高宽即为短程有序区的大小 r_s，其近似值可通过谢乐公式 $L\beta\cos\theta = K\lambda$ 中的 L 表征，即

$$r_s = L = \frac{K\lambda}{\beta\cos\theta} \tag{1-11}$$

式中，β 为漫散峰的半高宽，单位为弧度；K 为常数，一般取 $0.89\sim0.94$。r_s 的大小反映了非晶物质中相干散射区的尺度。

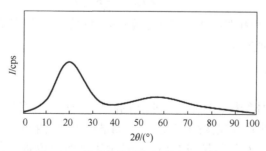

图 1-13 非晶态物质的衍射花样示意图

2. 非晶态物质的晶化

（1）晶化过程。非晶态为亚稳定态，热力学不稳定，有自发向晶态转变即晶化的趋势，

其衍射图将发生明显变化，漫射峰逐渐演变成结晶峰。图 1-14 为 Ni-P 合金非晶态时的衍射图，在 18°～65°低角范围内仅有一个漫射峰，经 500℃退火后其衍射图如图 1-15 所示，由定相分析可知它由 Ni 及 Ni₃P 等多种相组成，非晶态已转化为晶态。

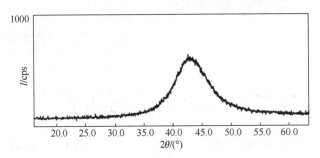

图 1-14　Ni-P 合金非晶态时的 X 射线衍射图

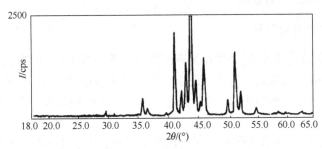

图 1-15　Ni-P 合金 500℃退火晶化后的 X 射线衍射图

（2）结晶度测定。结晶度是指非晶态物质在晶化过程中的结晶相所占比值：

$$X_{c} = \frac{W_{c}}{W_{0}} \tag{1-12}$$

式中，W_c 为结晶相的质量；W_0 为物质的总质量，由非晶相和结晶相两部分组成；X_c 为结晶度。

结晶度可采用 X 射线衍射法进行测定，即测定样品中的结晶相和非晶相的衍射强度，再代入式（1-13）计算结晶度。

$$X_{c} = \frac{I_{c}}{I_{c} + KI_{a}} = \frac{1}{1 + KI_{a}/I_{c}} \tag{1-13}$$

式中，I_c、I_a 分别为结晶相和非晶相的衍射强度；K 为常数，它与实验条件、测量角度范围、晶态与非晶态的密度比值有关。

1.1.4　单晶体的取向分析

根据单晶材料的晶体结构，选定待测取向的晶面（hkl）、单色辐射、晶体转动，计算出衍射角 $2\theta_{hkl}$，将计数管固定在衍射角 $2\theta_{hkl}$ 上，测量过程中衍射角固定不变。将晶体安置在特殊的装置上，四圆单晶衍射仪见图 1-16，晶体分别做两种转动：①晶体表面法线的倾转，角度为 α，转动范围 0°～90°，分级转动；②绕晶体表面法线的转动，角度为 β，转动范围 0°～360°，连续转动。当晶体分别位于一系列设定的 α 时，试样均做 β 为 0°～360°的连续转动，同时记录每一时刻的衍射计数强度，直至出现最大衍射强度 I_{max} 为止，此时对应的 α、 β 即为待测晶面的取向角, 见图 1-17 中的 N 点, 由方向余弦公式得另一取向角 γ。单晶体中取三个互相垂直的晶面, 分别测定其取向角, 用取向矩阵 **g** 表征该晶体的取向。

图 1-16 单晶体取向测定装置 (四圆单晶衍射仪)

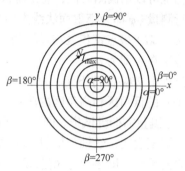

图 1-17 衍射仪的单晶取向角

1.1.5 多晶体的织构分析

1. 织构、分类与指数表征

单晶体呈现各向异性, 而多晶体因晶粒数目多且各晶粒的取向随机分布, 呈现出各向同性。然而, 一定条件下多晶体中部分晶粒的某一个晶面 (hkl) 法向可能会在空间的某一个方向上聚集, 导致晶粒取向不再随机分布, 这种多晶体中部分晶粒取向规则分布的现象, 就是晶粒的择优取向。具有择优取向的组织状态类似于天然纤维或织物的结构和纹理, 故称为织构。

根据择优取向分布的特点, 织构可分为丝织构、面织构和板织构三种, 如图 1-18 所示。

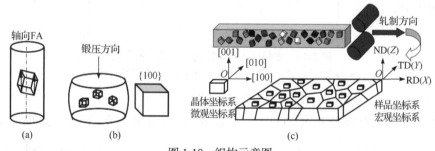

图 1-18 织构示意图

(a) 丝织构⟨110⟩; (b) 面织构{100}; (c) 板织构{100}⟨100⟩

(1) 丝织构是指多晶体中大多数晶粒均以某一晶体学方向⟨uvw⟩与材料的某个特征外观方向 (如拉丝方向或拉丝轴) 平行或近于平行, 如图 1-18 (a) 所示。由于该种织构在冷拉金属丝中表现得最为典型, 故称为丝织构, 一般采用晶向指数⟨uvw⟩表征。

(2) 面织构是指一些多晶材料在锻压或压缩时, 多数晶粒的某一晶面法线方向平行于压缩力轴向形成的织构, 如图 1-18 (b) 所示。常用垂直于压缩力轴向的晶面{hkl}表征。

(3) 板织构是指一些多晶材料在轧制时, 晶粒会同时受到拉伸和压缩力的作用, 多数晶粒的某晶向⟨uvw⟩平行于轧制方向 (简称轧向)、某晶面{hkl}平行于轧制表面 (简称轧面) 形成的织构, 如图 1-18 (c) 所示。采用平行于轧面的晶面指数{hkl}和平行于轧向的晶向⟨uvw⟩共同表征, 也可将面织构归类于板织构。

2. 丝织构的测试方法

丝织构也可以用极图表征，且无需织构测试附件，仅利用普通测角仪的转轴让试样沿 φ 角转动进行测量（φ 即为衍射面法线方向与试样测试表面法线方向的夹角，变动范围为 $0°\sim 90°$），为求（hkl）极点密集区与丝轴的夹角 α，只需测定沿极图径向衍射强度的变化即可。极图中的峰所在 φ 即为 α。

测量过程中 $2\theta_{hkl}$ 保持不变，为了解（hkl）极点密度沿径向 $0°\sim 90°$ 的分布，需要两种试样分别用于 φ 的低角区和高角区的测定。

φ 低角区测量需捆绑试样，即采用捆扎在一起的丝镶嵌在塑料框内，端面磨平、抛光和侵蚀后作为测试表面，丝轴与衍射仪转轴垂直，如图 1-19（a）所示，此时，丝轴方向与衍射面法线方向重合，即 $\varphi=0°$。衍射发生在丝轴的端面，衍射强度随 φ 的变化反映了极点密度沿极网径向的分布。显然，试样绕衍射仪轴的转动范围为 $0°<\varphi<\theta_{hkl}$。

φ 高角区测量需将丝并排在一块平板上，磨平、抛光和侵蚀后作为测试表面，丝轴与衍射仪转轴垂直，衍射发生在丝轴的侧面，如图 1-19（b）所示，以图中 $\varphi=90°$ 为初始位置，试样连续转动，同时记录衍射强度随 φ 的变化规律。该方式的测量范围为 $90°-\theta_{hkl}<\varphi<90°$。

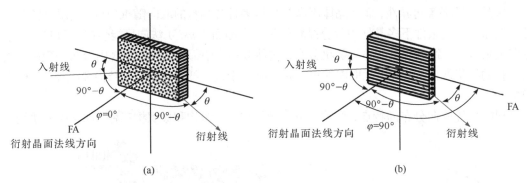

图 1-19　多丝丝织构测定的衍射几何示意图
（a）φ 低角区（图示位置 $\varphi=0°$）；（b）φ 高角区（图示位置 $\varphi=90°$）

将 φ 高角区和 φ 低角区的数据绘制成 I_φ-φ 曲线。

图 1-20（a）为冷拉铝丝 {111} 的 I_φ-φ 曲线。结果表明在丝轴方向，即 $\varphi=0°$

$$\left(\cos\varphi=\frac{1\times 1+1\times 1+1\times 1}{\sqrt{1^2+1^2+1^2}\sqrt{1^2+1^2+1^2}}=1\right)$$ 与丝轴方向夹角 $70.5°$ $$\left(\cos\varphi=\frac{1\times 1+1\times 1+(-1)\times 1}{\sqrt{1^2+1^2+1^2}\sqrt{1^2+1^2+(-1)^2}}=\frac{1}{3}\right)$$

处具有较高的〈111〉极点密度。这说明丝材大部分晶粒的〈111〉晶向平行于丝轴，表明丝材具有很强的〈111〉织构。图 1-20（a）中在 $\varphi=54.73°$ 处存在另一矮峰，铝为立方晶系，其〈100〉与 {111} 的夹角为 $54.73°$ $$\left(\cos\varphi=\frac{1\times 1+1\times 0+1\times 0}{\sqrt{1^2+1^2+1^2}\sqrt{1^2+0^2+0^2}}=\frac{\sqrt{3}}{3},\varphi=54.73°\right)$$，在 $\varphi=54.73°$ 处出现一定大小的 {111} 极点密度峰，表示丝材中还有部分晶粒的〈100〉晶向平行于丝轴，部分晶粒的 {111} 与〈100〉成 $54.73°$，即丝材还具有弱的〈100〉织构。每种织构的体积分数正比于 I_φ-φ 曲线上相应峰的面积。计算得〈111〉织构体积分数为 0.85，〈100〉织构体积分数为 0.15。其对应的丝织构极图和几何关系如图 1-20（b）～（d）所示。

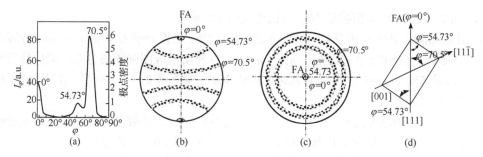

图 1-20 冷拉铝丝 {111} 的 I_φ-φ 曲线及其丝织构极图

（a）I_φ-φ 曲线；（b）投影面平行于丝轴；（c）投影面垂直于丝轴；（d）几何关系

3. 板织构的测试方法

板织构的表征方法通常有极图、反极图和三维取向分布函数 3 种，测试方法如下。

1）极图测定

板织构的极图法测定需在衍射仪轴上安装专门的极图附件[图 1-21（a）]进行。极图附件原理是将试样绕轧向在 0°～90° 范围按一定间隔选取 α 角（一般 $\Delta\alpha=5°$），重复进行绕试样表面法线转动 0°～360° 的 β 扫描，从而获得多晶粒试样中的某一设定晶面的 X 射线衍射强度，再经一定的数据处理或绘制成极图，反映材料中择优取向的程度。板织构的测定一般选用 X 射线衍射仪进行，采用透射法测绘极图的边缘部分，反射法测定极图的中央部分，再将两部分的测量数据经过归一化处理后，合并绘制出板织构的完整极图。

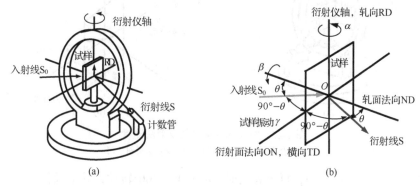

图 1-21 板织构的衍射仪透射法测量

（a）透射法实验装置示意图；（b）透射法衍射几何

（1）透射法。

采用透射法测量板织构，要求试样厚度足够小，通常试样厚度为 0.05~0.1mm。待测试样在衍射仪上的安装以及极图附件的布置及其原理如图 1-21 所示。图 1-21（a）中的计数管安装在 2θ 驱动盘上（固定不动），欧拉环也安装在驱动盘上，它可以绕衍射仪上的衍射仪轴单独地转动。

图 1-21（b）为透射法的衍射几何，此时轧面平分入射线与衍射线间夹角，衍射晶面的法线与轧面共面，$\alpha=0°$。试样绕衍射仪轴（轧向 RD）做 α 转动：沿衍射仪轴向下看，试样逆时针转动时 α 为正值。试样绕自身表面法线做 β 转动：沿入射 X 射线束看，顺时针转动时 β 为正值。试样的初始位置：$\alpha=0°$；轧向 RD 与衍射仪轴重合时 $\beta=0°$。此时，欲探测的衍

射晶面（hkl）法向 ON（衍射角 2θ）与试样横向 TD 重合。

极图是（hkl）晶面在轧面上的极射赤面投影，图示位置 $\alpha=\beta=0°$。此时 β 顺时针转动至 360°，测得的 I_{hkl}（$\alpha=0°$，β）反映了晶面（hkl）极点密度沿极图圆周的分布。试样绕衍射仪轴逆时针转动 5°，即 $\alpha=5°$，再令 β 顺时针转动 360°，则所得的 I_{hkl}（$\alpha=5°$，β）反映了极图 5°圆上极点密度的分布。

显然，α 的转动范围为 0°～90°-θ，当 α 接近 90°-θ 时，计数管收集困难，因此透射法适合于 α 低角区的极图测量，即极图的边缘部分，α 一般取 0°～30°为宜。

（2）反射法。

反射法的实验布置与透射法有诸多不同之处，除了入射束与计数管在板材表面的同侧之外，在样品的初始状态，样品旋转方式上也有所不同，与透射法相互补充。反射法的一个重要优点在于衍射强度无须进行吸收校正。

将待测样品安放在欧拉环内中心位置[图 1-22（a）]，在图示的初始状态下衍射几何如图 1-22（b）所示。设定：试样位于水平位置时，衍射晶面法线方向与轧面重合，$\alpha=0°$；位于垂直位置时衍射晶面法线方向与轧面垂直，$\alpha=90°$。但在 α 接近 0°时，衍射强度过低，计数管无法测量，通常反射法的测量范围在 α 的高角区，以 30°～90°为宜，故反射法适合 α 高角区极图测量，绘制极图的中心部分。

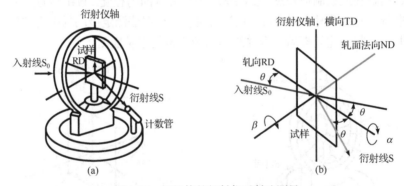

图 1-22　板织构的衍射仪反射法测量
（a）反射法实验装置示意图；（b）反射法衍射几何

α 依次为 0°、5°、10°、…，每个 α 角时，β 从 0°～360°转动，并记录各（α，β）角下的衍射强度 $I_{(\alpha, \beta)}$。并连接相同强度等级的各点成光滑曲线，这些等极点密度线就构成了极图。该工作由计算机完成。

极图分析：将标准投影极图（朱和国等，2023）逐一地与被测 $\{h_1k_1l_1\}$ 极图对心重叠，转动其中之一进行观察，一直到标准投影极图中的 $\{h_1k_1l_1\}$ 极点全部落在被测极图的极点密度分布区为止，此时标准投影极图的中心点指数（hkl）即为轧面指数。此时在极图中与轧向 RD 投影点重合的极点指数（圆周上）即为轧向指数[uvw]。这样便确定了一种理想板织构指数（$h_1k_1l_1$）[uvw]，由于轧面通过轧向，故 $h_1u+k_1v+l_1w=0$。

注意：①若被测极图上尚有极点密度较大值区域未被对上，则说明还有其他类型的织构存在，需重复上述步骤测定出其他类型的织构；②采用不同晶面的极图，极图变化，但其织构指数不变。

图 1-23 为冷轧铝箔的 $\{111\}$ 极图，当该极图与（110）的标准投影极图对照时，$\{111\}$ 晶

面的极点最密区（•）与标准投影图分布吻合较好，因此投影面轧面为（110）面，此时轧向 RD 极点指数为[$1\bar{1}2$]。因此，板织构指数为(110)[$1\bar{1}2$]。次密区（▲）与（112）标准投影图吻合较好，此时 RD 极点在[$11\bar{1}$]处，因此该试样还存在另一织构(112)[$11\bar{1}$]。{111}极图表明试样存在双织构，分别为：(112)[$11\bar{1}$]、(110)[$1\bar{1}2$]。

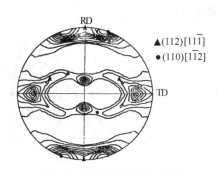

图 1-23　冷轧铝箔{111}极图

2）反极图测定与板织构分析

反极图即织构试样的宏观坐标轴（TD、RD、ND）相对于微观晶轴的取向分布，反映了宏观特征方向（横向 TD、轧向 RD、轧面法向 ND）在晶体学空间中的分布。反极图投影面上的坐标是单晶体的标准投影极图。立方晶系一般采用（001）-（011）-（111）组成的单位标准投影三角形。

反极图测定时的取样规定：对于丝织构试样，可以取轴向的横截面作为测量平面，如果试样呈细丝状，则可以把丝状试样密排成束，再垂直地截取以获得平整的横截面。对于板织构样品，可以从轧向 RD、轧面法向 ND、横向 TD 三个正交方向上分别截取出平整的横断面（平面）为测量面进行测试。光源要求：波长短，一般选 Mo 或 Ag 作靶材，以获得尽可能多的衍射线。扫描方式：以常规的 $\theta/2\theta$ 进行，扫描速度较慢以获得准确的积分强度，不用织构附件。实验中样品与标样（无织构）的测定要在相同的实验条件下进行，记录下每个所测晶面{hkl}衍射线的积分强度，扫描过程中试样应以表面为轴旋转，转速为 0.5～2r/s，以使更多的晶粒参与衍射，并多次测量求平均值，然后代入公式：

$$f_{hkl} = \frac{I_{hkl}}{I_{hkl}^{标} \cdot P_{hkl}} \cdot \frac{\sum\limits_{i=1}^{n} P_{hkl}^{i}}{\sum\limits_{i=1}^{n} \frac{I_{hkl}^{i}}{I_{hkl}^{标i}}} \qquad (1\text{-}14)$$

式中，各（hkl）晶面对应的 P_{hkl}（多重因子）可查表；I_{hkl}^{i} 和 $I_{hkl}^{标}$ 由实验测得；n 为衍射线条数；i 为衍射线条序号。通过计算得到极点密度 f_{hkl}（即织构系数）。$f_{hkl} > 1$ 表示{hkl}晶面在该平面法向偏聚。将计算所得的 f_{hkl} 标注在标准投影三角形中，把求得的 f_{hkl} 值直接标注在相应的极点位置，再把同级别的 f_{hkl} 点连接起来构成等高线，即得反极图。

反极图分析：对于丝织构，只需用一张反极图就可以表示出该织构的类型。图 1-24 为挤压铝棒的反极图，由图中极点密度高的部位可知该挤压铝棒存在丝织构，且为〈001〉和〈111〉双织构；而对于板织构，则至少需要两张反极图才能较全面反映板织构的形态和织构指数。图 1-25 为低碳钢 70%轧制后的反极图，图 1-25（a）为 ND 轴的极点密度分布，最大极点密度分布在（111）-（112）-（100）大圆上，轧面法向有〈111〉、〈112〉、〈100〉，即平行于轧面的晶面有{111}、{112}、{100}。图1-25（b）为RD轴的极点密度分布，最大极点密度分布在（110）到（112）的大圆上，主要轧向为〈110〉和〈112〉。结合图1-25（a）依据轧面法向ND与轧向RD、横向TD均垂直，满足$hu + kv + lw = 0$，分析得主要织构为：$(111)[1\bar{1}0]$、$(111)[11\bar{2}]$、$(112)[1\bar{1}0]$ 和 $(100)[011]$。

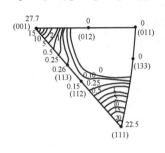

图1-24　挤压铝棒的反极图（丝织构）

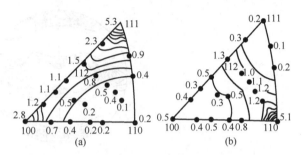

图1-25　低碳钢70%轧制后的反极图（板织构）
（a）轧面法向（ND）；（b）轧向（RD）

　　3）三维取向分布函数的测定

　　多晶体中的晶粒相对于宏观坐标的取向用一组欧拉角（$\varphi_1, \Phi, \varphi_2$）表示。建立直角坐标系 $O\text{-}\varphi_1\Phi\varphi_2$，如图1-26所示，每一种取向即为坐标系 $O\text{-}\varphi_1\Phi\varphi_2$ 中的一个点，所有晶粒的取向均可标注于该坐标系中，该空间称为欧拉角空间或取向空间。

　　在测得欧拉角（$\varphi_1, \Phi, \varphi_2$）的前提下，可以通过空间解析几何获得正交晶系和六方晶系的轧面指数（hkl）和轧向指数[uvw]。

　　欧拉角空间中，晶粒取向用坐标点 $P（\varphi_1, \Phi, \varphi_2）$ 表示。若将每个晶粒的取向均逐一绘制于欧拉角空间中，即可获得所有晶粒的空间取向分布图，当取向点集中于空间中某点附近时，表明存在择优取向分布区。晶粒取

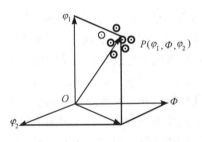

图1-26　欧拉角空间的取向分布图

向分布情况可用取向密度 $\omega(\varphi_1, \Phi, \varphi_2)$ 表征：

$$\omega(\varphi_1, \Phi, \varphi_2) = K_\omega \frac{\Delta V}{V} \bigg/ (\sin\Phi\Delta\Phi\Delta\varphi_1\Delta\varphi_2) \qquad (1\text{-}15)$$

式中，$\sin\Phi\Delta\Phi\Delta\varphi_1\Delta\varphi_2$ 为取向元；ΔV 为取向落在该取向元中的晶粒体积；V 为试样体积；K_ω 为比例系数，取值为1。

　　通常以无织构时的取向密度 1 作为取向密度的单位，此时的取向密度称为相对取向密度。$\omega(\varphi_1, \Phi, \varphi_2)$ 随空间取向而变化，能确切、定量地反映试样中晶粒取向的分布情况，故称为取向分布函数，简称 ODF。取向分布是三维空间的立体图，通常采用若干个恒定 φ_1 或 φ_2 的截面替代立体图。

1.1.6　小角 X 射线散射

　　小角 X 射线散射（small angle X-ray scattering，SAXS）是指当 X 射线透过试样时，在

靠近原光束 2°~5°的小角度范围内发生的相干散射现象。产生该现象的根本原因在于物质内部存在尺度在 1~100nm 的电子密度起伏，完全均匀的物质，散射强度为零。当出现第二相或不均匀区时将会发生散射，且散射角度随散射体尺寸的增大而减小。小角 X 射线散射强度受粒子尺寸、形状、分散情况、取向及电子密度分布等因素的影响。

1. 小角 X 射线散射的两个基本公式

1）Guinier 公式

对于 M 个不互相干涉的粒子体系，其散射强度为

$$I(h) = I_e n^2 M \exp\left(-\frac{h^2}{3} R_g^2\right) \tag{1-16}$$

式中，$h = \dfrac{4\pi\sin\theta}{\lambda}$；$R_g$ 为散射粒子的旋转半径，即散射粒子中各个电子与其质量中心的均方根距离；n 为散射元的电子数。显然 $I(h)$-h 曲线关于纵轴对称分布。

假定粒子的平均密度为 ρ_0，体积为 V，则 $n = \rho_0 V$。当粒子分散于密度为 ρ_s 的介质中时，式（1-16）中 n、M 可分别用两相间的电子密度差（$\rho_0 - \rho_s$）与体积 V 代替，此时

$$I(h) = I_e(\rho_0 - \rho_s)^2 V \exp\left(-\frac{h^2}{3} R_g^2\right) \tag{1-17}$$

注意：Guinier 公式仅适用于稀松散体系，实际上粒子间有相干干涉，并对散射强度产生影响。

2）Porod 公式

Porod 研究了具有相同电子密度的散射体在空间无规律分布的散射。

如果体系是由 n 个相同的粒子（表面积为 s）组成的，总表面积为 ns，假定每个粒子不受其他粒子存在的影响，Porod 公式应为

$$I(h) = n I_e(\rho_A - \rho_B)^2 \frac{2\pi s}{h^4} \tag{1-18}$$

式中，ρ_A、ρ_B 分别为散射体和介质的密度，即总散射强度为每个粒子散射强度的 n 倍。

2. 小角 X 射线散射技术的特点

透射电子显微镜（TEM）和扫描电子显微镜（SEM）都可以用来观察亚微颗粒和微孔，并可直接观察颗粒的形状，确定其尺寸，区分微孔和颗粒，观察微小区域内的介观结构，区分界面上不同本质的颗粒等，这是小角 X 射线散射技术不具备的。然而，相比于 TEM 和 SEM，SAXS 仍具有以下独特的优点：

（1）对溶液中的微粒研究相当方便。

（2）可研究生物活体的微结构或其动态变化过程。

（3）对于某些高分子材料可以给出足够强的小角 X 射线散射信号，而 TEM 得不到清晰有效的信息。

（4）可用于研究高聚物的动态过程，如熔体到晶体的转变过程。

（5）可确定颗粒内部密闭的微孔，如活性炭中的小孔，而 SEM 做不到这一点。

（6）可得到样品的统计平均信息，SEM虽可得到精确的数据，但其统计性差。

（7）可准确确定两相间内比表面和颗粒体积分数等参数，而SEM很难得到这些参量的准确结果，因为在SEM的视场范围内，并非所有颗粒均能显示和被观察到。

（8）制样方便。

SEM和SAXS各有优缺点，不能互相代替，但可互相补充，联合使用。

3. 小角X射线散射技术的应用

小角X射线散射技术是一种有效的材料亚微观结构表征手段，可用于纳米颗粒尺寸的测量，合金中的空位浓度、析出相尺寸和非晶合金中晶化析出相的尺寸测量，高分子材料中胶粒的形状、粒度及其分布的测量，以及高分子长周期体系中片晶的取向、厚度、晶化率和非晶层厚度的测量等。

图1-27为退火温度分别是360℃、380℃时，不同退火时间下样品的SAXS曲线。图中纵坐标为散射强度$I(h)$，横坐标为h（$h = 4\pi\sin\theta/\lambda$）。由图可知：散射强度随退火时间的增加而增大，不同退火时间的散射曲线变化趋势相同，且无峰值出现，说明在360℃、380℃退火时无析出相出现，原子只限于短程有序排列。因SAXS起源于散射体内的电子密度涨落，所以散射强度的变化反映了电子密度涨落程度的变化。

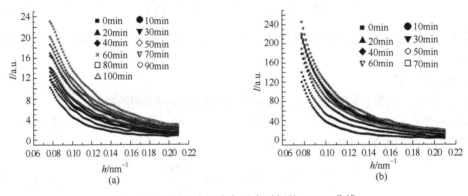

图1-27 不同退火温度与退火时间的SAXS曲线

（a）360℃；（b）380℃

1.1.7 薄膜的物相与织构分析

1. 薄膜物相分析

由于薄膜太薄，X射线易穿透薄膜进入背底材料，从而同时形成两套衍射花样，扣除背底衍射花样即可得到薄膜的衍射花样，就可进行薄膜的物相分析。观察衍射峰相对强度的变化，可以分析薄膜的择优取向。薄膜的物相分析一般采用掠入射X射线衍射法进行测定。

掠入射是指X射线以近乎平行于试样表面的方式入射，其夹角非常小，通常小于1°，见图1-28，由于小的入射角加大了X射线在薄膜中的行程，减小了进入背底的程度，吸收衰减，此时辐照到背底的X射线的强度已经很弱可以忽略，获得的衍射花样即为薄膜的衍射花样。

α_i、α_f分别是入射X射线与试样表面的夹角（掠射角）和反射角，s、s_0、g分别为衍射矢量、入射矢量和衍射晶面（hkl）的倒易矢量。α_s、α_φ分别为s、g与试样表面的夹角。通常有以下三种扫描模式。

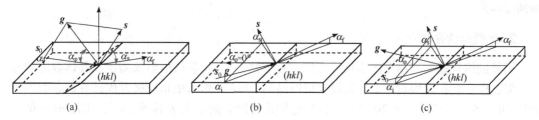

图 1-28　掠入射衍射三种扫描模式几何原理

(a) 共面极端非对称掠入射衍射；(b) 共面掠入射衍射；(c) 非共面掠入射衍射

（1）共面极端非对称掠入射衍射。图 1-28（a）为共面极端非对称掠入射衍射几何原理，其衍射面与样品表面构成近布拉格角，入射线、衍射线与样品表面的法线三线共面，探测器在 2θ 处进行扫描，获得薄膜的一系列衍射峰。当掠射角足够小时，入射 X 射线在样品表面会产生全反射，X 射线不再进入背底，发生全反射时的掠射角称为临界掠射角，或全反射临界角，用 α_c 表示。由于掠射角 α_i 很小，掠入射衍射几乎与样品表面平行，此时 X 射线穿透样品深度仅为纳米量级，可用于样品表面结构研究。变动掠射角 α_i，分别进行 2θ 扫描，可获得多个 I-2θ 衍射花样。

（2）共面掠入射衍射。如图 1-28（b）所示，掠入射衍射面（hkl）的法线平行于样品表面。掠入射线与衍射线和样品表面均构成掠射角，注意，此时的掠入射线和晶面衍射线组成的平面与样品表面近似共面。

（3）非共面掠入射衍射。如图 1-28（c）所示，非共面掠入射衍射实为前两种模式的组合式。它含有与样品表面法线倾斜成很小角度的晶面衍射，衍射晶面的法线（倒易矢量）与样品表面成很小角度，也可通过改变掠射角度形成掠入射 X 射线非对称衍射。注意：入射线、衍射线和样品表面法线三线不共面。但入射线、衍射线均与样品表面成很小角度，此时衍射面与样品表面几近垂直。

图 1-29 为石英 SiO_2 衬底上沉积 75nm 厚的 TiO_2 薄膜在掠射角分别为 0.1°、0.2°、0.3°、0.4°、0.5°时的掠入射 X 射线衍射（GIXRD）和 2θ 为 20°～80° 的 XRD 曲线组合图。结果表

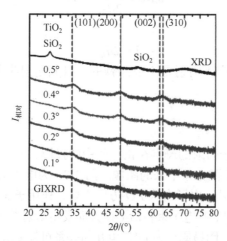

图 1-29　不同掠射角时石英 SiO_2 衬底上 TiO_2 薄膜的 GIXRD 和 2θ 为 20°～80° 的 XRD 曲线组合图

明薄膜的掠入射衍射峰中不含衬底峰，为薄膜分析带来方便。随着掠射角变大，TiO₂层衍射峰强度增大。

　　2. 薄膜织构分析

　　薄膜的织构通常采用极图表征，极图测定方法如同 X 射线衍射仪测定单晶体取向的方法，将试样安装在织构附件上，先设定衍射晶面（*hkl*），然后由布拉格方程计算该晶面的衍射角 2θ，将探测器固定于 2θ 位置，样品分别进行两方向 α 和 β 转动，α 倾角从 90°～0°变化，每一 α 倾角下使试样绕其表面法线转动 $\beta=0°～360°$，分别记录衍射强度，绘制极图，再由极图分析薄膜织构。

1.2　电子衍射法

　　电子衍射是指入射电子与晶体作用后，发生弹性散射的电子，由于其波动性，发生相互干涉作用，在某些方向上得到加强，而在某些方向上则被削弱的现象。根据能量的高低，电子衍射又分为低能电子衍射和高能电子衍射。低能电子衍射（LEED）的电子能量较低，加速电压仅有 10～500V，主要用于表面的结构分析；而高能电子衍射的电子能量高，加速电压一般在 100kV 以上，TEM 采用的就是高能电子束穿透试样。电子衍射主要用于显微结构分析。

1.2.1　电子衍射原理

　　电子衍射原理与 X 射线的衍射原理相似，同样包括衍射的方向和强度，但由于电子衍射束的强度一般较强，因此电子衍射分析时不再考虑，主要分析其衍射方向问题。电子衍射方向与 X 射线相同，也取决于布拉格方程。

　　常见晶体的晶面间距为 0.2～0.4nm，而电子波的波长一般很短，通常为 0.00251～0.00370nm，由布拉格方程得

$$\sin\theta = \frac{\lambda}{2d_{hkl}} \leqslant 1 \qquad\qquad (1\text{-}19)$$

即

$$\lambda \leqslant 2d_{hkl} \qquad\qquad (1\text{-}20)$$

　　可见电子束在晶体中产生衍射是不成问题的，且其衍射半角 θ 极小，一般为 10^{-3}～10^{-2}rad。

1.2.2　电子衍射花样

　　电子衍射花样即为电子衍射的斑点在正空间中的投影，其本质上是零层倒易阵面上的阵点经过空间转换后在正空间记录下来的图像。图 1-30 为电子衍射花样形成原理图。所测试样位于反射球的球心 O 处，电子束从 PO 方向入射，作用于晶体的某晶面（*hkl*）上，若该晶面恰好满足布拉格条件，则电子束将沿 OG 方向发生衍射并与反射球相交于 G。设入射矢量为 **k**，衍射矢量为 **k′**，倒易原点为 O*，由几何关系可知 **g**ₕₖₗ 的大小为（*hkl*）晶面间距的倒数，方向与晶面（*hkl*）垂直，**g**ₕₖₗ 即为晶面（*hkl*）的倒易矢量，G 为衍射晶面（*hkl*）

的倒易阵点。假设在距试样下方 L 处，放置一张底片，就可使入射束和衍射束同时在底片上感光成像，见图 1-30（a），在底片上形成两个像点 O' 和 G'。实际上 O' 和 G' 也可以看作倒易阵点 O^* 和 G 在以球心 O 为发光源的照射下在底片上的投影。

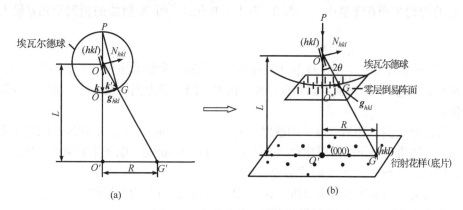

图 1-30   衍射花样的形成原理图

当晶体中有多个晶面同时满足衍射条件时，即球面上有多个倒易阵点，从光源 O 点出发，在底片上分别成像，从而形成以 O' 为中心，多个像点（斑点）分布四周的谱图，这就是该晶体的衍射花样，如图 1-30（b）所示。此时，O^* 和 G 点均是倒空间中的阵点，是虚拟存在点，而底片上像点 G' 和 O' 则是正空间中的真实点，这样反射球上的阵点通过投影转换到了正空间。

设底片上的斑点 G' 距中心点 O' 的距离为 R，底片距样品的距离为 L，由于衍射角很小，可以认为 $\boldsymbol{g}_{hkl} \perp \boldsymbol{k}$，这样 $\triangle OO^*G$ 相似于 $\triangle OO'G'$，因而存在以下关系

$$\frac{R}{L} = \frac{|\boldsymbol{g}_{hkl}|}{1/\lambda} \tag{1-21}$$

即

$$R = \lambda L |\boldsymbol{g}_{hkl}| \tag{1-22}$$

令 $\overrightarrow{O'G'} = \boldsymbol{R}$，$\boldsymbol{R}$ 为透射斑点 O' 到衍射斑点 G' 的连接矢量，显然 $\boldsymbol{R} \parallel \boldsymbol{g}_{hkl}$。

令 $K=L\lambda$，所以

$$R = K|\boldsymbol{g}_{hkl}| \tag{1-23}$$

式（1-23）即为电子衍射的基本公式。式中，$K=L\lambda$ 称为相机常数，L 为相机长度。

需要指出的是，只有垂直于电子束入射方向，并过倒易原点的二维阵面才是零层倒易阵面。电子衍射分析时，主要是以零层倒易阵面上的阵点为分析对象的，衍射斑点花样实际上是零层倒易阵面上的阵点在底片上的投影，也就是说衍射花样谱图，反映了与入射方向同向的晶带轴上各晶带面之间的相对关系。

1.2.3 电子衍射与 X 射线衍射的异同点

电子衍射的原理与 X 射线的衍射原理基本相似。原子对电子的散射包括原子核和核外电子两部分的散射，这不同于原子对 X 射线的散射，原子对电子的散射强度远高于原子对 X 射线的散射强度；单胞对电子的散射也有一个重要参数——结构因子 F_{hkl}^2，$F_{hkl}^2 = 0$ 时出现消光现象，遵循与 X 射线衍射相同的消光规律；倒易阵点也发生类似于 X 射线衍射中发

生的点阵扩展，扩展形态和大小也取决于被观察试样的形状尺寸。电子衍射具有以下特点：

（1）电子波的波长短。通常加速电压为 100～200kV，电子波的波长一般为 0.00251～0.00370nm，而用于衍射分析的一般为软 X 射线，其波长为 0.05～0.25nm。同等衍射条件下，它的衍射半角 θ 就很小，一般在 10^{-3}～10^{-2}rad，而 X 射线的衍射半角 θ 最大可以接近 $\frac{\pi}{2}$。

（2）反射球的半径大。由于反射球又称埃瓦尔德球，半径为电子波长的倒数，因此在衍射半角 θ 较小的范围内，球面可以看作平面，衍射谱图可视为倒易点阵的二维阵面在荧光屏上的投影。

（3）散射强度高。物质对电子的散射主要由原子核引起，而对 X 射线的散射主要由核外电子引起。物质对电子的散射比对 X 射线的散射强约 10^6 倍。电子衍射束的强度高，摄像时曝光时间短，仅数秒，而 X 射线需要数小时。

（4）微区结构和形貌可同步分析。电子衍射不仅可以进行微区结构分析，还可进行形貌观察，而 X 射线衍射却无法进行形貌分析。

（5）采用薄晶样品。薄晶样品的倒易点阵为沿厚度方向的倒易杆，大大增加了反射球与倒易杆相截的机会，使衍射机会增加。

（6）衍射斑点位置精度低。由于衍射角小，测量衍射斑点的位置精度远比 X 射线低，因此不宜用于精确测定点阵常数。

1.2.4　低能电子衍射

1. 低能电子衍射原理

低能电子衍射原理类似于高能电子衍射（透射），不过用于低能电子衍射的入射电子能量低，穿透能力弱。低能电子束的作用深度仅在样品表面的数个原子层，产生的电子衍射属于二维衍射，不足以形成真正意义上的三维衍射。由于数个原子层的厚度仅有数个原子间距，故其对应的倒易杆较长，同时由于入射电子的能量小，波长较大（0.05~0.5nm），其对应的反射球半径相对较小，与倒易杆的长度在同一个量级上，这样反射球将淹没在倒易杆中，同根倒易杆上将会有两个截点，如图 1-31 中的 A 和 A' 点，即满足衍射的方向有两个，显然透射方向为样品的深度方向，衍射束进入样品后最终被样品吸收，只有背散射方向的衍射束才可能在样品上方的荧光屏上聚焦成像，因此低能电子衍射成像是由相干的背散射电子所为。

由图 1-31 可得

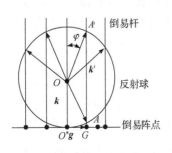

图 1-31　低能电子衍射的几何图解

$$\frac{1}{\lambda}\sin\varphi = |\boldsymbol{g}| = \frac{1}{d} \tag{1-24}$$

即

$$d\sin\varphi = \lambda \tag{1-25}$$

式（1-25）即为二维点阵衍射的布拉格定律，也是低能电子衍射的理论基础。

由于低能电子衍射是一种二维平面衍射，故其倒易点阵为倒易平面，正倒空间单位矢量之间的关系即为三

维单位矢量之间关系的简化，即

$$a \cdot a^* = b \cdot b^* = 1, \quad a \cdot b^* = b \cdot a^* = 0, \quad a^* = \frac{b}{A}, \quad b^* = \frac{a}{A}$$

式中，$A = |a \times b|$ 为二维点阵的"单胞"面积。三维点阵中倒易矢量 g_{hkl} 具有两个重要性质：①方向为晶面（hkl）的法线方向；②大小为晶面间距的倒数，即 $|g_{hkl}| = \frac{1}{d_{hkl}}$。同样在二维倒易点阵中，倒易矢量 g_{hk} 的方向垂直于（hk）点列，大小为点列间距的倒数，即 $|g_{hk}| = \frac{1}{d_{hk}}$。

因此，类似于三维倒易点阵的形成原理，可得二维点阵由一系列的点列组成[图 1-32（a）]，其倒易点阵由倒易矢量构成，倒易矢量的方向为各点列的垂直线方向，大小为各点列间距的倒数，各倒易阵点也构成了面，各点指数为二维指数，如图 1-32（b）所示。

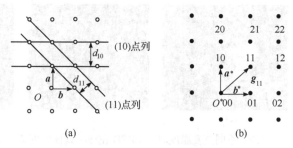

图 1-32 二维点阵及其倒易点阵

（a）二维点阵；（b）二维点阵的倒易点阵

2. 低能电子衍射仪的结构与花样特征

图 1-33 为低能电子衍射装置的结构示意图。衍射装置主要由电子枪、样品室、接收极（半球形显示屏）及真空系统组成。阴极发射的电子经过聚焦杯聚焦加速后形成直径约 0.5nm 的束斑照射样品，样品位于半球形显示屏的球心处，在样品与显示屏之间还有数个球径不同但同心的栅极，分别表示为 G_1、G_2、G_3 和 G_4，其中 G_1 和 G_4 与样品共同接地，三者电势相同，从而使样品与 G_1 之间无电场存在，这就保证了背散射电子衍射束不会发生畸变。G_4 接地可起到对接收极的屏蔽作用，减少 G_3 与接收极之间的电容。G_2 和 G_3 同电势，并略低于灯丝（阴极）的电势，起到排斥损失了部分能量的非弹性散射电子的作用。接收极为半球形荧光屏，并接有 5kV 的正电势，对穿过球形栅极的背散射电子衍射束（由弹性背散射电子组成）起加速作用，提高能量，以保证衍射束在荧光屏上聚焦成像，显示衍射花样。

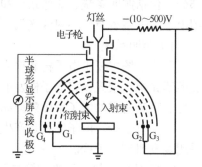

图 1-33 低能电子衍射装置结构示意图

3. 低能电子衍射的应用

图 1-34 为 Ag（110）表面气相沉积并五苯分子生长成膜过程的实时 LEED 图。发现当蒸发温度从室温升到 140℃时，LEED 图案均未发生任何变化，仍保持如图 1-34（a）所示的衍射花样，表明还没有分子沉积。当蒸发温度缓慢升至 145℃时，LEED 图案显示出如图 1-34（b）所示的扩散晕环，表明有少许并五苯分子沉积到衬底上。当蒸发温度继续上升，衍射斑点开始形成并逐渐增强，如图 1-34（c）所示，此时椭圆形光晕演变为一些单个的衍射斑点；随着蒸发温度的进一步提高，衍射斑点逐渐清晰，强度逐渐增强，如图 1-34（d）所示，表明并五苯分子在 Ag（110）衬底上形成了结构稳定的晶体膜。因此，可以得出：145℃并五苯分子开始沉积，在成膜前期，沉积的分子呈无序状态，在后期即在形成单分子层前后，沉积的分子发生了有序化转变，最终形成了具有稳定结构的晶体膜。

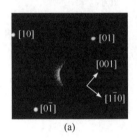
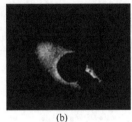

(a) 　　　　　　　(b) 　　　　　　　(c) 　　　　　　　(d)

图 1-34　Ag（110）不同蒸发温度时的 LEED 花样（试样温度 T_s=20℃）
（a）E=29eV, T_v=20℃；（b）E=13eV, T_v=145℃；（c）E=13eV, T_v=152℃；（d）E=13eV, T_v=153℃

1.2.5　高能电子衍射

1. 工作原理

电子显微镜中由电子枪发射出来的电子，在阳极加速电压的作用下，经过聚光镜汇聚成电子束作用在样品上，透过样品后的电子束携带样品的结构和成分信息，经物镜、中间镜和投影镜的聚焦、放大等过程，最终在荧光屏上形成图像或衍射花样，见图 1-35。

2. 透射电子显微镜的系统组成

透射电子显微镜主要由电子光学系统、电源控制系统和真空系统三大部分组成，其中电子光学系统为电子显微镜的核心部分，包括照明系统、成像系统和观察记录系统。下面主要介绍电子光学系统及核心附件光阑。

1）照明系统

照明系统主要由电子枪和聚光镜组成，电子枪发射电子形成照明光源，聚光镜将电子枪发射的电子汇聚成亮度高、相干性好、束流稳定的电子束照射样品。

（1）电子枪。电子枪就是产生稳定电子束流的装置，通常采用场发射型电子枪。

图 1-35　透射电子显微镜的光路图

电子枪

聚光镜

试样
物镜

中间镜

投影镜

物像

场发射型电子枪有三个极，分别为阴极、第一阳极和第二阳极。在强电场作用下，发射极表面的势垒降低，由于隧道效应，内部电子穿过势垒从针尖表面发射出来，这种现象称为场发射。场发射的电子束可以是某一种单色电子束，其结构原理如图 1-36 所示。阴极与第一阳极的电压较低，一般为 $3\sim5\mathrm{kV}$，可在阴极尖端产生高达 $10^{7}\sim10^{8}\mathrm{V/cm}$ 的强电场，使阴极发射电子。该电压不能太高，以免打断灯丝。阴极与第二阳极的电压较高，一般为数万伏甚至数千万伏，阴极发射的电子经第二阳极后被加速、聚焦成直径为 $10\mathrm{nm}$ 左右的束斑。

（2）聚光镜。从电子枪的阳极板小孔射出的电子束，通过聚光系统后进一步会聚缩小，获得一束强度高、直径小、相干性好的电子束。电子显微镜一般都采用双聚光镜系统工作，如图 1-37 所示。第一聚光镜是强磁透镜，焦距 f 很短，放大倍数为 $\dfrac{1}{50}\sim\dfrac{1}{10}$，也就是说第一聚光镜将电子束进一步会聚、缩小，第一级聚光后形成 $\phi 1\sim5\mu\mathrm{m}$ 的电子束斑；第二聚光镜是弱透镜，焦距很长，其放大倍数一般为 2 倍左右，这样通过二级聚光后，就形成 $\phi 2\sim10\mu\mathrm{m}$ 的电子束斑。

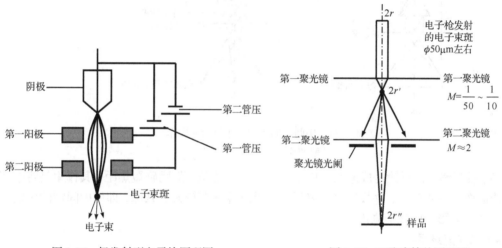

图 1-36　场发射型电子枪原理图   图 1-37　双聚光镜的原理图

双聚光具有以下优点：①可在较大范围内调节电子束斑的大小；②当第一聚光镜的后焦点与第二聚光镜的前焦点重合时，电子束通过二级聚光后应是平行光束，大大降低了电子束的发散度，便于获得高质量的衍射花样；③第二聚光镜与物镜间的间隙大，便于安装其他附件，如样品台等；④通过安置聚光镜光阑，可使电子束的孔径半角进一步减小，便于获得近轴光线，减小球差，提高成像质量。

2）成像系统

成像系统主要由物镜、中间镜和投影镜组成。

（1）物镜。物镜是成像系统中第一个电磁透镜，强励磁短焦距（$f=1\sim3\mathrm{mm}$），放大倍数 M_{o} 一般为 $100\sim300$ 倍，分辨率高的可达 $0.1\mathrm{nm}$ 左右。物镜是电子束在成像系统中通过的第一个电磁透镜，它的质量直接影响整个系统的成像质量。

（2）中间镜。中间镜是电子束在成像系统中通过的第二个电磁透镜，位于物镜和投影镜之间，弱励磁长焦距，放大倍数 M_{i} 为 $0\sim20$ 倍。

中间镜在成像系统中具有以下作用：

①调节整个系统的放大倍数。设物镜、中间镜和投影镜的放大倍数分别为 M_{o}、M_{i}、M_{p}，

总放大倍数为 M（$M=M_o\times M_i\times M_p$），当 $M_i>1$ 时，中间镜起放大作用；当 $M_i<1$ 时，则起缩小作用。

②进行成像操作和衍射操作。通过调节中间镜的励磁电流，改变中间镜的焦距，使中间镜的物平面与物镜的像平面重合，在荧光屏上可获得清晰放大的像。成像操作如图 1-38（a）所示，如果中间镜的物平面与物镜的后焦面重合，可在荧光屏上获得电子衍射花样，这就是所谓的衍射操作，如图 1-38（b）所示。

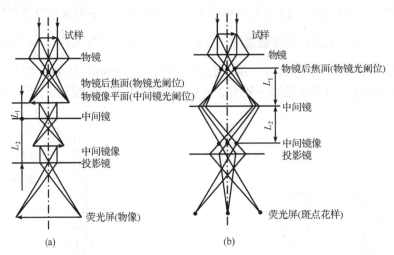

图 1-38　中间镜的成像操作与衍射操作
（a）成像操作；（b）衍射操作

（3）投影镜。投影镜是成像系统中最后一个电磁透镜，强励磁短焦距，其作用是将中间镜形成的像进一步放大，并投影到荧光屏上。投影镜具有较大的景深，即使中间镜的像发生移动，也不会影响图像清晰度。

3）观察记录系统

观察记录系统主要由荧光屏和照相机组成。

4）光阑

光阑是为挡掉发散电子，保证电子束的相干性和电子束照射所选区域而设计的带孔小片。根据安装在电子显微镜中的位置不同，光阑可分为聚光镜光阑、物镜光阑和中间镜光阑三种。

（1）聚光镜光阑。聚光镜光阑的作用是限制电子束的照明孔径半角。在双聚光镜系统中通常位于第二聚光镜的后焦面上。聚光镜光阑的孔径一般为 $20\sim400\mu m$。

（2）物镜光阑。物镜光阑位于物镜的后焦面上，其作用是：①减小孔径半角，提高成像质量；②进行明场和暗场操作，当光阑孔套住衍射束成像时，即为暗场成像操作，反之，当光阑孔套住透射束成像时，即为明场成像操作。

物镜光阑孔径一般为 $20\sim120\mu m$。孔径越小，被挡电子越多，图像的衬度就越大，故物镜光阑又称衬度光阑。光阑孔四周开有环形不连续缝隙，目的是阻止散热，使孔受电子照射产生的热量不易散出，常处于高温状态，从而阻止污染物沉积堵塞光阑孔。

（3）中间镜光阑。中间镜光阑位于中间镜的物平面或物镜的像平面上，使电子束通过光阑孔限定的区域，对所选区域进行衍射分析，故中间镜光阑又称选区光阑。一般选区光阑的孔径为 20～400μm。

光阑一般由无磁性金属材料（Pt 或 Mo 等）制成，根据需要可制成四个或六个一组的系列光阑片，将光阑片安置在光阑支架上，分挡推入镜筒，可选择不同孔径的光阑。

1.2.6　常见电子衍射花样及其标定

常见电子衍射花样分为单晶电子衍射花样（规则斑点）、多晶电子衍射花样（同心环）、非晶电子衍射花样（晕斑）和织构花样（斑点集中呈对称分布的同心圆环）等，如图 1-39 所示。通过对衍射花样的分析，获得试样内部的结构信息。

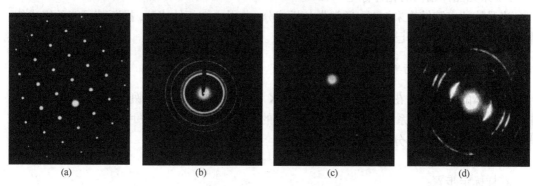

图 1-39　电子衍射花样
（a）单晶；（b）多晶；（c）非晶；（d）织构

1. 单晶体电子衍射花样的标定

电子衍射花样的标定即衍射斑点指数化，确定衍射花样所属的晶带轴指数[uvw]，对于未知结构的晶体还包括确定点阵类型。

1）已知晶体结构的花样标定

花样标定步骤：

（1）定中心斑点，测量距中心斑点最近的几个斑点的距离，并按距离由小到大依次排列：R_1、R_2，同时测量各斑点之间的夹角 φ。

（2）由已知的相机常数 K 和电子衍射的基本公式：$R=K\dfrac{1}{d}$，分别获得相应的晶面间距 d_1、d_2。

（3）由已知的晶体结构和晶面间距公式，结合 PDF 卡片，分别测定出对应的晶面族指数 $\{h_1k_1l_1\}$、$\{h_2k_2l_2\}$。

（4）假定距中心斑点最近的斑点指数。若 R_1 最小，设其晶面指数为 $\{h_1k_1l_1\}$ 晶面族中的一个，即从晶面族中任取一个（$h_1k_1l_1$）作为 R_1 对应的斑点指数。

（5）确定第二个斑点指数。第二个斑点指数由夹角公式校核确定，若晶体结构为立方晶系，则其夹角公式为

$$\cos\varphi = \frac{h_1h_2 + k_1k_2 + l_1l_2}{\sqrt{\left(h_1^2 + k_1^2 + l_1^2\right)\left(h_2^2 + k_2^2 + l_2^2\right)}} \tag{1-26}$$

从晶面族 $\{h_2k_2l_2\}$ 中取一个（$h_2k_2l_2$）代入公式计算夹角 φ，当计算值与实测值一致时，即

可确定（$h_2k_2l_2$）。当计算值与实测值不符时，则需重新选择（$h_2k_2l_2$），直至相符为止，从而确定（$h_2k_2l_2$）。注意（$h_2k_2l_2$）是晶面族$\{h_2k_2l_2\}$中的一个，因此第二个斑点指数（$h_2k_2l_2$）的确定仍带有一定的任意性。

（6）由确定了的两个斑点指数（$h_1k_1l_1$）和（$h_2k_2l_2$），通过矢量合成法：$g_3 = g_1 + g_2$，导出其他各斑点指数。

（7）确定晶带轴。$[uvw] = g_1 \times g_2$，得 $u = k_1l_2 - k_2l_1, v = l_1h_2 - l_2h_1, w = h_1k_2 - h_2k_2$。

（8）系统核查各过程，算出晶格常数。

2）未知晶体结构的花样标定

当晶体的点阵结构未知时，通常先分析成分，获得未知相的成分，推断其可能的组成相，再查找对应的卡片，按已知晶体结构进行标定。

2. 多晶体的电子衍射花样标定

多晶体的电子衍射花样等同于多晶体的 X 射线衍射花样，为系列同心圆，即从反射球中心出发，经反射球与系列倒易球的交线形成的系列衍射锥在平面底片上的感光成像。其花样标定相对简单，同样分以下两种情况。

1）已知晶体结构

花样标定步骤：

（1）测定各同心圆直径 D_i，计算得各半径 R_i；

（2）由 R_i/K（K 为相机常数）计算得 $1/d_i$；

对照已知晶体 PDF 卡片上的 d_i 值，直接确定各环的晶面指数$\{hkl\}$。

2）未知晶体结构

实际上对未知晶体结构标定花样时，通常先对其进行能谱分析获得该物相的成分，再由其成分推知可能存在的结构种类，分别查找对应的 PDF 卡片，这就转化为已知晶体结构的花样标定了。

1.2.7　透射电子显微镜的样品制备

透射电子显微镜是利用电子束穿过样品后的透射束和衍射束进行工作的，因此为了让电子束顺利透过样品，样品就必须很薄，一般为 50～200nm。样品的制备方法较多，常见的主要有两种：聚焦离子束刻蚀法和薄膜法。

1. 聚焦离子束刻蚀法

运用聚焦离子束在 SEM 帮助下微加工直接制成电子显微镜薄膜试样，见图 1-40。

2. 薄膜法

主要通过线切割从试样上割取厚度为 0.3～0.5mm 的薄片。当试样为绝缘体如陶瓷材料时，只能采用金刚石切割机进行切割，然后通过机械研磨法和化学反应法进行预减薄，最后通过电解双喷法或离子减薄法进行终减薄。

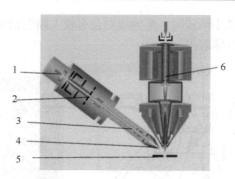

图 1-40　双束系统结构示意图

1. 离子源；2. 可调光阑；3. 离子束；4. 物镜；5. 样品台；6. 电子枪

1）电解双喷法

导电试样可采用电解双喷法抛光减薄，其工作原理如图 1-41 所示。将试样装入样品夹持器中，与电源的正极相连，样品两侧各有一个电解液喷嘴，均与电源的负极相连，电解液由耐酸泵输送，从两侧喷向试样进行腐蚀，一旦试样中心被电解液腐蚀穿孔，光敏元器件将接收到光信号，切断电源，停止喷液，完成制备过程。电解液有多种，最常用的是 10%高氯酸乙醇溶液。

2）离子减薄法

离子减薄法工作原理如图 1-42 所示，离子束在样品的两侧以一定的倾角（5°～30°）同时轰击样品，使之减薄。常采用挖坑机（Dimple 仪）先对试样中心区域挖坑减薄，然后再进行离子减薄，薄区广泛，样品质量高。离子减薄法可适用于各种材料。

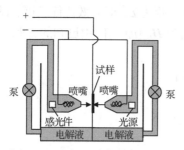

图 1-41　电解双喷装置原理图

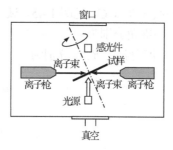

图 1-42　离子减薄装置原理图

对于粉末样品，可先在专用铜网上形成支撑膜（火棉胶膜或碳膜），再将粉末在溶剂中超声分散后滴在铜网上静置、干燥，即可用于电子显微镜观察。为防粉末脱落，可在粉末上再喷一层碳膜。

1.2.8　透射电子显微镜菊池花样标定晶体取向

在透射电子显微镜中，入射到试样中的电子受到原子的散射作用，如果散射前后电子的能量未发生变化，即为弹性散射，相对某一（hkl）晶面满足布拉格条件而发生衍射，产生斑点花样。散射前后损失部分能量的电子，即发生非弹性散射，这些非弹性散射电子中，总有一部分电子相对某一（hkl）晶面满足布拉格条件而发生衍射。非弹性散射电子相对晶面再次衍射的结果是产生一对与衍射晶面对应的平行线，称为菊池带（Kikuchi band），或菊池线对，见图1-43。当试样微小倾转时，菊池线对会有较大幅度扫动，对晶体取向十分敏感。运用三菊池极法即可标定晶体取向。

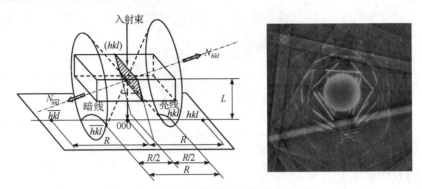

图1-43 菊池线对的产生原理图及其实例

三菊池极法的具体步骤：

（1）在菊池线谱中找到相对独立的三个菊池极，如图1-44所示。

（2）分别测量三线对的间距，分别除以相机常数K，即为三个晶面间距，由PDF卡片获得三个菊池线对对应的晶面指数$\{h_ik_il_i\}$（i=1,2,3），再由三者之间的夹角α_{12}、α_{23}、α_{31}关系确定三菊池线对分别对应的精确的晶面指数（$h_ik_il_i$）。

（3）由三个晶面指数（$h_ik_il_i$）（i=1,2,3）两两叉乘分别确定三个菊池极代表的三个晶带轴指数$[u_iv_iw_i]$（i=1,2,3）。

（4）薄膜试样表面的法线方向为$[hkl]$，即电子束的反方向，设其与投影面的交点为O，分别连接OA、OB、OC，见图1-45。试样与投影面间距为L，即有效镜筒长度，设电子束与三个晶带轴的夹角分别为α、β、γ。令三晶带轴矢量为$\boldsymbol{H}_i=[u_iv_iw_i]$，由已知的$L$和测量的$OA$、$OB$和$OC$，计算得$\alpha$、$\beta$、$\gamma$分别为

$$\alpha = \arctan \frac{OA}{L} \tag{1-27}$$

$$\beta = \arctan \frac{OB}{L} \tag{1-28}$$

$$\gamma = \arctan \frac{OC}{L} \tag{1-29}$$

注意：投影面平行于试样。

（5）联立方程组求得h、k、l，$[hkl]$即为电子束的反向。N为电子束入射矢量。

$$\cos\alpha = \frac{\boldsymbol{H}_1 \cdot \boldsymbol{N}}{|\boldsymbol{H}_1||\boldsymbol{N}|} \tag{1-30}$$

$$\cos\beta = \frac{\boldsymbol{H}_2 \cdot \boldsymbol{N}}{|\boldsymbol{H}_2||\boldsymbol{N}|} \tag{1-31}$$

$$\cos\gamma = \frac{\boldsymbol{H}_3 \cdot \boldsymbol{N}}{|\boldsymbol{H}_3||\boldsymbol{N}|} \tag{1-32}$$

这里的[hkl]为表面（轧面）的法向指数，轧面为（hkl）。

（6）量出 3 条过花样中心菊池带（$h_1k_1l_1$）、（$h_2k_2l_2$）、（$h_3k_3l_3$）与投影面上 RD 的夹角 β_1、β_2、β_3，列出三个夹角方程，解出三个未知量[uvw]。

从而获得该菊池花样所对应的晶体取向：（hkl）[uvw]。

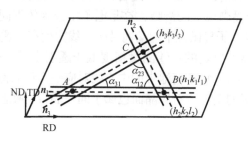

图 1-44　三菊池极法示意图

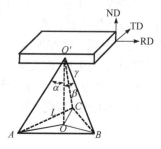

图 1-45　三晶带轴空间关系图

1.3　电子背散射衍射法

电子背散射衍射（electron backscattering diffraction，EBSD）利用扫描电子显微镜中电子束在样品表面激发背散射电子的菊池衍射谱，分析晶体结构、取向及相关信息。通过电子束扫描，EBSD 逐点获取样品表面晶体取向的定量数据，并转化为图像，该图像可提供包括晶体结构、晶粒取向、相邻晶粒取向差等定量的晶体学信息。同时，可以方便地利用极图、反极图或取向分布函数显示晶粒取向或取向差分布。目前，EBSD 已成功用于各类材料的结构分析。

1.3.1　电子背散射衍射原理

与透射电子显微镜相似，扫描电子显微镜中的电子束作用于试样后产生的背散射电子，如果满足布拉格衍射条件，同样也会发生菊池衍射，被称为电子背散射衍射。这部分产生菊池衍射的背散射电子逸出样品表面，射出至荧光屏，形成电子背散射衍射花样。当电子束在样品表面进行面扫描时，每一分析点的衍射花样被 CCD 相机拍下，经数据采集系统扣除背底和 Hough 变换后，被自动识别与标定，从而确定对应的晶体结构和取向信息。

在扫描电子显微镜中，为了缩短电子运动路径，让更多的背散射电子参与衍射而获得更强的衍射信号，需要将样品倾转至 70° 左右，如图 1-46 所示。透射电子显微镜下菊池衍射方

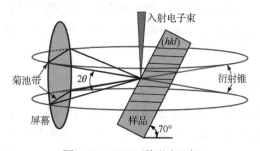

图 1-46　EBSD 谱形成几何

向与电子束入射方向夹角很小，而扫描电子显微镜下菊池衍射方向与电子束入射方向的夹角极大，因此称为背散射衍射或高角菊池衍射。

注意：扫描电子显微镜与透射电子显微镜下均能产生菊池花样，但 EBSD 为扫描电子显微镜中背散射电子产生的衍射，存在以下特点：①EBSD 的角度域比透射电子显微镜大得多，可超过 70°，而透射电子显微镜下约 20°，因此便于标定或鉴定对称元素；②EBSD 的菊池带中心亮度高，边线强度低，没有透射电子显微镜下的清晰，这是电子传输函数不同所致；③TEM 中的菊池带亮、线宽度大，而扫描电子显微镜中的菊池带暗、线宽度窄。这是由相机长度 L（即样品到衍射谱探测器的距离）决定的；④测量精度低于透射电子显微镜；⑤衍射谱角域比透射电子显微镜菊池谱宽得多。每条菊池带的中心线对应一个反射晶面。菊池带相交点称为菊池极。相交于同一菊池极的菊池带对应晶面也属于同一晶带，菊池极实际上对应于该晶带的晶带轴。

1.3.2　电子背散射衍射系统的组成

EBSD 系统由三部分组成：扫描电子显微镜、图像采集设备以及软件系统，如图 1-47 所示。其核心是通过图像采集设备实现衍射谱的快速采集和分析。图像采集设备即 EBSD 探头，包括探头外表面的透明磷屏幕、屏幕后面的高灵敏度 CCD 相机以及配套的图像处理器。磷屏幕被入射电子撞击后对外发射与入射电子数目成正比的可见光子，因此电子束与倾斜样品表面作用后产生的 EBSD 谱到达磷屏后被转变为可见光图像，经 CCD 相机数字化采集后由图像处理器传输到计算机内存中。EBSD 探头从扫描电子显微镜样品室的侧面（或后面）与电子显微镜相连，使用时可以手动或电动方式插入预先设定的位置。磷屏通常平行于电子束和样品倾转轴。

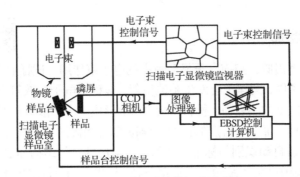

图 1-47　EBSD 系统的组成示意图

EBSD 系统的软件系统包括控制软件和应用软件。这些软件可实现 EBSD 谱图像采集的自动化控制、衍射谱自动标定和晶粒取向确定以及丰富的数据后处理，如织构计算、晶粒取向彩色绘图、晶界取向差分析等。

1.3.3　电子背散射衍射谱的标定

衍射谱的标定指的是确定谱中各菊池带的晶面指数。进行衍射谱标定的第一步是识别衍射谱的各个菊池带。通常识别菊池带的方法有 Burns 法和 Hough 变换法。这些方法本质上属于数字图像处理技术。实践证明 Hough 变换法比 Burns 法更可靠，可有效识别更弱的菊池带，并且所需时间短，因此被广泛应用。

1. Hough 变换

在极坐标系中，如何表示直线方程呢？如图 1-48 所示，有一直线 L，点 P 是直线 L 上的任意一点，其对应的直角坐标为 (x,y)，极坐标为 (r,φ)，过原点 O 作该直线的垂线，垂足为 A，则 OA 为原点 O 到直线 L 的距离，表示为 ρ，设 x 轴与 OA 方向的夹角为 θ。显然，$\rho = r\cos(\theta-\varphi)$，然后根据三角函数的关系对该式展开，可得

$$\rho = r\cos(\theta-\varphi) = r\cos\theta\cos\varphi + r\sin\theta\sin\varphi \tag{1-33}$$

又根据点 P 的直角坐标 (x, y) 和极坐标 (r, φ) 之间的关系（图 1-49），得 $x=r\cos\varphi$，$y=r\sin\varphi$，代入式（1-33）得

$$\rho = x\cos\theta + y\sin\theta \tag{1-34}$$

该式即为 Hough 变换式。

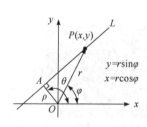

图 1-48　Hough 变换原理

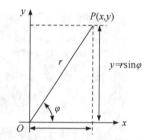

图 1-49　极坐标系和直角坐标系的关系

注意：(θ,ρ) 与直线 L 是一一对应的，直线 L 上某点的极坐标为 (r,φ)，直角坐标为 (x,y)，Hough 空间的坐标则为 (θ,ρ)。由于菊池带为衍射斑点两侧的平行直线，通过 Hough 变换，就可将菊池谱上的某一点坐标 (x,y) 按公式 $\rho = x\cos\theta + y\sin\theta$ 转变为 Hough 空间过 (θ,ρ) 点的一条正弦曲线。如图 1-50 所示为一系列原始图像同一直线上的不同点对应的 Hough 空间相交于同一点 (θ,ρ) 的正弦曲线。交点坐标 θ 为该直线的垂直线与 x 轴的夹角，ρ 为坐标原点到该直线的距离，若垂足与垂线所指正方向不在同一侧，ρ 取负值。

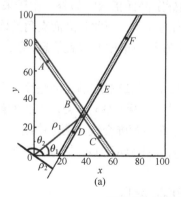
(a)

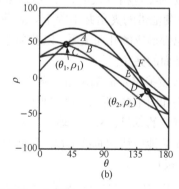
(b)

图 1-50　菊池谱的 Hough 变换

（a）原始菊池谱；（b）菊池谱的 Hough 变换结果

菊池线 $x\text{-}O\text{-}y$ 图像空间与 $\theta\text{-}O\text{-}\rho$ Hough 空间存在以下关系：

（1）菊池线谱上一个点，在 Hough 空间表现为一条正弦函数曲线：$\rho = x\cos\theta + y\sin\theta$；

（2）菊池线谱上一条直线，在 Hough 空间表现为相交于一点的一系列正弦函数曲线，该点坐标为（θ, ρ）；

（3）菊池线谱上多条直线，在 Hough 空间表现为多条正弦函数曲线，相交于多个点，点坐标为（ρ_i, θ_i）；

（4）菊池线谱（三条：一条斑点所在线和斑点两侧的平行线）在 Hough 空间表现为若干正弦曲线分别相交于三个点，由于三点的 θ 相同，ρ_1、ρ_2、ρ_3 各不相同，故三点位于同一垂直线上，两暗一亮，呈蝴蝶结状。

菊池带两条边界的暗线和中心的亮线被叠加到 Hough 空间中对应三个正弦曲线交点，两暗一亮。图 1-51（a）和（b）分别为实验采集到的 EBSD 谱和对应的 Hough 变换图像。菊池带通常比较弥散，Hough 变换图像显示为蝴蝶结的图案。因此，菊池带定位转变为寻找 Hough 变换图像最亮点或蝴蝶结图案的位置。菊池带的准确位置为（θ, ρ）。

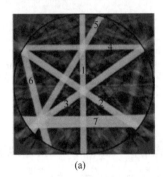
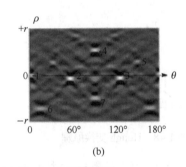

(a)　　　　　　　　　　　(b)

图 1-51　EBSD 谱及对应的 Hough 变换图像

（a）EBSD 图像；（b）Hough 变换图像

2. 菊池带的晶面指数（hkl）的标定

透射电子显微镜中菊池带晶面指数可以通过菊池带宽度（即亮线和暗线的距离，正比于晶面间距）或角度确定。但是，由于放大倍率较低（相机长度 L 较短），扫描电子显微镜 EBSD 谱中菊池带宽度的测量精度较低，不足以准确标定晶面指数。另外，由于采集角域较宽，EBSD 谱中两条菊池带的夹角并不等于对应晶面的夹角，因此其晶面夹角的确定也更复杂。根据背散射菊池带形成的几何关系，以及菊池带在衍射谱中的位置信息，还是可以计算出两条菊池带对应晶面的夹角。

根据 Hough 变换确定的菊池带位置坐标（θ, ρ）确定对应晶面的法线方向 $\boldsymbol{n}$，再计算出晶面夹角的方法如图 1-52 所示。设宏观坐标即试样坐标：$O\text{-}x_P\text{-}y_P\text{-}z_P$，$S$ 为发射源，C 是过 S 作投影面的垂直线的垂足，$SC /\!/ z_P$ 轴。过 C 作晶面与荧屏交线（菊池中线）的垂线 CP，垂足为 P，过 O 作菊池中线的垂线 OQ，垂足为 Q；连接 OC，OC 与 OQ 的夹角为 α，菊池中线的极径为 ρ，极角为 θ。

设 $\boldsymbol{OQ}$ 的单位矢量为 $\boldsymbol{m} = \rho\cos\theta\boldsymbol{X_P} + \rho\sin\theta\boldsymbol{Y_P}$，$\rho = 1$。

由图 1-52 可知

$$CP = OQ - OC\cos\alpha \tag{1-35}$$

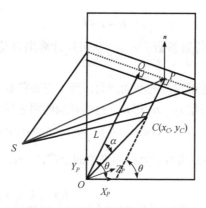

图 1-52　EBSD 菊池带标定示意图

因为

$$\frac{y_C}{x_C} = \tan(\theta - \alpha) = \frac{\sin(\theta - \alpha)}{\cos(\theta - \alpha)} \tag{1-36}$$

即

$$x_C \sin(\theta - \alpha) = y_C \cos(\theta - \alpha) \tag{1-37}$$

得

$$\cos\alpha = \frac{x_C \cos\theta + y_C \sin\theta}{x_C \sin\theta + y_C \cos\theta} \sin\alpha \tag{1-38}$$

因为

$$OC = x_C \cos(\theta - \alpha) + y_C \sin(\theta - \alpha) \tag{1-39}$$

化简得

$$OC = (x_C \cos\theta + y_C \sin\theta)\cos^2\alpha + (x_C \sin\theta - y_C \cos\theta)\sin\alpha\cos\alpha \tag{1-40}$$

将式（1-38）代入式（1-40）得

$$OC\cos\alpha = x_C \cos\theta + y_C \sin\theta \tag{1-41}$$

$$CP = OQ - OC\cos\alpha = \rho - x_C \cos\theta - y_C \sin\theta \tag{1-42}$$

$$\boldsymbol{SP} = \boldsymbol{CP} + \boldsymbol{SC} = CP\cos\theta \boldsymbol{X_P} + CP\sin\theta \boldsymbol{Y_P} + L\boldsymbol{Z_P} \tag{1-43}$$

$\boldsymbol{SP}$ 对应的单位方向矢量为

$$\boldsymbol{r} = \frac{\boldsymbol{SP}}{|\boldsymbol{SP}|} \tag{1-44}$$

设菊池中线 QP 的单位方向矢量为 $\boldsymbol{t}$，则

$$\boldsymbol{t} = \cos(90° + \theta)\boldsymbol{X_P} + \sin(90° + \theta)\boldsymbol{Y_P} = -\sin\theta \boldsymbol{X_P} + \cos\theta \boldsymbol{Y_P} \tag{1-45}$$

由于菊池中线 QP、SP 均在衍射晶面内，因此晶带面的法线矢量为

$$n = r \times t \tag{1-46}$$

只要确定某一菊池带的位置参数（θ, ρ）就可以计算出对菊池带中心晶面的单位方向矢量 n。

为了确定衍射谱中各菊池带对应的晶面指数，至少需要获取三条菊池带，并根据前文介绍的方法计算对应晶面的法向矢量 n_1、n_2 和 n_3。这些晶面两两之间的夹角即其法向方向的夹角可通过法向矢量的点乘计算，$\alpha_{12} = \arccos(n_1 \cdot n_2)$，$\alpha_{23} = \arccos(n_2 \cdot n_3)$，$\alpha_{31} = \arccos(n_3 \cdot n_1)$。获得三个二面角后，再利用晶面指数计算晶面夹角的公式，$\cos\alpha_{12} = \dfrac{h_1 h_2 + k_1 k_2 + l_1 l_2}{\sqrt{h_1^2 + k_1^2 + l_1^2}\sqrt{h_2^2 + k_2^2 + l_2^2}}$，

$\cos\alpha_{23} = \dfrac{h_2 h_3 + k_2 k_3 + l_2 l_3}{\sqrt{h_2^2 + k_2^2 + l_2^2}\sqrt{h_3^2 + k_3^2 + l_3^2}}$，$\cos\alpha_{31} = \dfrac{h_3 h_1 + k_3 k_1 + l_3 l_1}{\sqrt{h_3^2 + k_3^2 + l_3^2}\sqrt{h_1^2 + k_1^2 + l_1^2}}$，即可获得相互自洽的三个晶面的晶面指数（$h_1, k_1, l_1$）、（$h_2, k_2, l_2$）和（$h_3, k_3, l_3$），此即为三条菊池带对应的晶面指数的一组解。图 1-53 为菊池衍射花样的标定结果。

图 1-53　菊池衍射花样的标定结果

1.3.4　标定晶体取向

晶体取向指晶体空间点阵在样品坐标系的相对位向，一般用样品宏观坐标系向晶体微观坐标系的旋转变换矩阵 g 或欧拉角（ϕ_1, Φ, ϕ_2）表示。下面介绍如何根据指标化的菊池带运用三个坐标系测定法标定晶体取向。

图 1-54 为三个坐标系测定原理示意图，样品台（电子束）坐标系为 CS$_m$，倾转 70°后坐标系为 CS$_1$（O-x_1-y_1-z_1），EBSD 探头荧屏坐标系为 CS$_3$（O-x_3-y_3-z_3），探头距离 D 表示探头与样品表面分析点的屏间距。

探头屏幕与电子束平行，与倾斜试样表面呈 20°夹角，倾转的样品坐标系 CS$_{sa}$[①]与电子束坐标系 CS$_{be}$[②]的关系：

$$\begin{pmatrix} e_1^{sa} \\ e_2^{sa} \\ e_3^{sa} \end{pmatrix} = \begin{pmatrix} 0 & -\sin 70° & \cos 70° \\ 1 & 0 & 0 \\ 0 & \cos 70° & \sin 70° \end{pmatrix} \cdot \begin{pmatrix} e_1^{be} \\ e_2^{be} \\ e_3^{be} \end{pmatrix} = \begin{pmatrix} -\sin 70° e_2^{be} + \cos 70° e_3^{be} \\ e_1^{be} \\ \cos 70° e_2^{be} + \sin 70° e_3^{be} \end{pmatrix} \tag{1-47}$$

---

① sa 表示样品；

② be 表示电子束。

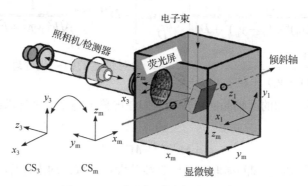

图 1-54 三个坐标系测定原理示意图

即

$$\begin{cases} e_1^{sa} = -\sin 70° e_2^{be} + \cos 70° e_3^{be} \\ e_2^{sa} = e_1^{be} \\ e_3^{sa} = \cos 70° e_2^{be} + \sin 70° e_3^{be} \end{cases} \quad (1\text{-}48)$$

电子束坐标系下的一个矢量转化为样品坐标系下矢量的关系为

$$r^{sa} = M^{be\to sa} r^{be} \quad (1\text{-}49)$$

式中，$M^{be\to sa}$ 为上面对应的旋转矩阵。

图 1-55 为三坐标系的关系示意图，设：

（1）屏幕中心坐标为 (x_0, y_0)；

（2）屏幕上任一点的坐标为 (x, y)；

（3）反射电子束与屏幕的交点为 R；

（4）电子束与试样作用点到屏幕的距离为 D。

则电子束坐标系原点到 EBSD 探头屏幕上任一点的矢量可表达为

$$R = (x - x_0, y - y_0, D) \quad (1\text{-}50)$$

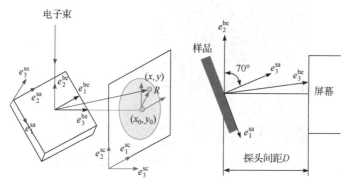

图 1-55 三坐标系的关系示意图

$$\frac{1}{\sqrt{(x-x_0)^2+(y-y_0)^2+D^2}}\begin{bmatrix}(x-x_0)\\(y-y_0)\\D\end{bmatrix}=\boldsymbol{M}^{cr\to be}\text{①}\frac{1}{\sqrt{h^2+k^2+l^2}}\begin{pmatrix}h\\k\\l\end{pmatrix}\qquad(1\text{-}51)$$

式中，$\dfrac{1}{\sqrt{(x-x_0)^2+(y-y_0)^2+D^2}}$、$\dfrac{1}{\sqrt{h^2+k^2+l^2}}$ 为对长度的归一化处理。

通过屏幕上 3 个已知的区轴晶向指数和它们在屏幕上的 3 组坐标求出 $\boldsymbol{M}^{cr\to be}$，最终取向矩阵是两矩阵的乘积：

$$\boldsymbol{g}=\boldsymbol{M}^{be\to sa}\cdot\boldsymbol{M}^{cr\to be}\qquad(1\text{-}52)$$

EBSD 谱线的识别标定和晶体取向的确定涉及大量计算，均由计算机完成。

1.3.5　电子背散射衍射样品制备

由于 EBSD 所采集的电子信号仅来自样品表层 10～50nm 厚的区域。任何表面缺陷的引入不仅会降低 EBSD 谱的质量，还会影响分析的精度和分辨率。因此，EBSD 样品最后一道工序为精细的机械抛光、电解抛光或离子研磨，以获得平整的无应变表层。

（1）机械抛光。机械抛光时一般使用硅胶抛光液。

（2）电解抛光。对于强度低而容易产生表面变形的金属材料，通过电解作用去除表面变形层和浮凸。

（3）离子研磨。离子研磨是用离子枪轰击倾斜样品表面，去除变形层，基本适合所有材料。

1.3.6　电子背散射衍射在结构分析中的应用

1. 取向衬度成像

多晶材料的晶粒内部具有相近取向，而晶粒之间存在明显的取向差异。因此，利用不同颜色渲染不同的晶体取向可以清晰显示出晶粒的形貌，特别是传统化学方法难以侵蚀显示的小角晶界或特殊晶界。这使晶粒尺寸测量更为准确，并可区分孪晶界或亚晶界的影响。图 1-56 为纳米孪晶铜沉积表面的 EBSD 取向衬度图像。图中颜色代表每个晶粒的沉积方向，如图 1-56 中反极图所示。沉积方向接近[1 1 1]、[0 1 1]、[0 0 1]晶向时，分别显示为蓝色、绿色和红色。

图 1-56　纳米孪晶铜沉积表面的 EBSD 取向衬度图像

---

① cr 表示屏幕。

2. 织构分析

EBSD 可直接获取样品表面各点的晶体取向数据。这些晶体取向的统计分布在一定程度上可以反映样品的织构特征。一种直观呈现取向分布的方法是将 EBSD 获得的取向信息以散点图形式画于极图或反极图中。散点聚集状态定性反映织构弥散程度。但这种方法仅适用于取向数据点较少的情况。为了获得定量的织构相对密度，必须将 EBSD 获得的离散单晶取向数据转变为密度分布。晶体取向数据集对应的密度分布可以通过将极图角坐标 α 和 β 分割为角度单元，如 $\alpha \times \beta = 5° \times 5°$，并统计每个单元的数据点数。对于晶体取向矩阵 $\boldsymbol{g}$，(h_i, k_i, l_i) 极点[如（111）、（11$\bar{1}$）等]对应的极图角 (α_i, β_i) 可由以下公式计算：

$$\begin{pmatrix} \sin\alpha_i \cos\beta_i \\ \sin\alpha_i \sin\beta_i \\ \cos\alpha_i \end{pmatrix} = \boldsymbol{g}^{-1} \begin{pmatrix} x_i^{c} \\ y_i^{c} \\ z_i^{c} \end{pmatrix} \tag{1-53}$$

式中，$(x_i^{c}, y_i^{c}, z_i^{c})$ 为 (h_i, k_i, l_i) 经转换后的晶体直角坐标系 CS$_c$ 的坐标。计算 (α_i, β_i) 后，将 (α_i, β_i) 所在的单元格数值增 1。计算完所有的取向数据点后，所有角度单元格数据除以总的取向数据点数 N，即可得到 (hkl) 极图的分布密度。同理，利用 EBSD 获得的单晶取向数据集也可以计算反极图和取向分布函数（orientation distribution function, ODF）的密度分布，但过程复杂，可参考相关文献。

注意，EBSD 织构分析方法与传统的 X 射线衍射具有明显的区别。EBSD 直接获得衍射源点单晶体的三维取向信息。因此，X 射线衍射获得的是宏观织构，而 EBSD 反映的是微观局域织构。如果样品织构相对均匀，EBSD 所得织构信息与 X 射线衍射结果是很接近的。

3. 晶粒取向差及晶界特性分析

EBSD 技术可以测定样品表面每一点的晶体取向，因此也可以分析两个晶粒间的取向差和旋转轴。若两个相邻晶粒 A 和 B 的取向矩阵分别为 $\boldsymbol{g}_A$ 和 $\boldsymbol{g}_B$，晶粒 A 向晶粒 B 的转动矩阵 $\boldsymbol{g}_{A \to B}$ 即为取向差矩阵，可以表示为

$$\boldsymbol{g}_{A \to B} = \boldsymbol{g}_B \cdot \boldsymbol{g}_A^{-1} \tag{1-54}$$

从取向差矩阵 $\boldsymbol{g}_{A \to B}$ 可以算出取向差 Ω 和旋转轴 $[r_1 \, r_2 \, r_3]$：

$$\Omega = a\cos \left| \frac{g_{11} + g_{22} + g_{33} - 1}{2} \right| \tag{1-55}$$

$$\begin{cases} 2r_1 \sin\theta = g_{23} - g_{32} \\ 2r_2 \sin\theta = g_{31} - g_{13} \\ 2r_3 \sin\theta = g_{12} - g_{21} \end{cases} \tag{1-56}$$

如果考虑晶体对称性，那么存在多个等价的取向差矩阵以及相应的取向差和旋转轴，因此一般取这些等价取向差的最小值作为两晶粒间的本征取向差 Ω。

根据两晶粒的取向差矩阵和取向差可以进一步分析两晶粒间的晶界特性。例如，当 $\Omega < 15°$ 时，晶界为小角晶界；当 $\Omega \geq 15°$ 时，晶界为大角晶界。大角晶界中还存在一些特殊

晶界。这些特殊晶界可用重合位置点阵（coincident site lattice, CSL）模型描述，并记为Σ。Σ的倒数代表两个晶粒的空间点阵重合点的密度。Σ特殊晶界有相应的取向差矩阵 g_Σ 和取向差 Ω_Σ。如立方晶系中Σ3晶界即为孪晶界，取向差为60°，则孪晶界两侧晶粒在晶界面上完全共格。两晶粒A和B的取向差矩阵 $g_{A\to B}$ 相对于Σ特殊晶界的偏差矩阵为

$$\Delta g = g_\Sigma \cdot g_{A\to B}^{-1} \tag{1-57}$$

由 Δg 计算得到的旋转角 $\Delta\Omega$ 代表晶粒 A 和 B 的晶界偏离 Σ 特殊晶界的程度。如果 $\Delta\Omega < 15°/\sqrt{\Sigma}$，则可以认为该晶界属于 Σ 特殊晶界。

通过分析 EBSD 获取的取向图像相邻像素的取向差数据，不仅可以反映样品的取向差分布，还可以根据晶界性质用不同的线条或颜色描绘晶界，直观地呈现晶界特性。

1.4 中子衍射法

1.4.1 中子衍射原理

中子衍射是中子散射中的一种，中子散射可分为弹性散射与非弹性散射，散射过程中中子能量未变的散射称为弹性散射，中子能量变化的散射称为非弹性散射。弹性散射中，由于中子能量未变，被中子射线照射过的物质发出与入射波长相同的次级中子射线，并向各方向传播，当散射体中的原子长程有序排列成晶体，则在一定条件下（满足布拉格方程同时不消光）会发生相干加强的干涉现象即中子衍射。衍射峰的位置和强度与晶体中的原子位置、排列方式以及各个位置上原子的种类有关。对于磁性物质，衍射峰的位置还和原子的磁矩大小、取向和排列方式有关。因此，可以利用中子衍射研究物质的磁结构。

中子衍射与 X 射线衍射和电子衍射相同，有两个要素：衍射方向和衍射强度。中子衍射的方向同样由布拉格方程决定。而中子衍射的强度不同于 X 射线，包括核和磁两部分：

$$I_磁 = CM_T A(\theta_B) \left[\frac{\gamma e^2}{2mc^2}\right]^2 \left\langle 1-(t\cdot M)^2\right\rangle F_磁^2 \tag{1-58}$$

$$I_核 = CM_T \left[\frac{(\gamma e)^2}{2mc^2}\right]^2 F_核^2 \tag{1-59}$$

式中，C 为仪器常数；M_T 为多重因子；$A(\theta_B)$ 为角因子，$\frac{1}{2\sin\theta\sin 2\theta}$；$\frac{\gamma e^2}{2mc^2}=0.27$，为中子-电子耦合；$\left\langle 1-(t\cdot M)^2\right\rangle$ 为取向因子；t 和 M 分别表示散射矢量和磁矩矢量；$F_磁^2$ 为磁结构因子；$F_核^2$ 为核结构因子；m 为磁矩；c 为中子速度。

式中，$F_核^2$ 和 $F_磁^2$ 分别为

$$F_{核(hkl)}^2 = \left|\sum l \exp[2\pi i(hx+ky+lz)]\right|^2 \tag{1-60}$$

$$F^2_{磁(hkl)} = \left| \sum \mu f_磁 \exp[2\pi i(hx + ky + lz)] \right|^2 \qquad (1-61)$$

式中，l 和 μ 分别为中子的散射长度和磁导率；$f_磁$ 为磁形状因子。

因此，非磁性材料的中子衍射强度即为

$$I = I_核 = CM_T \left[\frac{(\gamma e)^2}{2mc^2} \right]^2 F^2_核 \qquad (1-62)$$

而磁性材料中的中子衍射强度则为核衍射强度与磁衍射强度之和，即

$$I = I_核 + I_磁 = CM_T \left[\frac{(\gamma e)^2}{2mc^2} \right]^2 F^2_核 + CM_T A(\theta_B) \left[\frac{\gamma e^2}{2mc^2} \right]^2 \left\langle 1 - (t \cdot M)^2 \right\rangle F^2_磁 \qquad (1-63)$$

在满足衍射方向条件下的（hkl）中，同样满足其对应的 $F^2_磁$ 和 $F^2_核$ 不能同时为零，否则将出现消光现象。中子衍射的消光规律与 X 射线衍射的相同。复式点阵如金刚石、CsCl 结构等的消光规律也同于 X 射线衍射。

1.4.2 中子衍射与电子衍射和 X 射线衍射的比较

中子衍射与电子衍射和 X 射线衍射主要存在以下异同点：

（1）均具有波粒二象性，其波长一般为 0.1~0.2nm，与 X 射线在同一量级。

（2）三者衍射原理相似，但本质不同。X 射线衍射是 X 射线光子与原子核外电子相互作用的结果，而中子衍射则是中子与原子核作用的结果，所以中子衍射可以观测到 X 射线衍射观测不到的物质内部结构，特别有利于确定氢原子在晶体中的位置和分辨元素周期表中邻近的各种元素。

（3）中子衍射主要以原子核为散射中心发出的相干散射波为射线源，电子衍射主要是原子核对电子的弹性散射，X 射线衍射则是原子中的电子对 X 射线的散射，原子核的散射可忽略不计。

（4）中子、电子和 X 射线作用物质时均可发生吸收，但中子被物质吸收得少，比 X 射线吸收低 3~4 个数量级，穿透能力远强于 X 射线，分析深度可达厘米量级，可获取试样内部结构信息，且具有统计学意义，而 X 射线入射深度浅，只能反映表层特性，分析深度仅为数十微米级。中子衍射的主要缺点是需要特殊的强中子源，并且由于源强不足而常需样品量较大和数据采集时间较长。

（5）中子、电子和 X 射线作用物质时发生散射能力差异大。表 1-2 显示了中子束和 X 射线束对不同原子序数物质的散射本领。当某相中同时含有轻元素（H、Li、C、B 等）和重元素（W、Au、Pb 等）时，如采用 X 射线和电子束对其结构进行衍射分析就较困难，因为重元素的散射本领远高于轻元素，以至于轻元素在晶胞中的位置很难确定。此外，当两种元素的原子序数相近时，用 X 射线或电子衍射也不易分辨，如 FeCo 合金。以上问题采用中子衍射即可解决。原子序数不同时，轻元素 H、Li、C 与重元素 W、Au、Pb 对中子束的散射本领相差并不悬殊，见表 1-2。相邻元素如 Fe 和 Co，采用中子衍射就很容易分开。因此，中子散射特别适合轻元素、相邻元素的检测分析。

表 1-2　不同原子序数时对中子和 X 射线的散射本领

元素	H	Li	C	Al	Fe	Co	Ni	Cu	W	Au	Pb
原子序数	1	3	6	13	26	27	28	29	74	79	82
中子散射本领 $(\sin\theta/\lambda)$	1.79	0.40	5.49	1.5	11.37	1.0	13.2	7.0	2.74	7.3	11.5
X 射线的原子散射本领 $(\sin\theta/\lambda)$	0.05	1.0	2.9	30.3	134.6	146.4	161.3	176.9	1636.3	1918.2	2088.5

（6）中子具有磁矩，对于磁性材料来说，中子衍射峰的位置还与原子的磁矩大小、方向和排列方式有关。而 X 射线、电子无此功能。因此，中子是磁性材料研究的重要手段之一。

（7）对于一般的结构研究，通常遵循"先 X 射线再中子"的原则。但是，对于材料磁性和磁结构的分析，优先采用中子分析技术。

（8）铁磁材料的磁衍射峰和核衍射峰是完全重合的，从一次测量中不可能单独获得磁峰的强度。所以，必须测量不同温度下的中子衍射，如比较居里温度点以下和居里温度点以上的两次实验结果，才能把磁峰和核衍射峰分离。

1.4.3　中子衍射仪

常用的中子衍射仪主要分为以下两大类。

（1）衍射法：从反应堆中连续的中子谱中，运用单晶体选出单色中子投射到样品上，构成最简单的中子衍射仪，获得其波长，计算其能量，见表 1-3（a）。若用于动态结构研究的是非弹性散射设备，则可在衍射仪的基础上再增加一个单晶，用于分析样品某一散射方向上的中子的能量或波长，这种仪器通常有三个转轴，又称三轴谱仪，见表 1-3（c）。

（2）飞行时间法：它是根据中子的粒子特性，让中子一束一束地以脉冲形式作用于试样，然后检测到达探测器所需的时间测定中子的能量，见表 1-3（b）。该法也可用于非弹性散射仪中，如三轴谱仪，见表 1-3（d）。

表 1-3　常用的中子散射仪

物质结构特性	衍射法	飞行时间法
静态结构特性 （二轴）	连续波长中子束(白光) 单色器　样品　单色 探测器 (a)	连续波长中子束(白光) 转子 样品　飞行距离 探测器 (b)

续表

物质结构特性	衍射法	飞行时间法
动态结构特性 （三轴）	连续波长中子束(白光) 单色器　样品 单色 分析器　探测器 (c)	连续波长中子束(白光) 转子1 转子2 单能脉冲 样品　飞行距离 探测器 (d)

中子单色系统一般选用机械速度选择器，而准直系统会根据需要选用不同距离的单孔或多孔。

1.4.4　中子衍射技术的应用

1. 物相结构分析

一般晶体晶面间距为 $0.1\sim1nm$，从反应堆射出的热中子能量为 $0.1\sim0.0001eV$，相应的波长为 $0.03\sim3nm$，正好满足要求。中子源发出中子束，照射到样品上，中子束与样品相互作用导致中子发生各向散射，弹性散射光束产生衍射，被探测器接收，探测器连接数据采集系统获取衍射结果。用于结构分析的中子衍射仪主要由中子单色系统、中子准直系统、样品定位和调整系统、中子探测系统、数据获取系统等几部分组成，其结构和工作原理如图 1-57所示。第一准直器限定投射到单色器上的白光中子的方向和发散度，单色器利用衍射原理从白光中子中取出特定波长的中子。入射到样品上的中子方向由第二准直器限定，散射后的中子经第三准直器去除杂散中子后被探测器收集，并最终形成衍射谱图（在不同散射角度方向上的强度分布）。仪器的分辨率和测量时间是衡量仪器性能及确定应用范围的重要参数，可通过选取准直器、单色器的类型或调节其参数进行优化。

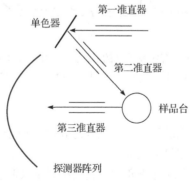

图 1-57　粉末衍射仪工作原理示意图

将储氢合金 $Ti_{50}V_{20}Cr_{30}$ 在室温、2000kPa 下储满氢，然后在真空中从 120℃升至 266℃，

测其动态中子衍射图，见图 1-58。由图可知物相主要由 fcc 相和 Al 相组成。从 120℃升至 160℃时，fcc 相各峰强度小幅降低，但从 200℃升至 266℃时，fcc 相峰强显著降低成弱峰，表明在 200℃时合金快速脱氢，266℃时合金仅含 10%氢化物相，脱氢几乎完成，而 Al 相从 120℃升至 266℃时峰强保持不变。

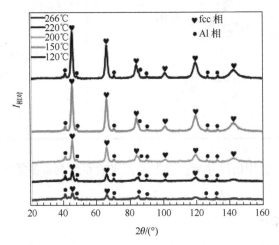

图 1-58　$Ti_{50}V_{20}Cr_{30}+7Zr+10Ni$ 氘化合金的解吸中子衍射花样

铁钴合金有序化后出现了超点阵线条，很难用 X 射线衍射花样区分，用中子衍射花样则很容易测出，如图 1-59 中（100）、（111）、（210）等超点阵线条具有足够的强度可以被区分出来。

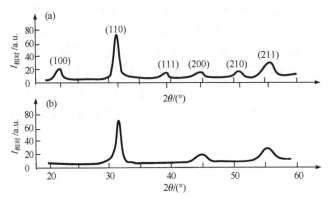

图 1-59　有序及无序的 FeCo 合金中子衍射花样
（a）有序的 FeCo 合金；（b）无序的 FeCo 合金

2. 磁结构分析

利用中子在磁性物质上的磁散射，还可以确定物质中原子磁矩的大小、取向和分布。螺旋磁结构的发现就是中子衍射测量的结果。

用 X 射线衍射对 MnO 晶体进行研究时，其结构是 NaCl 型，Mn 占据 Na 的位置，O 占据 Cl 的位置，$a=0.4426nm$，晶体结构和磁结构模型示意图如图 1-60（a）、（b）所示。80K、293K 下的中子衍射花样分别如图 1-61（a）、（b）所示。磁性转变温度为 120K。

图 1-61（a）包括磁衍射和核衍射。在 120K 以下求出的格子常数比用 X 射线衍射求得的大一倍，这是相邻的金属离子磁矩相反引起的，如图 1-61（b）所示，此晶体属反铁磁型。在 120K 以上如 293K，X 射线和中子的衍射结果完全一致，这是因为在 120K 以上 Mn^{2+} 磁性排列是混乱的。

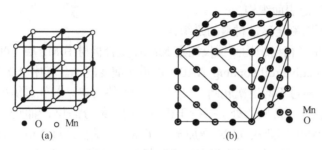

图 1-60　MnO 的晶体结构和磁结构模型示意图
（a）晶体结构；（b）磁结构

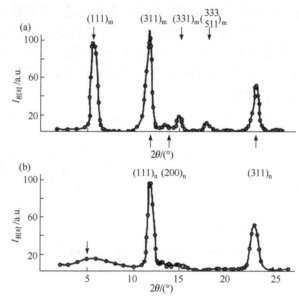

图 1-61　MnO 不同温度下的中子衍射花样
（a）80K；（b）293K（下标 m 为磁散射、下标 n 为核散射）

3. 织构分析

织构的中子测定与 X 射线相同。中子织构谱仪利用衍射的方法，在传统的中子粉末衍射的基础上，加装特殊的样品取向调整装置即欧拉环测角头见图 1-16，实现样品在空间中的任意取向，并辅以特殊的角度读出系统和测量控制程序，获得样品不同取向时的衍射强度，从而得到多晶样品内某个晶面族的取向分布。中子织构谱仪中的中子具有较强的穿透力，因而可以测量较大体积样品的织构，获得体织构的信息。

相比于 X 射线，中子衍射织构测量具有以下特点：

（1）中子吸收系数较小，故中子衍射织构测量一般无须吸收强度校正，只需将试样制成较规整形状，如正方体、圆柱或圆球状即可（一般体积为 $1cm^3$）。中子衍射体积可覆盖整个试样。

（2）中子衍射可用一个试样和一种测量方法测量出一个完整极图，而 X 射线则需透射法与反射法结合方可获得完整极图，且需强度修正。

（3）中子衍射织构测定的统计性好。中子的穿透性远高于 X 射线，可以实现体织构测量，而 X 射线仅能测定表面织构。

（4）中子衍射可以测定磁性材料的磁织构。

图 1-62 为运用中子衍射织构测试仪测定 Mg/Al 复合板材中 Mg 层（0002）基面的极图随累积叠轧（accumulative roll bonding, ARB）的道次演变规律。其中 RD 表示轧向，TD 表示横向。可以看出，经过不同道次轧制，Mg 层织构始终为典型的轧制织构组分，大部分晶粒 c 轴（投影时处于图 1-62 圆心处）平行于板材法向，部分晶粒 c 轴明显向轧向（RD）偏转。2 道次时，织构强度逐渐从 9.020 增加至 10.658，但是在经过 2 道次后，织构强度随着道次增加而下降，在 3 道次时，织构强度略微降低至 10.455，其原因是存在剪切带。在非均匀形变的低应力条件下，新的晶粒会在与原始晶粒相邻的扭曲区域形成，这些新的晶粒合并在一起形成一个再结晶带。随着应变的增加，形变将集中在这个易滑移的再结晶带上并导致剪切带产生，剪切带能够提供容易滑移的路径。这种剪切带更有利于基面轧制织构的形成。随着轧制道次的增加，虽然剪切带消失，但是再结晶晶粒逐渐长大，仍会导致基面织构增强。最终晶粒细化与长大相互抵消，晶粒平均尺寸基本不再发生变化，因而基面织构强度也不再增加，甚至会有小的降低。

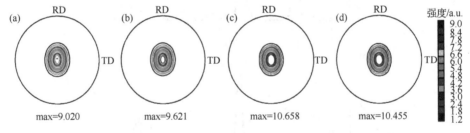

图 1-62　不同轧制道次 Mg/Al 复合板材中 Mg 层（0002）面中子衍射极图
（a）初始复合；（b）1 道次；（c）2 道次；（d）3 道次

本 章 小 结

本章主要介绍了材料结构分析的主要方法——X 射线衍射、电子衍射、背散射电子衍射和中子衍射。衍射包括衍射方向与衍射强度。衍射方向由布拉格方程、劳厄方程和衍射矢量方程决定，应用最为方便的是布拉格方程。衍射强度的影响因素较多，X 射线衍射中主要有多重因子、吸收因子、结构因子、角度因子、温度因子等，其中结构因子最为重要。当结构因子为零时，即使满足布拉格方程，同样无衍射花样产生，此时称为消光。X 射线衍射分析的应用主要包括物相分析、单晶体取向分析、织构分析、小角 X 射线散射等。电子衍射的强度类似于 X 射线衍射，未作介绍，但其消光规律同于 X 射线衍射。电子衍射主要用于微区结构分析。由于中子是不带电的粒子，中子衍射方向仍由布拉格方程决定，但其强度不同于 X 射线衍射和电子衍射。中子的衍射强度：磁性材料为核衍射强度与磁衍射强度两部分之和，非磁性材料仅为核衍射强度。中子衍射广泛应用于材料的结构分析，如物相结构、磁结构、织构等。中子衍射可与 X 射线衍射互相补充和配合，提供更完整的材料结构信息。

习　　题

1. X 射线衍射花样可以分析晶体结构，确定不同的物相，为什么？
2. 运用 PDF 卡片定性分析物相时，一般要求对照八强峰而不是七强峰，为什么？
3. 单晶取向的测定方法有哪些？
4. 单晶体衍射与多晶体衍射的区别是什么？
5. 小角 X 射线散射的基本原理是什么？
6. 小角 X 射线散射法的主要应用有哪些？
7. 什么是掠入射衍射？与常规的衍射有何区别？
8. 掠入射衍射与小角 X 射线衍射有何区别？
9. 物镜和中间镜的作用各是什么？
10. 透射电子显微镜中的光阑有几种？安装位置、各自的用途是什么？
11. 简述选区衍射的原理。
12. 多晶体的薄膜衍射衬度像为系列同心圆环，设现有四个同心圆环像，当晶体的结构分别为简单、体心、面心和金刚石结构时，请标定四个圆环的衍射晶面族指数。
13. 简述透射电子显微镜的透射菊池衍射和扫描电子显微镜的电子背散射衍射的区别。
14. 相对于 X 射线衍射和透射电子显微镜的选区电子衍射，EBSD 在确定晶体取向上具有哪些优势？
15. 简述 EBSD 的织构分析与 X 射线衍射织构分析的区别。
16. 简述中子衍射与 X 射线衍射的异同点。
17. 简述中子衍射与电子衍射的异同点。
18. 中子衍射与 X 射线衍射相比，测量织构的优点是什么？
19. 中子衍射为何可以分析晶体结构和磁结构？
20. 中子衍射与电子背散射衍射测量的织构信息有何异同？试分析。

参 考 文 献

李晓娜. 2014. 材料微结构分析原理与方法. 大连: 大连理工大学出版社.

戎咏华. 2015. 分析电子显微学导论. 2 版. 北京: 高等教育出版社.

戎咏华, 姜传海. 2012. 材料组织结构的表征. 上海: 上海交通大学出版社.

周玉. 2020. 材料分析方法. 4 版. 北京: 机械工业出版社.

朱和国, 尤泽升, 刘吉梓, 等. 2023. 材料科学研究与测试方法. 5 版. 南京: 东南大学出版社.

Morawiec A, Bouzy E, Paul H, et al. 2014. Orientation precision of TEM-based orientation mapping techniques. Ultramicroscopy, 136: 107-118.

第2章

材料形貌分析方法

由于功能材料的形貌分析方法与结构材料相同，因此本章不加区分，统称为材料的形貌分析。材料的形貌分析是材料研究的重要一环，通过形貌分析可了解材料的显微组织，研究材料的性能。常用于材料形貌分析的方法有扫描电子显微镜法、扫描透射电子显微镜法、原子力显微镜法、扫描隧道显微镜法及透射电子显微镜法，本章主要介绍这五种方法的原理、特点及应用。

2.1 扫描电子显微镜法

扫描电子显微镜（scanning electron microscope，SEM）是将电子束聚焦后以扫描的方式作用样品，产生一系列物理信息，收集其中的二次电子或背散射电子作为信号载体，经处理后在荧光屏上成像，获得样品表面显微形貌的仪器。扫描电子显微镜具有以下特点：

（1）分辨本领强。其分辨率可达 1nm 以下，介于光学显微镜的极限分辨率（200nm）和透射电子显微镜的分辨率（0.1nm）之间。

（2）有效放大倍率高。光学显微镜的最大有效放大倍率为 1000 倍左右，透射电子显微镜为几百到 80 万，而扫描电子显微镜可从数十到 20 万，且一旦聚焦后，可以任意改变放大倍率，无须重新聚焦。

（3）景深大。其景深比透射电子显微镜高一个量级，可直接观察各种如拉伸、挤压、弯曲等断口形貌以及松散的粉体试样，得到的图像富有立体感；通过改变电子束的入射角度，可对同一视野进行立体观察和分析。

（4）制样简单。对于金属等导电试样，在电子显微镜样品室许可的情况下可以直接进行观察分析，也可对试样进行表面抛光、腐蚀处理后再观察；对于一些陶瓷、高分子等不导电的试样，需在真空镀膜机中镀一层金膜后再进行观察。

（5）电子损伤小。扫描电子显微镜的电子束直径一般为 3～几十纳米，强度为 10^{-11}～10^{-9}mA，电子束的能量较透射电子显微镜的小，加速电压可以小到 0.5kV，并且电子束作用在试样上是动态扫描，并不固定，因此对试样的电子损伤小，污染也低，尤为适合高分子试样。

（6）实现综合分析。扫描电子显微镜中可以同时组装其他观察仪器，如波谱仪、能谱仪等，实现对试样的表面形貌、微区成分等方面的同步分析。

2.1.1 扫描电子显微镜的结构与工作原理

扫描电子显微镜主要由电子光学系统，信号检测处理、图像显示和记录系统及真空系统三大系统组成，其中电子光学系统是扫描电子显微镜的主要组成部分。SEM 的外形和结构原理如图 2-1 所示。

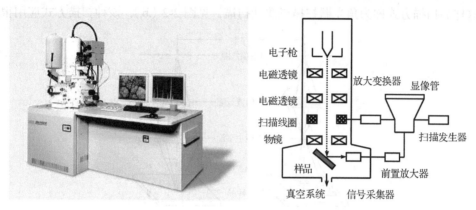

图 2-1　JEOL2100 型扫描电子显微镜及其原理框图

1. 电子光学系统

SEM 的电子光学系统主要由电子枪、电磁透镜、光阑、扫描线圈、样品室等组成。其作用是产生一个细的扫描电子束，照射到样品上产生各种物理信号。为了获得高的图像分辨率和较强的物理信号，要求电子束的强度高直径小。

（1）电子枪。扫描电子显微镜的电子枪与透射电子显微镜的电子枪相似，只是加速电压没有透射电子显微镜的高。透射电子显微镜的加速电压一般为 100～200kV，而扫描电子显微镜的加速电压相对较小，有时根据需要加速电压仅为 0.5kV 即可，电子枪的作用是产生束流稳定的电子束。与透射电子显微镜相同，扫描电子显微镜的电子枪也有两种类型：热发射型和场发射型。

（2）电磁透镜。扫描电子显微镜中的电磁透镜均不是成像用的，它们只是将电子束斑（虚光源）聚焦缩小，由开始的 50μm 左右聚焦缩小到几纳米的细小斑点。电磁透镜一般有三个，前两个电磁透镜为强透镜，使电子束强烈聚焦缩小，故又称聚光镜。第三个电磁透镜（末级透镜）为弱透镜，除了汇聚电子束外，还能将电子束聚焦于样品表面。末级透镜的焦距较长，这样可保证样品台与末级透镜间有足够的空间，方便样品以及各种信号探测器的安装。末级透镜又称物镜。

（3）光阑。每一级电磁透镜上均装有光阑，第一级、第二级电磁透镜上的光阑为固定光阑，作用是挡掉大部分的无用电子，使电子光学系统免受污染。第三透镜（物镜）上的光阑为可动光阑，又称物镜光阑或末级光阑，位于透镜的上下极靴之间，可在水平面内移动以选择不同孔径（100μm、200μm、300μm、400μm）的光阑。末级光阑除了具有固定光阑的作用外，还能使电子束入射到样品上的夹角减小到 10^{-3}rad 左右，从而进一步减小电磁透镜的像差，增加景深，提高成像质量。

（4）扫描线圈。扫描线圈是扫描系统中的一个重要部件，它能使电子束发生偏转，并在样品表面有规则地扫描。扫描方式有光栅扫描和角光栅扫描两种，如图 2-2 所示。表面形貌分析时采用光栅扫描方式，见图 2-2（a），此时电子束进入上、下偏置线圈两次偏转后照射到样品表面形成矩形区域。样品上矩形区域内各点受到电子束的轰击，发出各种物理信号，通过信号检测和信号放大等过程，在显示屏上反映出各点的信号强度，绘制出扫描区域的形貌图像。如果电子束经第一次偏转后，未进行第二次偏转，而是直接通过物镜折射到样品表面，这样的扫描方式称为角光栅扫描或摆动扫描，见图2-2（b），该种扫描方式应用很少。

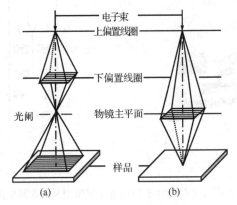

图 2-2　电子束的扫描方式
（a）光栅扫描；（b）角光栅扫描

（5）样品室。样品室中除了样品台外，还要安置多种信号检测器和附件。因此，样品台是一个复杂的组件，不仅能夹持住样品，还能使样品平移、转动、倾斜、上升或下降等。目前，样品室已成为微型试验室，安装的附件可使样品升温、冷却，进行拉伸或疲劳等力学性能测试。

2. 信号检测处理、图像显示和记录系统

1）信号检测处理系统

信号检测处理系统的作用是检测、放大转换电子束与样品发生作用产生的各种物理信号，如二次电子、背散射电子等，形成用以调制图像的信号。

SEM上的电子信号通常采用闪烁式计数器进行检测，其结构见图2-3，基本过程是信号电子进入闪烁体后引起电离，当离子和自由电子复合后产生可见光，可见光通过光导管被送入光电倍增器，经放大后又转化成电流信号输出，电流信号经视频放大器放大后成为调制信号。

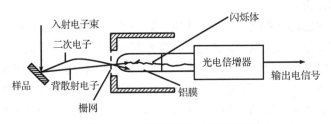

图 2-3　电子检测器的工作原理图

2）图像显示和记录系统

该系统由图像显示和记录两部分组成，主要作用是将信号检测处理系统输出的调制信号转换为荧光屏上的图像，供观察或照相记录。

3. 真空系统

真空系统的主要作用是提高灯丝的使用寿命，防止极间放电和样品在观察中受到污染，保证电子光学系统的正常工作，镜筒内的真空度一般要求在 $1.33×10^{-3}$～$1.33×10^{-2}$Pa 即可。

2.1.2 扫描电子显微镜的主要性能参数

扫描电子显微镜的主要性能参数有分辨率、放大倍率和景深等。

1. 分辨率

分辨率是扫描电子显微镜的主要性能指标。微区成分分析时，表现为能分析的最小区域；而形貌分析时，则表现为能分辨两点间的最小距离。影响分辨率的主要因素有：

（1）电子束直径。电子束的直径越细，扫描电子显微镜的分辨率就越高。电子束直径主要取决于电子光学系统，特别是电子枪的种类，钨灯丝热发射电子枪的分辨率为 3.5～6nm，LaB_6 灯丝热发射的分辨率约 3nm；而钨灯丝场发射（冷场）的分辨率为 1nm 左右，最高的已达 0.5nm。

（2）信号的种类。不同的信号，产生的区域不同，调制后成像的分辨率也不同。此时的分辨率与样品中产生该信号的广度直径相当。由于扫描电子显微镜是用二次电子为调制信号进行成像分析的，因此扫描电子显微镜的分辨率一般以二次电子的分辨率表征。背散射电子由于能量大，产生于样品中的深度和广度也较大，因此以背散射电子为调制信号成像时的分辨率远低于二次电子的分辨率，一般为 50～200nm。

（3）原子序数。随着试样的原子序数增大，电子束进入样品后的扩散深度变浅，但扩散广度增大，作用区域也由轻元素的倒梨状演变成半球状。因此，在分析重元素时，即使电子束斑的直径很细小，也不能达到高的分辨率，此时，二次电子的分辨率明显下降，与背散射电子的分辨率的差距也明显变小。

（4）其他因素。除了以上三个主要因素外，信噪比、机械振动、磁场条件等因素也影响扫描电子显微镜的分辨率。噪声干扰会造成图像模糊；机械振动会引起束斑漂移；杂散磁场的存在将改变二次电子的运行轨迹，降低图像质量。

2. 放大倍率

扫描电子显微镜的放大倍率可从数十连续变化到数十万。当电子束在样品表面做光栅扫描时，扫描电子显微镜的放大倍率 M 为荧光屏上阴极射线的扫描幅度 A_C 与样品上的同步扫描幅度 A_S 之比，即 $M=\dfrac{A_C}{A_S}$。

目前，一般扫描电子显微镜的放大倍率为数十～20 万倍，场发射的放大倍率更高，高达 60 万～80 万倍，S-5200 型甚至可达 200 万倍。

3. 景深

透镜的景深是指保证图像清晰的条件下，物平面可以移动的轴向距离，其大小为

$$D_f = \frac{2r_0}{\tan\alpha} \approx \frac{2r_0}{\alpha} \qquad\qquad （2-1）$$

式中，r_0 为透镜的分辨率；α 为孔径半角。显然，景深主要取决于透镜的分辨率和孔径半角。由于扫描电子显微镜中的末级焦距较长，孔径半角很小，一般在 10^{-3}rad 左右，因此扫描电子显微镜的景深较大，比一般光学显微镜的景深长 100～500 倍，比透射电子显微镜的景深长 10 倍左右。由于景深大，扫描电子显微镜的成像富有立体感，特别是对于粗糙表面，如断口、磨面等。扫描电子显微镜是断口分析的最佳设备。

2.1.3 成像衬度

SEM 常采用二次电子调制成像。下面分别介绍二次电子成像和背散射电子成像的衬度原理。

1. 二次电子成像衬度

二次电子的产额与样品的原子序数没有明显关系，但对样品的表面形貌非常敏感。二次电子可以形成成分衬度和形貌衬度。

（1）成分衬度。二次电子的产额对原子序数不敏感，在原子序数>20 时，二次电子的产额基本不随原子序数变化，但背散射电子对原子序数敏感，随着原子序数的增加，背散射电子产额增加。在背散射电子穿过样品表层（<10nm）时，将产生部分二次电子，这样二次电子的信号强弱在一定程度上也就反映了样品中原子序数的变化情况，因而也可形成成分衬度，但非常弱，在成像衬度分析时可以忽略。

（2）形貌衬度。当样品表面的状态不同时，二次电子的产额也不同，用其调制成形貌图像时的信号强度也就存在差异，从而形成反映样品表面状态的形貌衬度。如图 2-4 所示，当入射电子束垂直于平滑的样品表面即 $\theta = 0°$ 时，此时产生二次电子的体积最小，产额最少；当样品倾斜时，此时入射电子束穿入样品的有效深度增加，激发二次电子的有效体积也随之增加，二次电子的产额增多。显然，倾斜程度越大，二次电子的产额也就越大。图 2-5 表示样品表面四个区域 A、B、C、D 所成的衬度像，相对于入射电子束，倾斜程度依次为 C>A=D>B，则二次电子的产额 $i_C > i_A = i_D > i_B$，这样在荧光屏上产生的图像 C 处最亮，A、D 次之，B 处最暗。

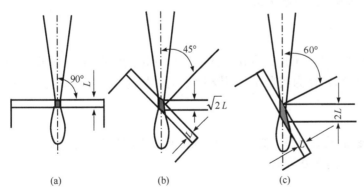

图 2-4　不同倾角时产生二次电子的体积示意图
（a）$\theta=0°$；（b）$\theta=45°$；（c）$\theta=60°$
L 为样品水平时产生二次电子的深度

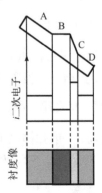

图 2-5　二次电子的形貌衬度示意图

2. 背散射电子成像衬度

背散射电子的产额主要与样品的原子序数和表面形貌有关，其中原子序数的影响最为显著。背散射电子可以用来调制成多种衬度，主要有成分衬度、形貌衬度等。

（1）成分衬度。背散射电子的产额对原子序数十分敏感，其产额随原子序数的增加而增加，特别是在原子序数 $Z<40$ 时，这种关系更为明显，从而形成背散射电子的成分衬度。

（2）形貌衬度。背散射电子的产额与样品表面的形貌状态有关，当样品表面的倾斜程度、微区的相对高度变化时，其背散射电子的产额也随之变化，因而也可形成反映表面状态的形貌衬度。

需要指出的是，二次电子和背散射电子成像时，形貌衬度和成分衬度两者都存在，均对图像衬度有贡献，只是两者贡献的大小不同而已。二次电子成像时，像衬度主要取决于形貌衬度，成分衬度微乎其微；而背散射电子成像时，两者均可有重要贡献，并可分别形成形貌像和成分像。

2.1.4　二次电子衬度像

1. 表面形态（组织）观察

图 2-6 为高熵合金 FeCrNiCu 的组织形貌，枝晶非常规则清晰。图 2-7 为内生型 TiC 颗粒与石墨晶须复合增强的 FeCoNiCu 高熵合金基复合材料的组织形貌，晶须清晰可见，TiC 颗粒为方形，分布均匀。可见运用扫描电子显微镜的二次电子成像原理可以清晰地观察显微组织，特别是复合材料中增强体的大小、形貌、分布规律以及各种增强体之间的相互关系和增强体与基体之间的界面等均可清晰显示，这为复合材料的进一步研究提供了可靠的理论依据。

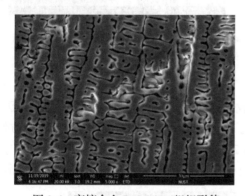
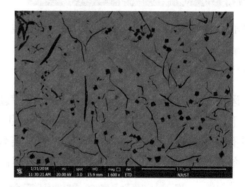

图 2-6　高熵合金 FeCrNiCu 组织形貌　　　　图 2-7　5vol%（TiC+GW）/FeCoNiCu 组织形貌

2. 断口形貌观察

图 2-8 为（α-Al$_2$O$_3$+Al$_3$Zr）/Al 复合材料的拉伸断口，由图可清晰观察到 Al$_3$Zr 块发生了解离断裂；而图 2-9 为（α-Al$_2$O$_3$+TiB$_2$）/Al 复合材料的拉伸断口，有大量韧窝出现，有的韧窝中还留有增强体颗粒。可见，SEM 进行断口二次电子成像时，图像的立体感强，较深处的组织形态仍清晰可见。

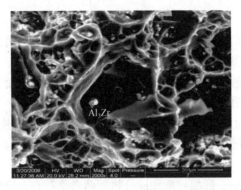

图 2-8 （α-Al₂O₃+Al₃Zr）/Al 复合材料的拉伸断口

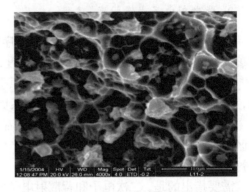

图 2-9 （α-Al₂O₃+TiB₂）/Al 复合材料的拉伸断口

3. 磨面观察

图 2-10 为（α-Al₂O₃+Al₃Ti）/Al 复合材料的磨面形貌，磨面产生大量犁沟和磨粒。图 2-11 为 N7-2 钢磨面的纵剖面，从图中可看出其亚表层组织在滑动方向上的分布形貌。

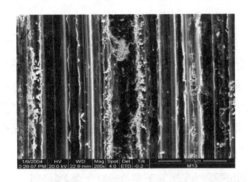

图 2-10 （α-Al₂O₃+Al₃Ti）/Al 复合材料的磨面形貌

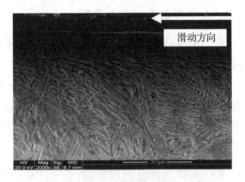

图 2-11 N7-2 钢磨面的纵剖面

2.1.5 背散射电子衬度像

运用背散射电子进行形貌分析时，由于其成像单元较大，分辨率远低于二次电子。因此，一般不用来进行形貌分析。背散射电子主要用于成分衬度分析，通过成分衬度像可以方便地看到不同元素在样品中的分布情况，也可结合二次电子像，定性地分析和判断样品中的物相。图 2-12 为同部位的二次电子像和背散射电子像，背散射电子像中的界面更加清晰。

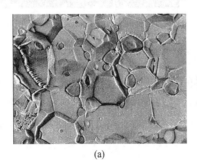
(a)

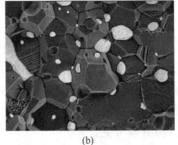
(b)

图 2-12 同部位的二次电子像（a）与背散射电子像（b）

在用 SEM 进行成像分析时，要注意以下两点：①试样表面的荷电现象。当试样为导体时，入射电子束产生的电荷可以通过试样接地导走，不存在荷电现象，但在非导体试样（陶瓷、高分子等）中，会产生局部荷电，使二次电子像的衬度过大，荷电处亮度过高，影响观察和成像质量，如图 2-13 所示，为此需对非导体试样表面喷金或喷碳处理，一般喷涂厚度为 10～100nm。涂层虽然解决了试样荷电问题，但掩盖了试样表面的真实形貌，因此在 SEM 观察时，尽量不做喷涂处理，荷电严重时可减小工作电压，一般在工作电压小于 1.5kV 时，就可基本消除荷电现象，但会使分辨率下降。②试样损伤和污染。尤其是高分子材料和生物材料在用扫描电子显微镜观察时，易被电子束损伤，此外真空中游离的碳还会污染试样。随着放大倍数的提高，电子束直径变细，作用范围减小，作用区域热量积累温度升高，对试样的损伤加大，污染加重，为此，需要适当减小放大倍数，在低倍率下观察，或采用低加速电压扫描电子显微镜进行观察。

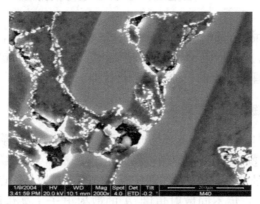

图 2-13　表面荷电现象

2.1.6　扫描电子显微镜的发展

　　目前，扫描电子显微镜的发展主要表现在以下几个方面：

　　（1）场发射电子枪。场发射电子枪可显著提高扫描电子显微镜的分辨率，目前场发射式扫描电子显微镜的分辨率已达 0.6nm（加速电压 30kV）或 2.2nm（加速电压 1kV），场发射电子枪还促进了高分辨扫描电子显微镜技术和低能扫描电子显微镜显微技术的迅速发展。

　　（2）低能扫描电子显微镜。加速电压低于 5kV 时的扫描电子显微镜即称为低压或低能扫描电子显微镜。低能扫描电子显微镜具有以下优点：①显著减小试样表面的荷电效应，在加速电压低于 1.5kV 时，可基本消除荷电效应，这对于非导体样品尤为适合；②可减轻试样损伤，特别是生物试样；③可减轻边缘效应，进一步提高图像质量；④有利于二次电子的发射，使二次电子的产额对表面形貌和温度更加敏感，一方面可提高图像的真实性，另一方面还可开拓新的应用领域。

　　（3）低真空扫描电子显微镜。样品室在低真空（3kPa 左右）状态下进行工作的扫描电子显微镜称为低真空扫描电子显微镜。其工作原理与普通的高真空扫描电子显微镜基本相同，唯一的区别是在普通扫描电子显微镜中，当样品为导电体时，电子束作用产生的表面荷电可通过样品接地释放；当样品为不良导体时，一般通过喷金或喷碳形成导电层并接地，使表面电荷释放，而在低真空扫描电子显微镜中，由于样品室内仍保持一定的气压，样品表面上的电荷可被样品室内的残余气体离子（电子束使残余气体电离产生）中和，因而即使样品不导电，也不会产生表面荷电效应。低真空扫描电子显微镜具有以下优点：①可观察含液体的样品，避免干燥损伤和高真空损伤。用普通扫描电子显微镜观察含液体样品时，需要对样品进行干燥脱水处理或冷冻处理，这些过程会使样品变形，甚至破坏其微观结构。②可直接观察绝缘体和多孔物质。在普通电子显微镜中观察绝缘体样品或多孔物质时，样品表面易产生荷电效应。③可观察一些易挥发、分解放气的样品。以往在普通扫描电子显微镜中，当样品发生挥发、分解放气时，会破坏样品室的真空度。④可连续观察一些物理化学反应过程，通过人为调节样品室内的气体、温度和湿度，便可观察样品表面发生的一些反应过程，如金属的生锈、氧化等。⑤可观察高温相变过程，最高温度可达 1500℃。

2.2　扫描透射电子显微镜法

扫描透射电子显微镜（scanning transmission electron microscope，STEM）是在透射电子显微镜中加装扫描附件，是透射电子显微镜和扫描电子显微镜的有机结合，是综合了扫描和普通透射电子分析的原理和特点的一种新型分析仪器。

2.2.1　扫描透射电子显微镜的工作原理

图 2-14 为扫描透射电子显微镜的环场成像示意图。为减少对样品的损伤，尤其是生物和有机样品对电子束敏感，组织结构容易被高能电子束损伤，采用场发射，电子束经磁透镜和光阑聚焦成原子尺度的细小束斑，在线圈控制下电子束对样品逐点扫描，试样下方置有独特的环形检测器。分别收集不同散射角度 θ 的散射电子（高角区 $\theta_1 > 50\text{mrad}$；低角区 $10\text{mrad} < \theta_2 < 50\text{mrad}$；中心区 $\theta_3 < 10\text{mrad}$），由高角度环形暗场探测器收集到的散射电子产生的暗场像，称为高角环形暗场像（high angle annual dark field，HAADF）。因收集角度大于 50mrad

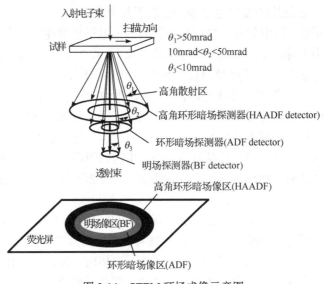

图 2-14　STEM 环场成像示意图

时，非相干电子信号占主要贡献，此时的相干散射逐渐被热扩散散射取代，晶体同一列原子间的相干影响仅限于相邻原子间的影响。在这种条件下，每一个原子可以被看作独立的散射源，散射横截面可做散射因子，且与原子序数平方（Z^2）成正比，故图像亮度正比于 Z^2，这种图像又称原子序数衬度像（或 Z 衬度像）。通过散射角较低的环形检测器的散射电子产生的暗场像称为 ADF 像，因相干散射电子增多，图像的衍射衬度成分增加，其像衬度中原子序数衬度减少，分辨率下降。而通过环形中心孔区的电子可利用明场探测器形成高分辨明场像。

2.2.2　扫描透射电子显微镜的特点

扫描透射电子显微镜具有以下特点：

（1）分辨率高。首先，由于 Z 衬度像几乎完全是非相干条件下的成像，而对于相同的物镜球差和电子波长，非相干像分辨率高于相干像分辨率，因此 Z 衬度像的分辨率要高于相干条件下的成像。同时，Z 衬度不会随试样厚度或物镜聚焦发生较大的变化，不会出现衬度反转，即原子或原子列在像中总是一个亮点。其次，透射电子显微镜的分辨率与入射电子的波长 λ 和透镜系统的球差 C_s 有关，因此大多数情况下点分辨率能达到 0.2～0.3nm；而扫描透射电子显微镜图像的点分辨率与获得信息的样品面积有关，一般接近电子束的尺寸，目前场发射电子枪的电子束直径能小于 0.13nm。最后，高角度环形暗场探测器由于接收范围大，可收集约 90%的散射电子，比普通透射电子显微镜中的一般暗场更灵敏。

（2）对化学组成敏感。由于 Z 衬度像的强度与其原子序数 Z 的平方成正比，因此 Z 衬度像具有较高的组成（成分）敏感性，在 Z 衬度像上可以直接观察夹杂物的析出、化学有序和无序，以及原子排列方式。

（3）图像解释简明。Z 衬度像是在非相干条件下的成像，具有正衬度传递函数。而在相干条件下，随空间频率的增加，其衬度传递函数在零点附近时，不显示衬度。也就是说，非相干的 Z 衬度像不同于相干条件下成像的相位衬度像，它不存在相位翻转问题，因此图像的衬度能够直接反映客观物体。对于相干像，需要计算机模拟才能确定原子列的位置，最后得到样品晶体信息。

（4）图像衬度大。特别是生物材料、有机材料在透射电子显微镜中通过染色才能看到衬度。扫描透射电子显微镜接收的电子信息量大，而且这些信息与原子序数、物质的密度相关，这样原子序数大的原子或密度大的物质被散射的电子量就大，分析生物材料、有机材料、核壳材料非常方便。

（5）对样品损伤小，可以应用于对电子束敏感材料的研究。

（6）利用扫描透射模式对物镜的强激励，可实现微区衍射。

（7）利用后接能量分析器的方法可以分别收集、处理弹性散射和非弹性散射电子，以及进行高分辨率分析、成像及生物大分子分析。

（8）可以观察较厚或低衬度试样。

注意：①STEM 不同于扫描电子显微镜。扫描电子显微镜是利用电子束作用样品表面产生的二次电子或背散射电子进行成像的，其强度是试样表面倾角的函数。试样表面微区形貌差别实际上就是微区表面相对于入射束的倾角不同，从而表现为信号强度的差别，显示形貌衬度。二次电子像的衬度是最典型的形貌衬度。②STEM 与 TEM 的成像存在一定的关联性。它们均是透射电子成像，STEM 主要成 HAADF、ADF 像，它以透射电子中非弹性散射电子为信号载体，而 TEM 主要以近轴透射电子中的弹性散射电子为信号载体。TEM 的加速电压较高（一般为 120~200kV），而 STEM 的加速电压较低（一般为 10~30kV）。STEM 可同时成二次电子像和透射像，即可同时获得试样表面形貌信息和内部结构信息。

2.2.3 扫描透射电子显微镜的应用

图 2-15 为非晶二氧化硅与钌/铂双金属纳米粒子多相异质催化剂 HAADF-STEM 像。图 2-15（a）显示二氧化硅外表面分布纳米颗粒，图 2-15（b）为图 2-15（a）的局部放大像，可清晰看到纳米颗粒在催化剂孔内的分布。

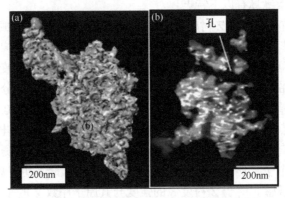

图 2-15   非晶二氧化硅与钌/铂双金属纳米粒子多相异质催化剂 HAADF-STEM 像

2.3   扫描隧道显微镜法

1981 年，科学家宾尼希（G. Binnig）和罗雷尔（H. Rohrer）利用量子力学隧道效应原理成功制成了世界上第一台扫描隧道显微镜（STM），从而使人类能够观察到原子在物质表面的排列状况，了解与表面电子行为有关的物理、化学性质。它是材料表面分析的重要手段之一，并克服了 SEM 不能提供表面原子级结构和形貌等信息的不足。

2.3.1 扫描隧道显微镜的工作原理

STM 的理论基础是量子力学中的隧道效应，即在两导体板之间插入一块极薄的绝缘体，如图 2-16（a）所示，当在两导体极间施加一定的直流电压时，便在绝缘区域形成势垒，发现负极上的电子可以穿过绝缘层到达正极，形成隧道贯穿电流。隧道电流密度 J_T 为

$$J_T = KU_T e^{-A \cdot z \sqrt{\overline{\phi} l}} \qquad (2\text{-}2)$$

式中，U_T 为所加电压；l 为势垒区的宽度；$\overline{\phi}$ 为势垒区平均高度；$A = (\frac{1}{2} meh^2)^{\frac{1}{2}}$，它是与电子电荷 e、电子质量 m 和普朗克常量 h 相关的常量；由于隧道电流密度与绝缘体的厚度呈指数关系，因此 J_T 对 l 特别敏感，当 l 变化 0.1nm 时，J_T 将有几个量级的变化，这也是 STM 具有高精度的基本原因。

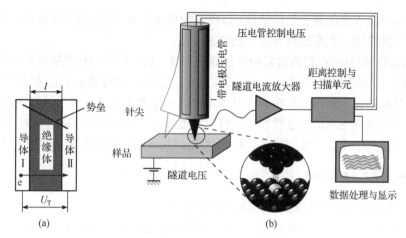

图 2-16　隧道效应及 STM 工作原理示意图

（a）隧道效应示意图；（b）STM 结构原理图

STM 的工作原理如图 2-16（b）所示。将待测导体作为一个电极，另一极为针尖状的探头，探头材料一般为钨丝、铂丝或金丝，针尖长度一般不超过 0.3mm，理想的针尖端部只有一个原子。针尖与导体试样之间有一定的间隙，并被共同置于绝缘性气体、液体或真空中，检测针尖与试样表面原子间隧道电流的大小，同时通过压电管（一般为压电陶瓷管）的变形驱动针尖在样品表面精确扫描。目前，针尖运动的控制精度已达 0.001nm。代表针尖的原子与样品表面原子并没有接触，但距离非常小（<1nm），于是形成隧道电流。当针尖在样品表面逐点扫描时，就可获得样品表面各点的隧道电流谱，再通过电路与计算机的信号处理，可在终端的显示屏上呈现出样品表面的原子排列等微观结构形貌，并可拍摄、打印输出表面图像。

2.3.2　扫描隧道显微镜的工作模式

扫描隧道显微镜的工作模式有多种，常用的有恒流式和恒高式两种，如图 2-17 所示，其中恒流式最为常用。

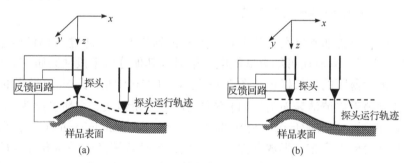

图 2-17　STM 的工作模式

（a）恒流式；（b）恒高式

（1）恒流式。将针尖安置在控制针尖移动的压电管上，由反馈电路自动调节压电管中的电压，使针尖在扫描过程中随着样品表面的高低上下移动，并保持针尖与试样表面原子间的距离不变，即保持隧道电流的大小不变（恒流），见图 2-17（a），通过记录压电管上的电压信号即可获得样品表面的原子结构信息。该模式测量精度高，能较好地反映样品表面的真实形貌，但有反馈电路，跟踪比较费时，扫描速度慢。

（2）恒高式。即针尖在扫描过程中保持高度不变，这样针尖与样品表面原子间的距离在改变，因而隧道电流随之发生变化，见图2-17（b），通过记录隧道电流的信号即可获得样品表面的原子结构信息。恒高工作模式无反馈电路，扫描效率高，但要求试样表面相对平滑，因为隧道效应只有在绝缘体厚度极薄的条件下才能发生，当绝缘体厚度过大时，不会发生隧道效应，也无隧道电流，因此当样品表面起伏大于1nm时，就不能采用该模式工作了。

2.3.3　扫描隧道显微镜的特点

STM与前述的表面分析仪器相比具有以下优点：

（1）在平行和垂直于样品表面方向上的分辨率分别达到0.1nm和0.01nm，而原子间距为0.1nm量级，故可观察原子形貌，分辨出单个原子，克服了SEM、TEM的分辨率受衍射效应的限制，具有原子级的高分辨率。

（2）可实时观察表面原子的三维结构像，用于表面结构研究，如表面原子扩散运动的动态观察等。

（3）可观察表面单个原子层的局部结构，如表面缺陷、表面吸附、表面重构等。

（4）对工作环境要求不高，可在真空、大气或常温下工作。

（5）一般无须特别制备样品，且对样品无损伤。

STM虽具有以上优点，但也存在以下不足：

（1）恒流工作时，对于样品表面微粒间的某些沟槽不能准确探测，与此相关的分辨率也不高。

（2）样品须是导体或半导体。对于不良导体虽然可以在其表面涂敷导电层，但涂层的粒度及其均匀性会直接影响图像对真实表面的分辨率，故对于不良导体的表面成像宜采用其他手段，如原子力显微镜等。

2.3.4　扫描隧道显微镜的应用

1. Mo（110）表面Ni膜的生长研究

表面膜的生长过程非常复杂，从沉积到形核再到长大，可通过STM动态观察、拍照，记录其生长过程，有时还可结合低能电子衍射等其他分析手段共同研究其形成过程，从而更全面地揭示薄膜的生长机理。图2-18为Mo（110）面生长Ni膜过程的STM图。从该图可以清楚地看出清洁表面为[1$\bar{1}\bar{1}$]方向的原子台阶组成，台阶宽度为10～20nm，如图2-18（a）所示；当沉积量为1.5ML时（注：ML是monolayer的缩写，为沉积量的单位），Ni膜在台阶上形核，形成分散的岛状核，各岛状核又以平面方式生长成分散的片状Ni膜，如图2-18（b）所示；随着沉积量的增加，膜片的第二层、第三层…相继生成，以同样方式长大，如图2-18（c）所示；当沉积量增至11.6ML时，膜片层数进一步增加，并以重叠方式推进，重叠方向与原来Mo表面的台阶方向[1$\bar{1}\bar{1}$]几乎呈垂直关系，在Mo表面形成了相对粗糙的Ni膜，如图2-18（d）所示。STM可以从原子级水平观察Ni膜的生长过程，即沉积的Ni原子首先在台阶处形成分散的岛状核，然后各岛状核平面生长,并以叠片方式推进,重叠程度随沉积量的增加而增加,重叠方向与 Mo 面的[1$\overline{1}\overline{1}$]方向近似垂直。

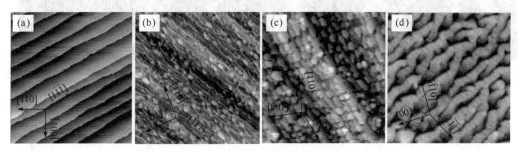

图 2-18　Mo（110）面生长 Ni 膜过程的 STM 图
（a）清洁表面；（b）1.5ML；（c）3.9ML；（d）11.6ML

2. 氧化膜的形成研究

运用 STM 可方便地观察氧化膜在形成过程中不同阶段的微结构,这有助于对氧化膜的形成机理做更深入的分析。

图 2-19 为金属间化合物 NiAl（16 14 1）表面在通入少量的 O_2（60L）作用后,1000K退火所得表面的 STM 图,此时氧化膜尚未完整形成[图 2-19（a）]。氧化前,表面为规则的三角形凸台阶状,这是由 NiAl（16 14 1）的生长机理决定的。台阶宽度约（2.5±0.5）nm,台阶方向为[110]方向,即 STM 图中的平整部位。经过少量 O_2（60L）氧化后,台阶形貌发生了显著变化,在 NiAl 表面的大台阶处出现了细小台阶,其放大图为图 2-19（b）,即在氧化开始阶段,氧化膜的形核在 NiAl 表面的大台阶处。再放大台阶的边缘,如图 2-19（c）所示,边缘处出现了簇状的氧化膜。因此,通过 STM 观察可知:NiAl 表面的氧化首先发生在大台阶的边缘处,氧化膜在此形核并以细台阶状生长。

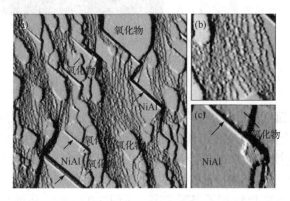

图 2-19　NiAl（16 14 1）面氧化膜形成约 20%时的 STM 图
（a）总貌（200nm×200nm）；（b）膜核（45nm×45nm）；（c）膜簇（45nm×45nm）

当 STM 为原子级分辨率水平时,还可观察到单个原子堆积成膜的过程。图 2-20 为 MoS_2单原子层生长过程的 STM 图及其对应的模型图,从该图中可以清晰地看到 MoS_2 单层纳米晶体膜的生长过程,即 Mo 原子和 S 原子均通过扩散运动以三角形的堆积方式逐渐长大成膜。

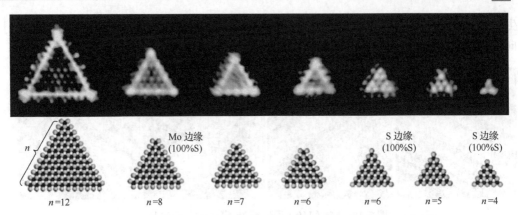

图 2-20   MoS$_2$生长过程 STM 图及对应的模型图(n 为每边 Mo 原子数)

3. 表面形貌观察

运用 STM 可以直接观察试样表面的原子级形貌，三维扫描时，还可获得试样表面的三维立体图。图 2-21 即为铂铱合金丝表面的二维和三维 STM 图。从二维扫描图[图 2-21（a）]中可以看到金属丝表面的小颗粒状原子团，还有很清晰的两条突出的条纹，条纹方向与金属丝的走向一致，可以认为条纹的形成与金属拉丝的过程有关。从三维扫描图[图 2-21（b）]中能很清楚地看到表面的原子团颗粒。

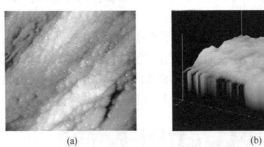

(a)   (b)

图 2-21   铂铱合金丝表面的 STM 图

（a）二维；（b）三维

4. 原子、分子组装

STM 针尖与样品表面原子之间总是存在一定的作用力，即静电引力和范德华作用力，调节针尖的位置即可改变作用力的大小和方向。移动单个原子的作用力要比该原子离开表面所需的力小得多，通过控制针尖的位置和偏压，可对吸附在材料表面上的单个原子进行移动操作，这样表面上的原子就可按一定的规律进行排列。如我国科学家运用 STM 技术成功实现了在 Si 单晶表面直接取走 Si 原子书写文字，见图 2-22（a）。还可利用 STM 技术对原子或分子进行单独操作，实现纳米器件的组装，如纳米齿轮、纳米齿条以及纳米轴承等，如图 2-22（b）、（c）所示。

5. 有机材料及生物材料的研究

由于 STM 不需要高能电子束在样品表面上聚焦，并可在非真空状态下进行实验，避免了高能电子束对样品的损伤。我国科学家利用 STM 技术在一种新的有机分子 4'-氰基-2, 6-

二甲基-4-羟基偶氮苯形成的薄膜上实现了纳米信息点的写入和信息的可逆存储。此外，STM技术还可用于研究单个蛋白质分子、观察 DNA、重组 DNA 等。

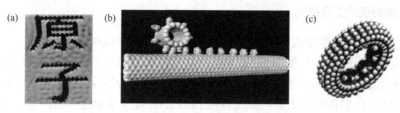

图 2-22　STM 技术的原子操纵与纳米器件的组装
（a）原子汉字；（b）齿轮与齿条；（c）滚动轴承

2.4　原子力显微镜法

扫描隧道显微镜不能测量绝缘体的表面形貌，IBM 公司的 Binnig 与斯坦福大学的 Quate 于 1985 年发明了原子力显微镜（AFM），利用针尖与样品之间的原子力（引力和斥力）随距离改变，得到几纳米到几百微米区域的表面结构的高分辨像，可用于表面微观粗糙度的高精度和高灵敏度定量分析，能观测到表面物质的组分分布，高聚物的单个大分子、晶粒和层状结构以及微相分离等物质微观结构情景。在许多情况下还能显示次表面结构。AFM 还可用于表征固体样品表面局部区域的力学性能（弹性、塑性、硬度、黏着力和摩擦力等）、电学、电磁学等物理性能，表征过程与试样的导电性无关。

2.4.1　原子力显微镜的工作原理

原子力显微镜与扫描隧道显微镜的区别在于它是利用原子间的微弱作用力反映样品表面形貌的，而扫描隧道显微镜利用的则是隧道效应。假设两个原子，一个在纳米级探针上，探针被固定在一个对力极敏感的可操控的微米级弹性悬臂上，悬臂绵薄而修长，另一个原子在试样表面，如图 2-23 所示。当探针针尖与样品的距离不同时，其作用力的大小和性质也不相同，如图 2-24 所示。开始时，两者相距较远，作用力表现为吸引力；随着两者间距的减小，吸引力增加，增至最大值后又减小，在 $z=z_0$ 时，吸引力为 0。当 $z<z_0$ 时，作用力表现为斥力，且提高迅速。

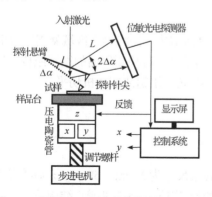 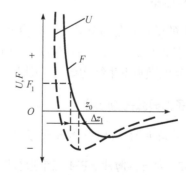

图 2-23　原子力显微镜光束偏转法的原理图　　图 2-24　能量 U 及作用力 F 随表面距离 z 的变化关系

当对样品表面进行扫描时，针尖与样品之间的作用力会使微悬臂发生弹性变形，由变形程度重建三维图像，就能间接获得样品表面的形貌。

2.4.2　原子力显微镜的工作模式

AFM 主要有三种工作模式：接触模式、非接触模式和轻敲模式。

（1）接触模式（1986 年发明）。针尖和样品物理接触并在样品表面简单移动，针尖受范德华力和毛细力的共同作用，两者的合力形成接触力，该力为排斥力，大小为 $10^{-8}\sim10^{-11}N$，会使微悬臂弯曲。针尖在样品表面扫描（压电扫描管在 x，y 方向上移动）时，由于样品表面起伏使探针带动微悬臂的弯曲量变化，由此构建三维图像。接触模式的不足：①研究生物大分子、低弹性模量以及容易变形和移动的样品时，针尖和样品表面的排斥力会使样品原子的位置改变，甚至损坏样品；②样品原子易黏附在探针上，污染针尖；③扫描时可能使样品发生很大的形变，甚至产生假象。

（2）非接触模式（1987 年发明）。针尖在样品上方（1～10nm）振荡（振幅一般小于10nm），针尖检测到的是范德华吸引力和静电力等长程力，样品不会被破坏，针尖也不会被污染，特别适合柔软物体的样品表面分析；然而，在室温大气环境下样品表面通常有一薄水层，该水层容易导致针尖"突跳"与表面吸附在一起，造成成像困难。多数情况下，为了使针尖不吸附在样品表面，常选用一些弹性系数为 20～100N/m 的硅探针。由于探针与样品始终不接触，避免了接触模式中遇到的破坏样品和污染针尖的问题，灵敏度也比接触式高，但分辨率比接触模式较低，且非接触模式不适合在液体中成像。

（3）轻敲模式（1993 年发明）。它是介于接触模式和非接触模式之间新发展起来的成像技术，微悬臂在样品表面上方以接近其共振频率的频率振荡（振幅大于20nm），在成像过程中，针尖周期性地间断接触样品表面，探针的振幅被阻尼，反馈控制系统确保探针振幅恒定，从而使针尖和样品之间相互作用力恒定，获得样品表面高度图像。在该模式下，探针与样品之间的相互作用力包含吸引力和排斥力。在大气环境下，该模式中探针的振幅能够抵抗样品表面薄水层的吸附。轻敲模式通常用于与基底只有微弱结合力的样品或者软物质样品（高分子、DNA、蛋白质/多肽、脂双层膜等）。由于该模式对样品的表面损伤最少并且与该模式相关的相位成像可以检测到样品组成、摩擦力、黏弹性等的差异，因此在高分子样品成像中应用广泛。

2.4.3　试样制备

AFM 的试样制备简单易行。为检测复合材料的界面结构，需将界面区域暴露于表面。若仅检测表面形貌，试样表面不需做任何处理，可直接检测。若检测界面的微观结构，如结晶结构或其他微观聚集结构单元，则必须将表面磨平抛光或用超薄切片机切平。

2.4.4　原子力显微镜的应用

1. 石英薄片的 AFM 三维表面形貌分析

图 2-25 为石英薄片 AFM 三维形貌图。样品的观察尺寸为 59nm × 59nm，z 轴最高凸起为 11.79nm，从图中可以看出该样品的颗粒分布大致比较均匀，清晰可辨，结构致密，大部

分颗粒高度接近一致，没有大尺度的起伏，但也存在几个比较尖的凸起颗粒，还有两个发白的颗粒顶端看上去像被平整地切割了，说明这两个颗粒的高度超出了高度测量范围。凸起晶粒的存在可能是石英矿本身硬度高、抛光不均造成的。

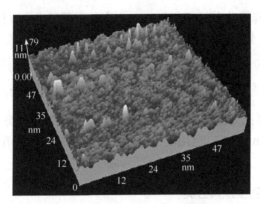

图 2-25   石英薄片的 AFM 三维形貌图

2. 晶体生长

原子力显微镜是原子级观测、研究晶体生长界面过程的有效工具。利用它的高分辨率和可以在溶液与大气环境下工作的优点，可以精确实时观察生长界面的原子级分辨图像、了解界面生长过程和机理。图 2-26 为原子力显微镜观察到的 BaB_2O_4 单晶固液界面形状的演化和晶体（0001）面上的台阶形貌。晶体表面台阶的形貌与晶体生长方向密切相关，沿着〈0110〉方向运动的台阶束则表现为台阶片段的形貌，沿着〈1010〉方向运动的台阶束构成台阶流形貌。

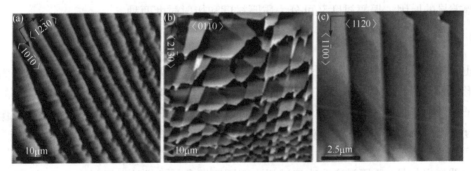

图 2-26 BaB_2O_4 单晶（0001）表面不同区域的 AFM 观察形貌
（a）固液界面形貌；（b）台阶片段形貌；（c）台阶流形貌

AFM 具有分辨率高，对样品无特殊要求，不受导电性、干燥度、形状、硬度、纯度等限制，可在大气、常温环境中成像，观测操作简便易行，样品制备简单等优点。AFM 可观察到样品表面的真实形貌，确定样品中颗粒的大小。

扫描电子显微镜利用电子束作用试样产生的二次电子和背散射电子进行形貌观察，扫描隧道显微镜则是利用隧道效应产生的隧道电流调制信号分析组织形貌，当试样不导电时，前两者均要喷金处理。而原子力显微镜依靠作用力的大小调制信号进行形貌分析，因此它可以用于非导电类样品，如陶瓷、塑料等。

2.5 透射电子显微镜法

众所周知人眼能分辨的最小距离在 0.2mm 左右，用可见光（波长为 390～770nm）作为信息载体的光学显微镜，分辨率约为波长的一半，即 0.2μm 左右，其有效放大倍数仅约 1000 倍，无法满足对微观世界里原子尺度（原子间距 0.1nm 量级）的观察要求，以电子为信号载体的电子显微镜，其波长（$\lambda = \dfrac{h}{\sqrt{2emU}}$）可通过提升管压而降低，在加速电压为 100～200kV 时，电子波的波长仅为可见光波长的 10^{-5}，因此透射电子显微镜的分辨率要比光学显微镜高出 5 个量级，已达 0.01nm 量级。运用电子显微镜除了可进行微区结构分析外（见第 1 章），还可进行微区形貌分析。

2.5.1 透射电子显微镜的衬度及其分类

电子显微镜中的显微图像是如何形成的呢？这需要用衬度理论解释。衬度是指两像点间的明暗差异，差异越大，衬度就越高，图像就越清晰。电子显微镜中的衬度可表示为

$$C = \frac{I_1 - I_2}{I_1} = \frac{\Delta I}{I_1} \qquad (2\text{-}3)$$

式中，I_1、I_2 分别为两像点的成像电子的强度。衬度源于样品对入射电子的散射，当电子束（波）穿透样品后，其振幅和相位均发生了变化，因此电子显微图像的衬度可分为振幅衬度和相位衬度，这两种衬度对同一幅图像的形成均有贡献，只是其中一个占主导而已。根据产生振幅差异的原因，振幅衬度又可分为质厚衬度和衍射衬度两种。

1. 质厚衬度

质厚衬度是试样中各处的原子种类不同或厚度、密度差异造成的衬度。图 2-27 为质厚衬度形成示意图，高质厚处，即该处的原子序数或试样厚度较其他处高，由于高序数的原子对电子的散射能力强于低序数的原子，成像时电子被散射出光阑的概率就大，参与成像的电子强度就低，与其他处相比，该处的图像就暗；同理，试样厚处对电子的吸收相对较多，参与成像的电子就少，导致该处的图像就暗。非晶体主要靠质厚衬度成像。

但需指出的是，质厚衬度取决于试样中不同区域参与成像的电子强度的差异，而不是成像的电子强度，对于相同试样，提高电子枪的加速电压，电子束的强度提高，试样各处参与成像的电子强度同步增加，质厚衬度不变。仅当质厚变化时，质厚衬度才会改变。

2. 相位衬度

当晶体样品较薄时，可忽略电子波的振幅变化，使透射束和衍射束同时通过物镜光阑，由于试样中各处对入射电子的作用不同，它们在穿出试样时相位不一，再经相互干涉后便形成了反映晶格点阵和晶格结构的干涉条纹像，如图 2-28 所示。这种主要由相位差引起的强度差异称为相位衬度，用于高分辨图像分析。

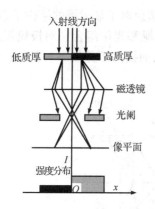
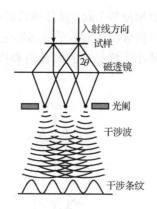

图 2-27　质厚衬度原理示意图　　　　　　　　　图 2-28　相位衬度原理示意图

3. 衍射衬度

满足布拉格衍射条件的程度不同造成的衬度称为衍射衬度,见图 2-29,严格满足布拉格方程时,反射球与倒易杆中心相截(O^*),强度最高为 I_{max},反之,偏移中心部位相截时强度降低,偏移程度用偏移矢量 s 的大小表示。

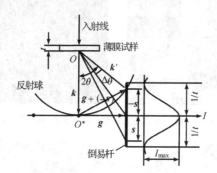

图 2-29　满足布拉格条件程度不同时的强度示意图

2.5.2　明场像、暗场像及中心暗场像

调整中间镜的励磁电流,改变中间镜的焦距,使中间镜的物平面与物镜的像平面重合,在荧光屏上可获得清晰放大的像,实现成像操作。通过移动物镜光阑使透射束下行成像即为明场像,见图 2-30(a),若使衍射束下行成像则为暗场像,见图 2-30(b),如果结合偏置线圈还可使衍射束移至光轴中心形成中心暗场像,见图 2-30(c)。明场像相比于暗场像具有更高的衬度,图像质量较高。中心暗场时像差更小,图像质量更高,一般都用中心暗场进行成像分析。

图 2-31 为 Al-2.4wt%[①]Li-3.2wt% Cu 合金热处理后 δ'相的 BF 和 DF 像。运用透射电子显微镜不仅可以观察微区形貌,还可观察晶体中存在的缺陷,见图 2-32。

2.5.3　高分辨透射电子显微镜成像技术

高分辨透射电子显微镜中将透射束和衍射束同时通过物镜光阑形成的像称为高分辨像,

---

① wt%表示质量分数。

其像衬度由相位差引起。高分辨透射电子显微镜与普通透射电子显微镜的结构基本相同，主要差别在于高分辨透射电子显微镜配备了高分辨物镜极靴和光阑组合，对极靴提出了更高的要求，减小了样品台的倾转角和物镜的球差系数，从而提高了分辨率。此外，要求试样更薄。

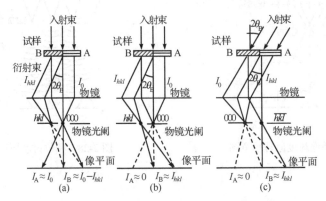

图 2-30　明场、暗场、中心暗场中的衍射衬度
（a）明场像；（b）暗场像；（c）中心暗场像

图 2-31　Al-2.4wt%Li-3.2wt% Cu 合金热处理后 δ′相的 BF 像（a）和 DF 像（b）

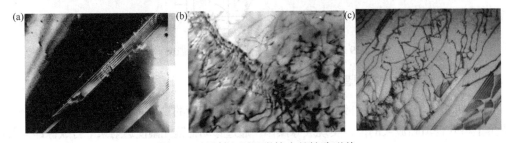

图 2-32　透射电子显微镜中的缺陷形貌
（a）高温合金γ基体中的层错；（b）α-Al$_2$O$_3$,TiB$_2$/Al 基体中的位错；（c）不锈钢中的位错组态

1. 成像原理

高分辨成像过程分两个环节和三个重要函数，即试样透射函数、衬度传递函数和物面波函数。

（1）电子波与试样的相互作用。电子波被试样调制，在试样的下表面形成透射波，又称物面波，反映入射波穿过试样后相位变化情况，其数学表述为试样透射函数 $A(x,y)$。

（2）透射波经物镜成像，经多级放大后显示在荧光屏上。该过程又分为两步：从透射波函数到物镜后焦面上的衍射斑点（衍射波函数），再从衍射斑点到像平面上成像，这两个过程为傅里叶的正变换与逆变换。该过程的数学表述为衬度传递函数 $S(u,v)$，最终成像的像面波函数为 $B(x,y)$。

入射波透过薄晶试样后产生的物面波作用于物镜，物镜成像经历两次傅里叶变换过程（图 2-33）：

（1）第一次傅里叶变换，物镜将物面波分解成各级衍射波（透射波可看作零级衍射波），在物镜后焦面上得到衍射谱。

入射波通过试样，相位受到试样晶体势的调制，在试样的下表面得到物面波 $A(x,y)$，物面波携带晶体的结构信息，经物镜作用后，在其后焦面上得到衍射波 $Q(u,v)$，此时物镜起频谱分析器的作用，即将物面波中的透射波（看作零级）和各级衍射波分开。频谱分析器的原理即为数学上的傅里叶变换。

（2）第二次傅里叶变换，各级衍射波相干重新组合，得到保留原有相位的像面波 $B(x,y)$，在像平面处得到晶格条纹像，即进行了傅里叶逆变换：

$$物面波 A(x,y) \xrightarrow{F} 衍射波 Q(u,v) \xrightarrow{F^{-1}} 像面波 B(x,y)$$

$$正空间 \qquad\qquad 倒空间 \qquad\qquad 正空间$$

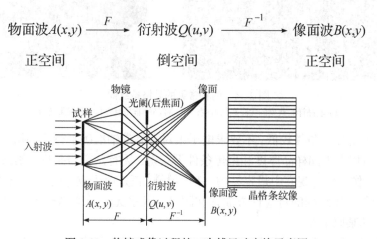

图 2-33 物镜成像过程的二次傅里叶变换示意图

如果物镜是一个理想透镜，无像差，则从试样到后焦面，再从后焦面到像平面的过程，分别经历了两次傅里叶变换。设像面波函数为 $B(x,y)$，则理论上

$$B(x,y) = F^{-1}[Q(u,v)] = F^{-1}[F(A(x,y))] = A(x,y) \tag{2-4}$$

表明像是物的严格再现。对于相位体而言，此时的像强度为

$$I(x,y) = A(x,y)A^*(x,y) = \mathrm{e}^{\mathrm{i}\varphi}\mathrm{e}^{-\mathrm{i}\varphi} = \mathrm{e}^0 = 1 \tag{2-5}$$

这表明对于理想透镜，相位体的像不可能产生任何衬度。实际上由于物镜存在球差、色差、像散（离焦）以及物镜光阑、输入光源的非相干性等因素，此时可产生附加相位，从而形成像衬度，形成晶格条纹像。研究表明操作时有意识地引入一个合适的欠焦量，即让像不在准确的聚焦位置，可使高分辨像的质量更好。

2. 高分辨像

根据衍射条件和试样厚度的不同，高分辨像可以大致分为晶格条纹像、一维结构像、二维晶格像（单胞尺寸的像）、二维结构像（原子尺度上的晶体结构像）以及特殊的高分辨像等。下面通过图片说明前四种高分辨像的成像条件与特征。

（1）晶格条纹像。成像条件：一般的衍衬像或质厚衬度像都是采用物镜光阑只选择衍射花样上的透射束（对应明场像）或某一衍射束（对应暗场像）成像。如果使用较大的物镜光阑，在物镜的后焦面上，同时让透射束和某一衍射束（非晶样品对应其"晕"的环上一部分）相干成像，就能得到一维方向上强度呈周期性变化的条纹花样，从而形成晶格条纹像，如图 2-34 所示。

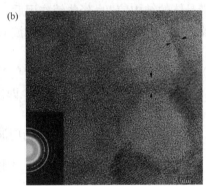

图 2-34　两种常见的晶格条纹像
（a）非晶样品典型的无序点状衬度；（b）样品中非晶组分和小晶粒形态分布

晶格条纹像的成像条件较低，不要求电子束对准晶带轴准确平行于晶格平面，试样厚度也不是极薄，可以在不同样品厚度和聚焦条件下获得，无特定衍射条件，拍摄比较容易。因此，这是高分辨像分析与观察中最容易的一种。但是，正是由于成像时衍射条件的不确定性，拍摄的条纹像与晶体结构的对应性方面存在困难，几乎无法推测晶格条纹像上的暗区域是否对应晶体中的某原子面。

晶格条纹像可用于观察试样的尺寸、形态，区分非晶态和结晶区，在基体材料中区分夹杂和析出物，但不能得出样品晶体结构的信息，不可模拟计算。

图 2-34（a）是软磁材料（Finemet）经液态急冷获得的非晶样品的高分辨电子显微照片。该图呈现高分辨条件下非晶材料特有的无序点状衬度，这种衬度特征均匀地分布在整个非晶态样品区域。

图 2-34（b）是软磁材料 Finemet 的非晶样品，经 550℃、1h 热处理后结晶状态（程度）的高分辨晶格条纹像，其左下方为该试样的电子衍射花样。这表明样品中的大部分非晶组分已经转化为微小的晶体，尚有少量的非晶成分存在（存在宽化的德拜环）。其中非晶存在单元的辨别可以通过与图 2-34（a）的比较获得。高分辨晶格条纹像揭示了该颗粒必然是晶体，并且显示了该颗粒的形态特征。

（2）一维结构像。成像条件：通过试样的双倾操作，电子束仅与晶体中的某一晶面族发生衍射作用，形成如图 2-35（b）所示的衍射花样，衍射斑点相对于原点强度分布是对称的。当使用大光阑让透射束与多个衍射束共同相干成像时，就可获得如图 2-35（a）所示晶体的一维结构像。虽然这种图像也是干涉条纹，与晶格条纹像很相似，但它包含了晶体结构的某些信息，通过模拟计算，可以确定其中的像衬度与原子列的对应性，如图 2-35（a）或（c）中的亮条纹对应原子列。

图像特征：图 2-35（c）为（a）的局部放大图，其中的数字代表亮（白）条纹的数目，也表明了其中原子面的个数。该图是 Bi 系超导氧化物（Bi-Sr-Ca-Cu-O）的一维结构像，明亮的细线条对应 Cu-O 的原子层，从中可以知道该原子面的数目和排列规律，对于了解多层结构等复杂的层状堆积方式是有效的。

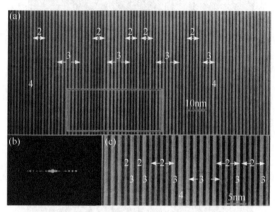

图 2-35   Bi 系超导氧化物的一维结构像（400kV）
（a）一维结构像；（b）衍射花样；（c）（a）中局部放大图

（3）二维晶格像。成像条件：当入射电子束平行于样品某一晶带轴入射时，能够得到衍射斑点及其强度都关于原点对称的电子衍射花样。此时透射束（原点）附近的衍射波携带了晶体单胞的特征（晶面指数），在透射波与附近衍射波（常选两束）相干成像生成的二维图像中，能够观察到显示单胞的二维晶格像。该像只含单胞尺寸的信息，而不含有原子尺寸（单胞内的原子排列）的信息，称其为晶格像。

图像特征：二维晶格像只利用了少数几束衍射波，可以在各种样品厚度或离焦条件下观察到，即使在偏离 Scherzer 聚焦情况下也能进行分析。因此，大部分学术论文中发表的高分辨电子显微像几乎都是这种晶格像。需要特别注意的是，二维晶格像拍摄条件要求较宽松，较容易获得规则排列的明亮（或暗）的斑点，但是，很难从这种图像上直接确定或判断其"明亮的点"是对应原子位置，还是对应没有原子的空白处。因为随着离焦量的改变或样品厚度的变化，计算机模拟结果表明，图像上的黑白衬度可能会有（数次）反转。欲确定其明亮的点是否对应原子的位置，必须根据拍摄条件，辅助计算机模拟花样与之比较。

二维晶格像的最大用途就是直接观察晶体内的缺陷。图 2-36 是电子束沿 SiC 的[110]晶带轴入射获得的晶格像，参与干涉的三束光束为 000、002、$1\bar{1}0$。图中箭头所示的是孪晶界，S 为层错的位置，b-c、d-e 展示的为位错，连线 f-g-h-i-j-k-l 显然是一个倾斜晶界。

需注意的是，二维晶格像可用于分析位错、晶界、相界、析出和结晶等信息，但二维晶格像的花样随欠焦量、样品厚度及光阑尺寸的改变而变化，不能简单指定原子的位置。在不确定的成像条件下不能得到晶体的结构信息，需计算机辅助分析。

（4）二维结构像。成像条件：在分辨率允许的范围内，用透射束与尽可能多的衍射束通过光阑共同干涉成像，就能够获得含有试样单胞内原子排列的正确信息的图像，参与成像的衍射波数目越多，像中包含的有用信息也就越多。

图像特征：图 2-37 是几种二维结构像，结构像的最大特点就是图像上原子位置是暗的，没有原子的地方是亮的，每一个小的暗区域能够与投影的原子列——对应。这样，将势高（原子）的位置对应暗，势低（原子的间隙）的地方对应亮的图像称为二维结构像或晶体结构像。它与二维晶格像是不同的。

图 2-36　化学气相沉积法制备的 β 相碳化硅的二维晶格像（200kV）

需注意的是，二维结构像是严格控制条件下的二维晶格像，严格条件：样品极薄、入射束严格平行于某晶带轴和最佳欠焦等。此外，晶体结构和原子位置并不能简单地从图像上看到，欠焦量和样品厚度控制着晶格像的亮暗分布，需采用计算机的图像模拟分析技术，才能确定晶体结构和原子位置。

图 2-37（a）和（b）为沿 c 轴入射的氮化硅结构像，在 400kV 条件下沿[001]方向展现了原子列的排布规律。图 2-37（a）和（b）中右上方的插图为计算机模拟像，右下方为原子的排列像，从中可以看到原子在图像中暗区域内的具体位置。同时也在原子尺度上展示了 α-Si_3N_4 与 β-Si_3N_4 原子有规则的排列方式的不同。

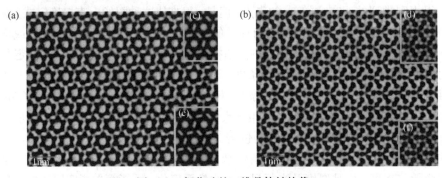

图 2-37　氮化硅的二维晶体结构像

（a）β-Si_3N_4 的结构像（400kV, z =[001]）；（b）α-Si_3N_4 的结构像（400kV, z =[001]）；（c）、（d）计算机模拟像；
（e）（f）原子排列像

2.6　冷冻电子显微镜法

2017 年诺贝尔化学奖授予了冷冻电子显微镜领域的三位科学家，他们分别是来自瑞士洛桑大学的名誉生物物理学教授迪波什，美国哥伦比亚大学教授、美国国家科学院院士弗兰克和英国剑桥医学研究委员会（MRC）分子生物学实验室教授、英国皇家学会院士亨德森，以奖励他们"研发出冷冻电子显微镜，用于溶液中生物分子结构的高分辨率测定"。

　　冷冻电子显微镜技术的基本原理是将生物大分子溶液置于电子显微镜载网上，形成一层非常薄的水膜，然后利用快速冷冻技术将其瞬间冷冻至液氮温度以下。在快速冷冻的过程中，水膜无法形成晶体，而是形成一层玻璃态的冰，从而将生物大分子固定在薄冰里。随后，将这样的冷冻样品低温放置在透射或扫描电子显微镜下观察形貌分析结构。冷冻电子显微镜主要有冷冻透射电子显微镜和冷冻扫描电子显微镜及用于电子显微镜制样用的冷冻蚀刻电子显微镜三种。

　　冷冻电子显微镜技术的发明，让人类以原子级的分辨率，观察到了接近生理状态下的生物大分子。为人类在原子尺度下观测生物体提供了有力的技术工具。今后，冷冻电子显微镜技术在解析蛋白质结构、针对性设计药物，以及在原子层面认清生物活性起源方面都将大有可为。冷冻电子显微镜除了广泛应用于生物学领域外，还可用于化学领域和材料科学领域。

　　碳纳米管（carbon nanotube，CNT）具有天然的空腔结构，有望作为金属锂的存储仓库，同时也为研究备受争议的微孔储锂机制提供模型材料。在 CNT 的制备过程中，使用的过渡金属催化剂会转变为过渡金属碳化物（如 Fe_2C 和 Fe_3C 等）残留在空腔中，可以进一步诱导金属锂在碳纳米孔中存储。通过冷冻透射电子显微镜证实了碳纳米孔中确实存在金属锂，见图 2-38（a）。观察到的锂对应的特征晶格条纹，见图 2-38（b）。表明金属锂分布在碳层内壁和碳化铁之间，而不在 CNT 的端口和内部没有碳化铁的区域内。

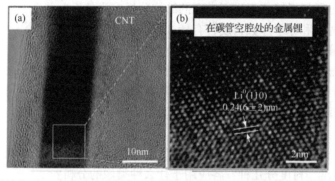

图 2-38　CNT 储锂（放电到 0 V）的冷冻透射电子显微镜（cryo-TEM）图像（a）和方框区域的放大图像（b）

本 章 小 结

　　本章主要介绍了用于材料形貌分析的主要方法，如扫描电子显微镜、扫描透射电子显微镜、扫描隧道显微镜、原子力显微镜、透射电子显微镜及高分辨透射电子显微镜等，最后简要介绍了冷冻电子显微镜的形貌分析技术。扫描电子显微镜的工作信号为二次电子和背散射电子，应用最多的是二次电子像。其像衬度包括形貌衬度和成分衬度。扫描电子显微镜分辨率高、放大倍率大、景深长、制样简单、对样品损伤小、可实现对样品的综合分析，广泛用于形貌分析，断口、磨面观察等，是形貌分析中最有效、最实用的方法。扫描透射电子显微镜的工作信号为高角透射非相干电子，像衬度为 Z 衬度或原子序数衬度。其分辨率高、对化学组成敏感、图像解释简明、图像衬度大、对样品损伤小、可实现样品的扫描电子显微镜 SEM+透射电子显微镜 TEM 的综合分析。扫描隧道显微镜的工作信号为隧道电流，具有原子级的高分辨率，可实现表面原子的二维、三维结构成像，观察单原子层的局部结构，且对工作环境要求不高，无须特别制备样品，对样品无损伤，但需导体样品，否则需在样品表面涂敷导电层。主要用于表面膜的生长机理分析、表面形貌微观观察、原子及分子组装和高分子材料、生物材料等方面的研究。原子力显微镜的工作信号为原子间的作用力，主要应用于导体、绝缘体原子级形貌观察、晶体生长等。高分辨像是由电子波穿透试样形成透射波，然后透射波经物镜聚焦成斑点再在像平面上成的像。其含有三个重要函数：透射波函数 $A(x,y)$、衬度传递函数 $S(u,v)$、像面波函数 $B(x,y)$。其靠欠焦成像，为相位衬度像，成像过程追求最佳欠焦而非正焦，从而获得最高电子显微镜分辨率。高分辨像主要有晶格条纹像、一维结构像、二维晶格像、二维结构像四种。

习 题

1. 简述扫描电子显微镜的结构、原理、特点。
2. 二次电子的特点是什么？
3. 试分析扫描电子显微镜的景深大、图像立体感强的原因。
4. 影响扫描电子显微镜分辨率的因素有哪些？
5. 扫描电子显微镜的成像原理与透射电子显微镜有何不同？
6. 一般扫描电子显微镜能否进行微区的结构分析？为什么？
7. 表面形貌衬度和原子序数衬度各有什么特点？
8. 简述扫描隧道显微镜的基本原理及其特点。
9. 扫描隧道显微镜 STM 与扫描电子显微镜 SEM 的原理区别是什么？
10. 扫描隧道显微镜的工作模式有哪些？各有何特点？
11. 简述扫描隧道显微镜的应用，并举例说明。
12. 简述原子力显微镜的工作原理。
13. 原子力显微镜的工作模式有哪几种？各自的特点是什么？
14. 什么是衬度，衬度分几种？各应用于什么种类像的分析？
15. 什么是明场像、暗场像、中心暗场像？其衍射衬度如何？
16. 欠焦的含义是什么？
17. 高分辨像的衬度与原子排列有何对应关系？
18. 高分辨像的类型有哪些？各自的用途是什么？
19. 举例说明高分辨显微技术在材料分析中的应用。

参 考 文 献

李晓娜. 2014. 材料微结构分析原理与方法. 大连: 大连理工大学出版社.

戎咏华. 2015. 分析电子显微学导论. 2 版. 北京: 高等教育出版社.

戎咏华, 姜传海. 2012. 材料组织结构的表征. 上海: 上海交通大学出版社.

翁素婷, 刘泽鹏, 杨高靖, 等. 2022. 冷冻电子显微镜表征锂电池中的辐照敏感材料. 储能科学与技术, 11(3):

760-780.

张晓凯, 张丛丛, 刘忠民, 等. 2019. 冷冻电子显微镜技术的应用与发展科学技术与工程. 科学技术与工程, 19(24): 9-17.

周玉. 2020. 材料分析方法. 4 版. 北京：机械工业出版社.

朱和国, 尤泽升, 刘吉梓, 等. 2023. 材料科学研究与测试方法. 5 版. 南京: 东南大学出版社.

Gault B, Moody M P, Cairney J M, 等. 2016. 原子探针显微学. 刘金来, 何立子, 金涛, 译. 北京: 科学出版社.

Yoshimura R, Konno T J, Abe E, et al. 2003. Transmission electron microscopy study of the evolution of precipitates in aged Al-Li-Cu alloys: The θ' and T_1 phases. Acta Materialia, 51(14): 4251-4266.

第3章

材料成分分析方法

材料的成分决定其组织，而组织又决定性能，因此材料的成分分析是材料研究中的重要环节之一。当电子束作用于试样，一定条件下试样表面将散射出多种物理信号，如俄歇电子、特征 X 射线等，它们均具有特征能量值，可用于作用区域内的成分分析，即俄歇电子能谱（Auger electron spectrum，AES）和特征 X 射线能谱（energy dispersive spectrum，EDS），特征 X 射线能谱仪又称电子探针；如果是 X 射线束（光子束）作用于试样，一定条件下也能产生 X 射线光电子和荧光 X 射线（第二次特征 X 射线）等物理信号，它们同样具有特征能量值，也可用于微区的成分分析，即 X 射线光电子能谱（X-ray photoelectron spectrum，XPS）和 X 射线荧光光谱（X-ray fluorescence spectrum，XRF）。本章主要介绍电子束和 X 射线束作用试样后产生的特征信号进行材料成分分析的四种能谱方法。此外，还介绍用于分析原子种类及其空间位置的原子探针法和用于分析分子键、官能团等的光谱分析法。

3.1 俄歇电子能谱法

电子束作用于材料的核外内层电子，内层电子获得足够能量后挣脱核的束缚，离开原位，留下空位，原子呈激发态，此时外层电子回填，同时释放多余的能量，相邻的同层电子获得该能量后挣脱核的束缚成为自由电子，该自由电子即为俄歇电子。俄歇电子的能量具有特征值，能量较低，一般仅为 50～1500eV，平均自由程也很小（1nm 左右），较深区域产生的俄歇电子在向表层运动时必然会因碰撞而消耗能量，失去具有特征能量的特点，故仅有浅表层 1nm 范围内产生的俄歇电子逸出表面后具有特征能量，因此俄歇电子特别适合材料表层的成分分析。此外根据俄歇电子能量峰的位移和峰形的变化，还可获得样品表面化学态的信息。

3.1.1 工作原理

俄歇电子能谱仪主要由检测装置和信号放大记录系统两部分组成，其中检测装置一般采用圆筒镜分析器，结构如图 3-1 所示。圆筒镜分析器主体为两个同心的圆筒，内筒上开有圆环状的电子出入口，与样品同时接地，两者电势相同，电子枪位于内筒中央。外筒上施加一负的偏转电压，电子枪的电子束作用于样品后将产生系列能量不同的俄歇电子，这些俄歇电子离开样品表面后，从内筒的入口进入内外筒间，由于外筒施加的是负电压，俄歇电子将在该负压的作用下逐渐改变运行方向，最后又从内筒出口进入检测器。当连续改变外筒上负压的大小时，就可依次检测到不同特征能量的俄歇电子。并通过信号放大记录系统输出俄歇电子的计数 N_E 随能量 E（eV）的分布曲线。

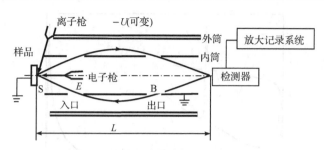

图 3-1 俄歇电子能谱仪的结构示意图

需指出以下几点：

（1）圆筒镜分析器中还带有一个离子枪，其作用主要有两个：①清洗样品表面，保证分析时样品表面干净无污染；②刻蚀（剥层）样品表面，以测定样品成分沿深度方向的分布规律。

（2）激发俄歇电子的电子枪也可置于圆筒镜分析器外，这样方便安装维护，但会降低仪器结构的紧凑性。

（3）样品台能同时安装 6～12 个样品，可依次选择不同样品进行分析，以减少更换样品的时间和保持样品室中的高真空度。

3.1.2 俄歇电子能谱

俄歇电子的能量较低，仅为 50～1500eV，由俄歇电子形成的电子电流表示单位时间内产生或收集到俄歇电子的数量。在分析区域内，某元素的含量越多，其对应的俄歇电子数量（电子电流）也就越大。

图 3-2 为 Ag 原子的俄歇电子能谱曲线，其中 A 曲线为 N_E-E 的正常能量分布，又称直接谱。俄歇电子谱峰很小，难以分辨，即使放大十倍后也不明显（见曲线 B），但经微分处理后原来微小的俄歇电子峰转化为一对正负双峰，用正负峰的高度差表示俄歇电子的信号强度（计数值），这样俄歇电子的特征能量和强度清晰可辨（见曲线 C）。将微分处理后的谱线称为微分谱。直接谱和微分谱统称为俄歇电子谱，俄歇电子峰对应的能量为俄歇电子的特征能量，与样品中的元素相对应，谱峰高度反映了分析区内该元素的浓度。

注意：①能产生俄歇电子的最小原子序数为 3（Li，非孤立），而低于 3 的 H 和 He 均无法产生俄歇电子，因此俄歇电子谱只能分析原子序数 $Z>2$ 的元素。对于孤立的 Li 原子，L 层上仅有一个电子无法产生俄歇电子，孤立原子中能产生俄歇电子的 Z 最小的元素是 Be。因此，俄歇能谱可分辨 H、He 以外的各种元素。②大多数原子具有多个壳层和亚壳层，因此电子跃迁的形式有多种可能性。图 3-3 为主要俄歇电子能量图，从图中可以看出当原子序数为 3～14 时，俄歇峰主要由 KLL 跃迁形成；当原子序数为 15～41 时，主要俄歇峰由 LMM 跃迁产生；而当原子序数大于 41 时，主要俄歇峰则由 MNN 及 NOO 跃迁产生。③俄歇电子的能量小（<1500eV），逸出深度浅（0.4～2nm），纵向分辨率可达 1nm，而横向分辨率取决于电子束的直径。④分析轻元素时的灵敏度更高，结合离子枪可进行样品成分的深度分析。

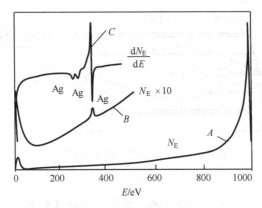

图 3-2　Ag 原子的俄歇电子能谱

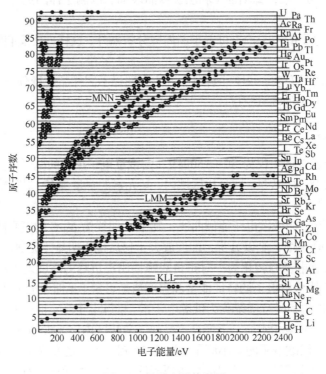

图 3-3　俄歇电子能量图

3.1.3　定性分析

　　每种元素均有与之对应的俄歇电子谱，所以样品表面的俄歇电子谱实际上是样品表面所含各元素的俄歇电子谱的组合。因此，俄歇电子谱的定性分析即为根据谱峰对应的特征能量由手册查找对应的元素。具体方法如下：①选取实测谱中一个或数个最强峰，分别确定其对应的特征能量，根据俄歇电子能量图或已有的条件，初步判定最强峰可能对应的几种元素；②由手册查出这些可能元素的标准谱与实测谱进行核对分析，确定最强峰对应的元素，并标出同属于此元素的其他所有峰；③重复上述步骤，标定剩余各峰。

　　定性分析时应注意以下几点：①由于可能存在化学位移，故允许实测峰与标准峰有数电子伏特的位移误差；②核对的关键在于峰位，而非峰高。元素含量少时，峰高较低，甚至不显现；③某一元素的俄歇峰可能有几个，不同元素的俄歇峰可能会重叠，甚至变形，特别是当样品中含有微量元素时，由于强度不高，其俄歇峰可能会湮没在其他元素的俄歇强峰中，而俄歇强峰并没有明显的变异；④当图谱中有无法对应的俄歇电子峰时，应考虑这可能不是该元素的俄歇电子峰，而是一次电子的能量损失峰。

随着计算机技术的发展和应用，俄歇电子谱的定性分析可由电子计算机软件自动完成，但对于某些重叠峰和弱峰还需进行人工分析来进一步确定。

3.1.4 定量分析

由于影响俄歇电子信号强度的因素有很多，分析较为复杂，故采用俄歇电子谱进行定量分析的精度还较低，基本上只是半定量水平。定量分析常有两种方法：标准样品法和相对灵敏度因子法。

1. 标准样品法

标准样品法又分为纯元素样品法和多元素样品法。纯元素样品法即在相同的条件下分别测定被测样和标准样中同一元素 A 的俄歇电子的主峰强度 I_A 和 I_{AS}，则元素 A 的原子浓度 c_A 为

$$\frac{c_A}{c_{AS}} = \frac{I_A}{I_{AS}} \tag{3-1}$$

而多元素样品法是首先制成标准试样，标准样应与被测样品所含元素的种类和含量尽量相近，此时，元素 A 的原子浓度为

$$c_A = c_{AS} \frac{I_A}{I_{AS}} \tag{3-2}$$

式中，c_{AS} 为标准样中 A 元素的原子浓度。

但由于多元素标准样制备困难，一般采用纯元素标准样进行定量分析。

2. 相对灵敏度因子法

相对灵敏度因子法不需要标准样，应用方便，但精度相对低一些。它是将各种不同元素（Ag 除外）产生的俄歇电子信号均换算成同一种元素纯 Ag 的当量（又称相当强度），利用该当量来进行定量计算。具体方法如下：相同条件下分别测出各种纯元素 X 和纯 Ag 的俄歇电子主峰的信号强度 I_X 和 I_{Ag}，其比值 $\dfrac{I_X}{I_{Ag}}$ 即为该元素的相对灵敏度因子 S_X，并已制成相关手册。当样品中含有多种元素时，设第 i 个元素的主峰强度为 I_i，其对应的灵敏度因子为 S_i，所求元素为 X，其灵敏度因子为 S_X，则所求元素的原子浓度为

$$c_X = \frac{I_X}{S_X} \bigg/ \sum_i \frac{I_i}{S_i} \tag{3-3}$$

式中，S_i 和 S_X 均可由相关手册查得。

由上式可知，通过实测谱得到各组成元素的俄歇电子主峰强度 I_i，通过定性分析获得样品中含有的各种元素。再分别查出各自对应的相对灵敏度因子 S_i，即可方便求得各元素的原子浓度。计算精度相对较低，但无须标样，故是俄歇能谱定量分析中最常用的方法。

3.1.5 化学价态分析

俄歇电子的产生通常有三种形式：KLL、LMM、MNN，涉及三个能级，只要有电荷从一个原子转移到另一个原子，元素的化学价态变化时，就会引起元素的终态能量发生变化，同时俄歇电子峰的位置和形状也随之改变，即引起俄歇电子峰位移。有时化学价态变化后的俄歇峰与原来零价态的峰位相比有几个电子伏特的位移，故可通过元素的俄歇峰形和峰位的比较获得其化学价态变化的信息。

3.1.6 俄歇电子能谱的应用

1. 定量分析

图 3-4 为 304 不锈钢新鲜断口表面的俄歇电子能谱图。电子束的能量为 3keV，具体测量计算步骤如下：

（1）对照元素能谱图确定所测俄歇电子能谱谱线的所属元素，测定各元素的最强峰。

（2）测量各元素最强峰的峰高。

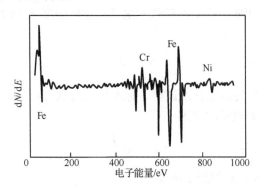

图 3-4　304 不锈钢断口表面俄歇电子能谱

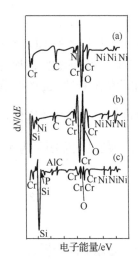

图 3-5　硅板表面 Ni-Cr 合金膜的俄歇电子能谱

（3）根据不同入射电子束能量（3keV 或 5keV）对应的灵敏度因子从手册查得各种元素的灵敏度因子，分别代入式（3-3）计算各自的相对含量。

由该图可知，测定谱线中含有 Cr、Fe、Ni 三种元素，其对应的峰高分别为：$I_{Cr}=4.7$、$I_{Fe}=10.1$、$I_{Ni}=1.5$，其对应的灵敏度因子分别是：$S_{Cr}=0.29$、$S_{Fe}=0.20$、$S_{Ni}=0.27$，代入式（3-3）算得其原子浓度分别是 $c_{Cr}=0.22$、$c_{Fe}=0.70$、$c_{Ni}=0.08$。

2. 表面纵向成分分析

图 3-5 为硅板上镀有 Cr-Ni 合金膜的俄歇电子能谱图。图 3-5（a）表示膜表面未经离子剥层时的俄歇电子能谱图，谱线中除了 Ni 和 Cr 峰外还含有大量的 O 峰，表明膜表面被氧化；表面经过剥层 10nm 后，膜表面的俄歇电子能谱图如图 3-5（b）所示，此时 O 元素峰几乎消失，而 Ni、Cr 峰明显增强，表明 Ni、Cr 的含量增加，O 元素大幅度减少；当进一步剥层至 20nm 时，

如图 3-5（c）所示，此时 Cr、Ni 峰大大降低，而 Si 元素峰显著增强，C 含量也逐渐减少。结果表明，结合剥层技术俄歇电子能谱可有效地分析表面成分沿表层深度的变化情况。

　　虽然俄歇电子能谱具有广泛的应用性，是表面分析的重要方法之一，但也存在以下不足：①不能分析 H 和 He 元素，即所分析元素的原子序数 $Z>2$；②定量分析的精度不够高；③电子束的轰击损伤和因不导电所致的电荷积累，限制了它在生物材料、有机材料和某些陶瓷材料中的应用；④对于多数元素的探测灵敏度一般为原子摩尔数的 0.1%～1.0%；⑤对样品表面的要求较高，需要离子溅射样品表面、清洁表面以及高真空来保证。

3.2　X 射线光电子能谱法

　　利用电子束作用靶材产生的特征 X 射线照射样品，使样品中原子内层电子以特定的概率电离，形成光电子（光致发光），光电子从产生处被输运至样品表面，克服表面逸出功离开表面，进入真空中被收集、分析，获得光电子的强度与能量之间的关系谱线即为 X 射线光电子能谱。显然光电子的产生依次经历电离、输运和逸出三个过程，后两个过程与俄歇电子一样，因此只有深度较浅的光电子才能能量无损地被输运至表面，逸出后保持特征能量。与俄歇能谱相同，X 射线光电子能谱可进行表面元素的定性分析、定量分析和表面元素化学状态分析。

3.2.1　工作原理

　　X 射线光电子能谱仪主要由 X 射线源及电子能量分析器组成。

　　1. X 射线源

　　X 射线源必须是单色的，且线宽越窄越好，因重元素的 K_α 射线能量虽高，但峰过宽，一般不用作激发源，通常采用轻元素 Mg 或 Al 作为靶材，其产生的 K_α 特征 X 射线为 X 射线源。Mg 的 K_α 能量为 1253.6eV，线宽为 0.7eV；Al 的 K_α 能量为 1486.6eV，线宽为 0.85eV。为获得良好的单色 X 射线源，提高信噪比和分辨率，还装有单色器，即波长过滤器，以使辐射线的线宽变窄，去除因连续 X 射线产生的连续背底，但单色器的使用也会降低特征 X 射线的强度，影响仪器的检测灵敏度。

　　2. 电子能量分析器

　　电子能量分析器是 XPS 的核心部件，其功能是将样品表面激发出来的光电子按其能量的大小分别聚焦，获得光电子的能量分布。由于光电子在磁场或电场的作用下能偏转聚焦，故常见的能量分析器有磁场型和电场型两类。磁场型的分辨能力强，但结构复杂，磁屏蔽要求较高，故应用不多。目前通常采用的是电场型的能量分析器，它体积较小，结构紧凑，对真空度要求低，外磁场屏蔽简单，安装方便。电场型又有筒镜形和半球形两种，其中半球形能量分析器更为常用。

　　图 3-6 为半球形能量分析器的工作原理图。由两同心半球面构成，球面的半径分别为 r_1 和 r_2，内球面接正极，外球面接负极，两球间的电势差为 U。入射特征 X 射线作用样品后，产生的光电子经过电磁透镜聚光后进入球形空间。设光电子的速度为 v，质量为 m，电荷为

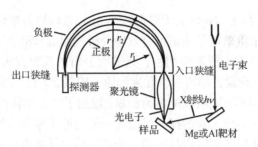

图 3-6　半球形能量分析器工作原理

e，球场中半径为 r 处的电场强度为 $E(r)$，则光电子受的电场力为 $eE(r)$，动能为 $E_k = \dfrac{1}{2}mv^2$，这样光电子在电场力的作用下作圆周运动，设其运动半径为 r，则

$$eE(r) = m\frac{v^2}{r} \qquad (3\text{-}4)$$

$$\frac{1}{2}erE(r) = \frac{1}{2}mv^2 = E_k \qquad (3\text{-}5)$$

两球面之间电势：

$$\varphi(r) = \frac{U}{\dfrac{1}{r_1} - \dfrac{1}{r_2}}\left(\frac{1}{r} - \frac{1}{r_2}\right) \qquad (3\text{-}6)$$

两球面之间电场强度：

$$E(r) = \frac{U}{r^2\left(\dfrac{1}{r_1} - \dfrac{1}{r_2}\right)} \propto U \qquad (3\text{-}7)$$

因此可得光电子动能与两球面之间所加电压之间的关系为

$$E_k = \frac{erE(r)}{2} = \frac{eU}{2r\left(\dfrac{1}{r_1} - \dfrac{1}{r_2}\right)} \propto U \qquad (3\text{-}8)$$

通过调节电压 U 的大小，在出口狭缝处可依次接收到不同动能的光电子，获得光电子的能量分布，即 XPS 谱图。实际上 XPS 谱图中的横轴坐标不是光电子的动能，而是其结合能。这主要是由于光电子的动能不仅与光电子的结合能有关，还与入射 X 光子的能量有关，而光电子的结合能对于某一确定的元素而言是常数，故以光电子的结合能为横坐标更为合适。

3.2.2　X 射线光电子能谱及表征

1. X 射线光电子能谱

由于 X 射线光电子的结合能对于某一确定的元素而言是定值，不会随入射 X 射线的能量变化而变化，因此横坐标一般采用光电子的结合能。对于同一个样品，无论采用何种入射 X 射线 Mg K$_\alpha$ 还是 Al K$_\alpha$，光电子的结合能的分布状况都是一致的。每一种元素均有与之对应的标准光电子能谱图。图 3-7 为纯 Fe 及其氧化物 Fe$_2$O$_3$ 在 Mg K$_\alpha$ 作用下的标准光电子能谱图。注意每种元素产生的光电子可能来自不同的电子壳层，分别对应不同的结合能，因此同一种元素的光电子能谱峰有多个。

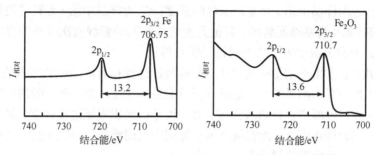

图 3-7 Fe 及 Fe_2O_3 在 Mg K$_\alpha$ 作用下的标准光电子能谱

2. X 射线光电子能谱峰的表征

X 射线光电子能谱峰由三个量子数（n、l、j）表征，即

内角量子数，$j = \left| l \pm m_s \right| = \left| l \pm \dfrac{1}{2} \right|$（$m_s$ 为自旋磁量子数 $= \pm \dfrac{1}{2}$）

角量子数，$l = 0，1，2，3，\cdots，（n-1）$

主量子数，$n = 1，2，3，\cdots$

K 层：$n=1$，$l=0$；$j = \left| 0 \pm \dfrac{1}{2} \right| = \dfrac{1}{2}$，此时 $j\left(\dfrac{1}{2}\right)$ 可不标，光电子能谱峰仅一个，表示为 1s。

L 层：$n=2$ 时，则 $l=0$、1；j 分别为 $\left| 0 \pm \dfrac{1}{2} \right|$、$\left| 1 \pm \dfrac{1}{2} \right|$，光电子能谱峰有三个，分别为 2s、$2p_{1/2}$ 和 $2p_{3/2}$。

M 层：$n=3$ 时，则 $l=0$、1、2；此时 j 分别为 $\left| 0 \pm \dfrac{1}{2} \right|$、$\left| 1 \pm \dfrac{1}{2} \right|$、$\left| 2 \pm \dfrac{1}{2} \right|$；光电子能谱峰有五个，分别为 3s、$3p_{1/2}$、$3p_{3/2}$、$3d_{3/2}$、$3d_{5/2}$。

N 层、O 层等依此类推。

3.2.3 定性分析

待定样品的光电子能谱即实测光电子能谱本质上是其组成元素的标准光电子能谱的组合，因此可以由实测光电子能谱结合各组成元素的标准光电子能谱，找出各谱线的归属，确定组成元素，从而对样品进行定性分析。

光电子能谱的定性分析类似于俄歇电子能谱分析，可以分析 H、He 以外的所有元素。分析过程同样可由计算机完成，但对某些重叠峰和微量元素的弱峰，仍需通过人工分析。

3.2.4 定量分析

常见的定量分析方法有理论模型法、灵敏度因子法、标样法等，使用较广的是灵敏度因子法。其原理和分析过程与俄歇电子能谱分析中的灵敏度因子法相似，即

$$c_X = \frac{I_X}{S_X} \Bigg/ \sum_i \frac{I_i}{S_i} \tag{3-9}$$

式中，c_X 为待测元素的原子浓度；I_X 为样品中待测元素最强峰的强度；S_X 为样品中待测元素灵敏度因子；I_i 为样品中第 i 元素最强峰的强度；S_i 为样品中第 i 元素的灵敏度因子。光电子能谱是以 F（氟）为基准元素的，其他元素的 S_i 为其最强线或次强线的强度与基准元素的比值，每种元素的灵敏度因子均可通过手册查得。

注意以下几点：①由于定量分析法中，影响测量过程和测量结果的因素较多，如仪器类型、表面状态等均会影响测量结果，定量分析只能是半定量。②光电子能谱中的相对灵敏度因子有两种，一种是以峰高表征谱线强度，另一种是以面积表征谱线强度，显然面积法精确度高于峰高法，但表征难度大。而在俄歇电子能谱中仅用峰高表征其强度。③相对灵敏度因子的基准元素是 F，而俄歇能谱中是 Ag 元素。

3.2.5 化学态分析

元素形成不同化合物时，其化学环境不同，导致元素内层电子的结合能发生变化，在谱图中出现光电子的主峰位移和峰形变化，据此可以分析元素形成了何种化合物，即可对元素的化学态进行分析。

元素的化学态包括两方面含义：①与其结合的元素种类和数量；②原子的化合价。一旦元素的化学态发生变化，必然引起其结合能改变，从而导致峰位位移。图 3-8 为纯铝表面经不同的处理后的 XPS 谱图。干净表面时，Al 为纯原子，化合价为 0 价，此时 $Al^0\,2p$ 的结合能为 72.4eV，如图 3-8 中 A 谱线所示。当表面被氧化后，Al 由 0 价变为+3 价，其化学态发生了变化，此时 $Al^{3+}\,2p$ 结合能为 75.3eV，Al 2p 光电子峰向高结合能端移动了 2.9eV，即产生了 2.9eV 化学位移，如图 3-8 中 B 谱线所示。随着氧化程度的提高，Al 的化合价未变，故其对应的结合能未变，$Al^{3+}\,2p$ 光电子峰仍为 75.3eV，但峰高在逐渐增高，而 $Al^0\,2p$ 的峰高在逐渐变小，这是由于随着氧化的不断进行，氧化层不断增厚，$Al^{3+}\,2p$ 光电子增多，而 $Al^0\,2p$ 的光电子量因氧化层增厚，逸出难度增大，数量逐渐减少，如图 3-8 中 C、D、E 谱线所示。

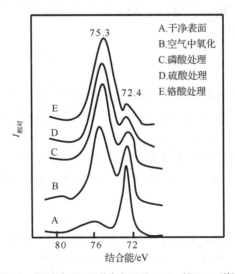

图 3-8 铝箔表面经不同处理后 Al 2p 的 XPS 谱图

元素的化学态分析是 XPS 最具特色的分析技术，虽然还未达到精确分析的程度，但已可以通过与已有的标准谱图和标样的对比进行定性分析。

3.2.6　X 射线光电子能谱的应用

1. 表面涂层的定性分析

图 3-9 为溶胶凝胶法在玻璃表面形成的 TiO_2 膜试样的 XPS 谱图。结果表明表面除了含有 Ti 和 O 元素外，还有 Si 元素和 C 元素。出现 Si 元素的原因可能是膜较薄，入射线透过薄膜后，引起背底 Si 的激发，产生的光电子越过薄膜逸出表面；或者是 Si 已扩散进入薄膜。出现 C 元素是溶胶以及真空泵中的油挥发污染所致。

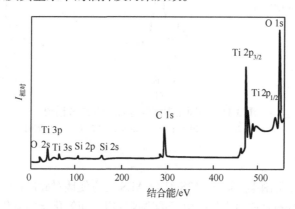

图 3-9　玻璃表面 TiO_2 膜的全扫描 XPS 谱图

2. 功能陶瓷薄膜中所含元素的定量分析

图 3-10（a）、（b）、（c）分别为薄膜中 La、Pb、Ti 元素的窄区 XPS 谱图。由手册查得三元素的灵敏度因子、结合能。分别计算对应光电子主峰的面积，再代入式（3-9）即可算得三元素的相对含量，结果如表 3-1 所示。

表 3-1　三元素 Ti、Pb、La 光电子峰定量计算值

元素	谱线	结合能/eV	峰面积	灵敏度因子	相对原子含量/%
Ti	Ti $2p_{3/2}$	458.05	469591	1.1	37.65
Pb	Pb $4f_{7/2}$	138.10	1577010	2.55	54.55
La	La $3d_{5/2}$	834.20	592352	6.70	7.80

注：峰面积 = 峰高×半峰宽。

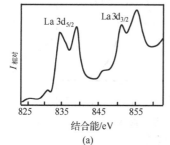 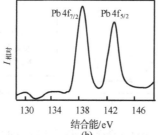 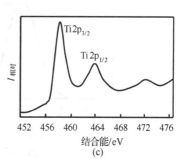

图 3-10　某功能陶瓷中三元素 La、Pb、Ti 的窄区 XPS 谱图

（a）La 3d 的窄区 XPS 谱图；（b）Pb 4f 的窄区 XPS 谱图；（c）Ti 2p 的窄区 XPS 谱图

3. 确定化学结构

图 3-11（a）、（b）、（c）分别为 1,2,4,5-苯四甲酸、1,2-苯二甲酸和苯甲酸钠的 C 1s 的 XPS 谱图。由该图可知三者的 C 1s 的光电子峰均为分裂的两个峰，这是由于 C 分别处在苯环和甲酸基中，具有两种不同的化学状态。三种化合物中两峰强度之比分别约为 4∶6、2∶6 和 1∶6，这恰好符合化合物中甲酸碳与苯环碳的比例，并可由此确定苯环上取代基的数目，从而确定它的化学结构。

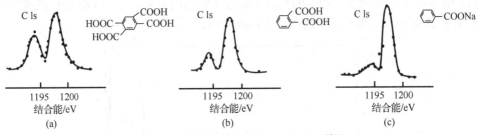

图 3-11　不同化学结构时 C1s 的 XPS 谱图
（a）1, 2, 4, 5-苯四甲酸；（b）1, 2-苯二甲酸；（c）苯甲酸钠

4. 氧化机理分析

氧化的机理研究非常困难，运用 XPS 结合 AES 可方便地对此进行研究分析。表面氧化层沿深度方向上的成分分布规律可由俄歇电子能谱仪获得，而氧化层中氧化物的种类即定性分析可由 X 射线光电子能谱仪完成。图 3-12 为 MgNd 合金在纯氧气氛中氧化 90min 后，全程能量及三个窄区能量扫描 XPS 谱图。图 3-12（a）为全程能量扫描的 XPS 谱图，表明氧化层中含有

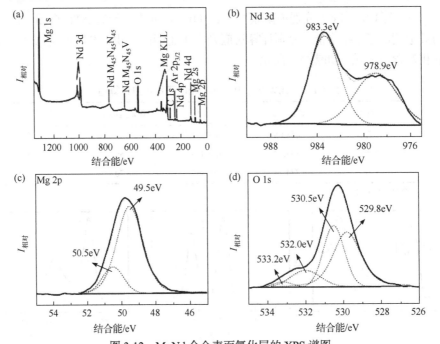

图 3-12　MgNd 合金表面氧化层的 XPS 谱图
（a）全程能量扫描的 XPS 谱图；（b）Nd XPS 谱图；（c）Mg XPS 谱图；（d）O XPS 谱图

Mg、Nd、O、C 等多种不同元素，即存在多种不同的氧化物。其中 C 元素是表面污染所致，可通过氩离子溅射清除。图 3-12（b）为 Nd $3d_{5/2}$ 光电子主峰图，表明其存在方式为 Nd^{3+} 状态，即氧化物形式为 Nd_2O_3；同理，由图 3-12（c）和（d）分别得知 Mg 和 O 分别以+2 和−2 价态存在，即以 MgO 的形式存在。此外在图 3-12（d）中，还有峰位结合能分别为 532.0eV 和 533.2eV 的光电子主峰，两峰位分别对应化合物 $Nd(OH)_3$ 和 H_2O，其中 H_2O 是样品表面吸附所致。

3.3　电子探针法

电子探针是利用电子束作用试样产生具有特征能量的特征 X 射线进行元素分析的仪器。由于特征 X 射线是电子束作用试样后产生的，故该仪器称为电子探针，分析的是试样中产生的特征 X 射线的能量或波长，故又称 X 射线能谱或 X 射线波谱。电子探针与扫描电子显微镜合二为一，在形貌观察的同时可进行成分分析。电子探针应用非常广泛，是最为常用的成分分析方法。

3.3.1　工作原理

电子束作用试样产生特征 X 射线，通过检测系统获得特征 X 射线的能量或波长，再结合莫塞莱公式即可推断其对应的原子序数，从而实现试样的成分分析。因此，电子探针首先应将不同特征能量或波长的特征 X 射线分拣出来，确定元素种类，实现成分的定性分析。同时检测特征 X 射线的强度，推算其含量进行成分的定量分析。

1. 分光系统

分光系统的主要器件是分光晶体，其工作原理如图 3-13 所示。分光晶体为已知晶面间距 d_{hkl} 的平面单晶体，当入射电子束作用样品后，样品上方产生不同波长的特征 X 射线，而不同波长的特征 X 射线作用分光晶体后，根据布拉格方程 $2d\sin\theta = \lambda$ 可知，不同波长的特征 X 射线依次被分散、展开。

2. 电子探针信号检测记录系统

电子探针信号检测记录系统主要由检测器和分析电路及记录装置组成。检测器是核心部件，主要由半导体探头、前置放大器、场效应晶体管等组成，而分析电路及记录装置主要包括模拟数字转换器、存储器及计算机、打印机等。其中半导体探头决定能谱仪的分辨率，是检测器的关键部件。图 3-14 为 Si（Li）半导体探头能谱仪的工作原理方框图。

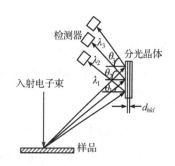

图 3-13　分光晶体工作原理

电子束作用样品后，产生的特征 X 射线通过 Be 窗口进入 Si（Li）半导体探头。Si（Li）半导体的原理是 Si 原子吸收一个 X 光子后，便产生一定量的电子-空穴对，产生一对电子-空穴对所需的最低能量 ε 是固定的，为 3.8eV，因此每个 X 光子能产生的电子-空穴对的数目 N 取决于 X 光子具有的能量 E，即 $N = \dfrac{E}{\varepsilon}$。X 光子的能量越高，其产生的电子-空穴对的数目 N 就越大。利用加在 Si（Li）半导体晶体两端的偏压收集电子-空穴对，经前

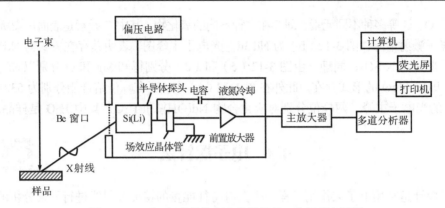

图 3-14　Si（Li）半导体探头能谱仪的工作原理方框图

置放大器放大处理后，形成一个电荷脉冲，电荷脉冲的高度取决于电子-空穴对的数目，即 X 光子的能量，从探头中输出的电荷脉冲，再经过主放大器处理后形成电压脉冲，电压脉冲正比于 X 光子的能量。电压脉冲进入多道分析器后，由多道分析器依据电压脉冲的高度进行分类、统计、存储，并将结果输出。图 3-15 分别为电子探针能谱和波谱。

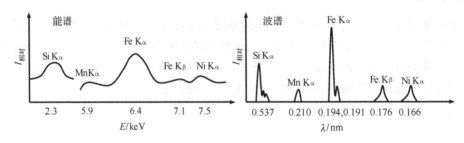

图 3-15　电子探针能谱及波谱

3.3.2　电子探针的应用

电子探针的应用主要包括对试样的定性分析和定量分析，定性分析又分为点、线、面三种分析形式。

1. 定性分析

（1）点分析。将电子束作用于样品上的某一点，波谱仪分析时改变分光晶体和探测器的位置，收集分析点的特征 X 射线，由特征 X 射线的波长判定分析点所含的元素；采用能谱仪工作时，几分钟内可获得分析点的全部元素对应的特征 X 射线的谱线，从而确定该点含有的元素及其相对含量。

图 3-16 为 $Al-TiO_2$ 反应体系的反应结果 SEM 及棒状物和颗粒的 EDS，由能谱分析可知棒状物为 Al_3Ti，颗粒为 Al_2O_3。需指出的是：能谱分析只能给出组成元素及它们之间的原子比，而无法知道其结构。如 Al_2O_3 有 α、β、γ 等多种结构，能谱分析能给出的是颗粒组成元素为 Al 和 O，且原子数比为 2:3，但无法知道它到底属于何种结构，即原子如何排列，此时需采用 X 射线衍射或 TEM 等手段判定。

（2）线分析。将探针中的谱仪固定于某一位置，该位置对应于某一元素特征 X 射线的波长或能量，然后移动电子束，在样品表面沿着设定的直线扫描，便可获得该种元素在设定直线上的浓度分布曲线。改变谱仪位置，则可获得另一种元素的浓度分布曲线。图 3-17 为 Fe-Co-Ni-Cr-Mn 高熵合金基复合材料组织线扫描分析的结果图，可以清楚地看出，颗粒为 Ti-Nb-C 反应产生的（Ti, Nb）C。

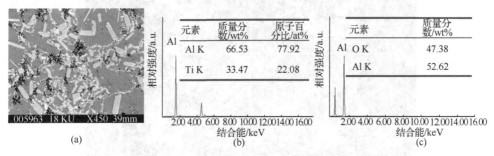

图 3-16　Al-TiO₂ 系热爆反应结果的 SEM 及棒状物和颗粒的 EDS
（a）反应结果显微组织 SEM；（b）棒状物 EDS；（c）颗粒 EDS

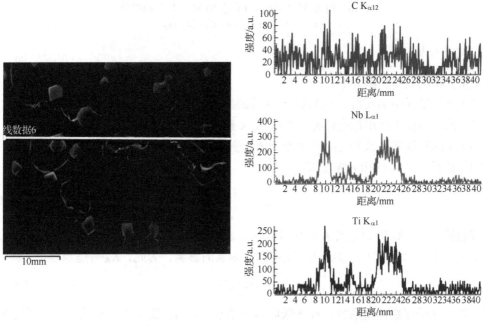

图 3-17　Fe-Co-Ni-Cr-Mn 高熵合金基复合材料组织电子探针线扫描分析

（3）面分析。将谱仪固定于某一元素特征 X 射线信号（波长或能量）位置上，通过扫描线圈使电子束在样品表面进行光栅扫描（面扫描），将检测到的特征 X 射线信号调制成荧光屏上的亮度，就可获得该元素在扫描面内的浓度分布图像。图像中的亮区表明该元素的含量高。若将谱仪固定于另一位置，则可获得另一元素的面分布图像。图 3-18 为铸态 Al-Zn-Mg-Cu 合金 SEM 及其面扫描分析，从中可以清楚地看出三种元素 Zn、Cu、Mg 的分布情况。

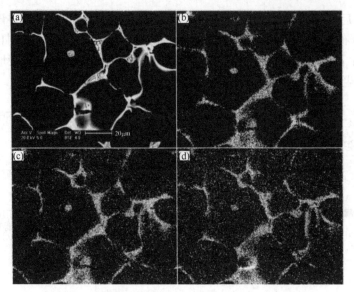

图 3-18　铸态 Al-Zn-Mg-Cu 合金 SEM 及其面扫描分析
（a）SEM；（b）Zn；（c）Cu；（d）Mg

2. 定量分析

定量分析的具体步骤如下：
（1）测出试样中某元素 A 的特征 X 射线的强度 I'_A；
（2）同一条件下测出标准样纯 A 的特征 X 射线强度 I'_{A0}；
（3）去除背底和计数器死时间对所测值的影响，得相应的强度值 I_A 和 I_{A0}；
（4）计算元素 A 的相对强度 K_A

$$K_A = \frac{I_A}{I_{A0}} \tag{3-10}$$

理想情况下，K_A 即为元素 A 的质量分数 m_A，由于标准样不可能绝对纯和绝对平均，此外还要考虑样品原子序数、吸收和二次荧光等因素的影响，为此，K_A 需适当修正，即

$$m_A = Z_b A_b F K_A \tag{3-11}$$

式中，Z_b 为原子序数修整系数；A_b 为吸收修整系数；F 为二次荧光修整系数。一般情况下，原子序数 Z 大于 10，质量浓度大于 10% 时，修正后的浓度误差可控制在 5% 以内。

需指出的是，电子束的作用体积很小，一般仅为 $10\mu m^3$，故分析的质量很小。如果物质的密度为 $10g/cm^3$，则分析的质量仅为 $10^{-10}g$，故电子探针是一种微区分析仪器。

3.4　X 射线荧光光谱法

1896 年法国物理学家乔治发现了 X 射线荧光，1948 年德国的费里德曼和伯克斯制成第一台波长色散 X 射线荧光分析仪。X 射线荧光光谱（XRF）是电子束轰击靶材产生的特征 X 射线，作用于试样产生系列具有不同波长的 X 射线荧光组成的光谱。X 射线荧光具有特

征能量，对应于不同的元素，可用于试样表层的成分分析，但不能进行形貌分析。

3.4.1　工作原理

　　试样在特征 X 射线辐射下，如果其能量大于或等于试样中原子某一轨道电子的结合能，则该电子电离成自由电子，对应产生一空位，使原子呈激发态，外层电子回迁至空位，同时释放能量，产生 X 辐射[图 3-19（a）]，该辐射称为 X 射线荧光。X 射线荧光的产生过程又称光致发光。X 射线荧光具有特征能量，始终为跃迁前后的能级差，与入射 X 射线的能量无关，收集 X 射线荧光，获得 X 射线荧光谱，再根据 X 射线荧光谱的峰位（能量或波长）、峰强可对试样中的成分进行定性和定量分析，见图 3-19（b）。

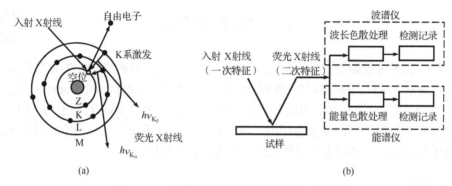

图 3-19　X 射线荧光的产生及其光谱工作原理
（a）X 射线荧光的产生示意图；（b）X 射线荧光光谱工作原理

3.4.2　X 射线荧光光谱的应用

　　X 射线荧光光谱的应用类似于 AES、XPS，同样可用于表面成分的定性和定量分析。

1. 定性分析

　　由于不同元素的 X 射线荧光具有特定的波长（或能量），依据莫塞莱公式，将不同波长或能量的 X 射线荧光与电脑中已存有的元素标准特征谱线进行比对，直至所有谱线比对完毕，获得元素组成。该过程一般可由计算机上的软件自动识别谱线，完成定性分析。如果元素含量过低或存在谱线干扰时，还需进行人工核实，特别是在分析未知任何信息的试样时，应同时考虑样品的来源、性质进行综合判断。

2. 定量分析

　　依据 X 射线荧光的强度与被测元素的含量成正比的关系进行分析。定量分析实为一种比较过程，是将所测样品与标准样品进行比对，从而获得所测样品中分析元素的浓度。主要分三步进行：①测定分析线的净强度 I_i；②建校正曲线：建立特征谱线强度与相应元素浓度之间的函数关系 $c_i = f(I_i)$；③测量试样中分析元素的谱线强度，根据所建的函数关系求得分析元素的浓度。

　　EDS、XRF、XPS、AES 均是材料成分分析的重要方法，四者比较见表 3-2。

表 3-2   EDS、XRF、XPS、AES 四者的特性比较

分析技术	探测粒子	检测粒子	信息深度	检测质量极限/%	不能检测元素	检测信息	损伤程度	谱线横坐标
EDS	电子	光子	金属：≤0.1mm 树脂：≤3mm	10^{-3}	H、He、Li	成分	弱	波谱（波长）；能谱（能量）
XRF	光子	光子	金属：≤0.1mm 树脂：≤3mm	10^{-2}	H、He、Li	成分	无	波谱（波长）；能谱（能量）
XPS	光子	电子	1～3nm	10^{-18}	H、He	成分、价态	弱	结合能
AES	电子	电子	0.5～2.5nm	10^{-18}	H、He	成分、价态、结构	弱	动能

3.5   原子探针法

随着科学技术和仪器设备的不断进步和发展，人们逐渐开始尝试在纳米尺度甚至在原子尺度上"观察"材料内部结构的三维视图。原子探针层析（atom probe tomography，APT）也称为三维原子探针（3DAP），可以区分原子种类，同时反映不同元素原子的空间位置，从而真实地显示出物质中不同元素原子的三维空间分布。原子探针是目前空间分辨率最高的分析测试手段之一，与透射电子显微镜具有极强的互补作用。

3.5.1   工作原理

对针状试样施加电场时可降低能垒，当电场强度足够高时，尖端表面的强电场导致表面原子极化，原子的电子可能会被吸收进表面，而带正电的离子则被从表面拖拽出来，从而诱发原子电离。如果继续提高电压使场强超过某一临界值，产生的带正电离子则在尖端电场作用下加速离开表面发生的场蒸发，即原子在场诱发下从样品自身晶格中剥离。场蒸发的过程涉及在强电场作用下原子从表面电离和解吸的过程。

运用质谱仪分析元素种类，常用的是飞行时间质谱仪。飞行时间质谱仪可以有效地区分所有元素。通过记录离子离开样品表面和到达探测器的时间可以得到离子的飞行时间 t，进一步根据离子势能与动能之间的等量关系可以获得离子的质荷比 m/n 与飞行时间 t 之间的关系，即

$$neV = \frac{1}{2}m\frac{d^2}{t^2} \tag{3-12}$$

$$\frac{m}{n} = 2eV\frac{t^2}{d^2} \tag{3-13}$$

式中，V 是总的加速电压；d 是样品到单原子检测器的距离，可通过实验条件确定。根据场蒸发离子的质荷比可以确定离子种类，再将离子的数据累积化成对应每一质荷比的离子数，就能得到常用的质谱数据。利用飞行时间质谱仪可以确定原子的元素组成，而最新发明的位置敏感探测器则可以记录蒸发离子的空间位置，通过软件就可绘制元素原子的空间分布形态。这就构成了所谓的原子探针层析技术。

3.5.2   原子探针样品制备

原子探针层析实验要求样品为针状，获得高质量的针状样品是 APT 实验成功的一个重

要保障。原子探针针状样品的制备主要有电化学抛光和聚焦离子束两种方法。

1. 电化学抛光

电化学抛光也称电解抛光,这种技术的使用最为广泛,也是许多材料样品的最佳制备方法。电化学抛光之前,要先制备细长条"火柴形"坯料,理想的坯料长度应为 15～25mm(最小值为 10mm 左右),截面尺寸约为 0.3mm×0.3mm(尺寸一定范围内可变,但是要求截面接近完美的正方形,以使抛光结束后产生圆形截面的试样)。注意不要引入对微结构产生影响的热或变形。

原子探针针尖试样通常采用多步电解的方法进行电解抛光。第一步为粗抛,将坯料进行抛光直到坯料的外周被锐化;第二步为精抛,用来锐化顶部以达到最终尺寸。不同的材料对应不同的电解液,而且粗抛和精抛阶段所用的溶液或者浓度也都有所不同。

一种常用的抛光方法为双层电解抛光法,如图 3-20 所示,在黏稠的惰性液体上注入一薄层(一般为几毫米厚)电解液,在电解液层金属快速溶解形成颈缩区,样品可以通过上下移动控制颈缩区的锥角;精抛阶段,将样品放入只含有电解液的电解池中,控制抛光条件直到样品分为两半,这样可以获得两个 APT 样品。

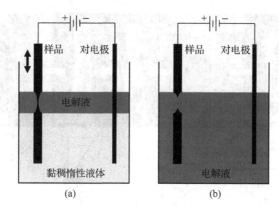

图 3-20　双层电解抛光法
(a)粗抛;(b)精抛

另一种常见的电化学抛光方法称为"微抛光",如图 3-21 所示,粗抛阶段直接在含有电

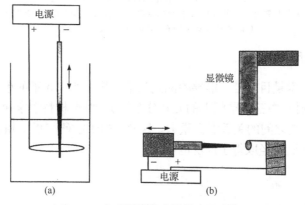

图 3-21　典型微抛光试样装置的示意图
(a)粗抛;(b)精抛

解液的烧杯中进行，当试样端部的直径足够小时粗抛阶段结束；最终抛光在悬挂着金属丝环的电解液中进行，样品多次放入金属环中会导致电解质持续下降，使样品被抛光到足够锋利足以用于原子探针分析。在微抛光中还可以利用脉冲抛光逐步去除少量材料，使尖端部位的形状达到预期要求，通常与透射电子显微镜结合使感兴趣特征物位于针尖附近。

2. 聚焦离子束（FIB）加工

FIB 法是利用高强度聚焦离子束对材料进行微纳加工，理论上 FIB 可以将任何感兴趣特征定位于针尖附近。但实际使用过程中，根据样品的形态（块体、粉末、带状、丝状、薄膜、涂层等）不同、感兴趣特征位置和分布不同，需要在 FIB 中选取不同的制备方法，而且针对不同材料的特性还要小心调控切割参数，否则容易造成粒子损伤和假象。目前 FIB 中常用的一种方法是从试样表面切割出感兴趣特征，转移到支撑架上后，用环形切割的方式将端部切削成尖端，如图 3-22 所示是一个含有晶界的样品的"挖取"过程。

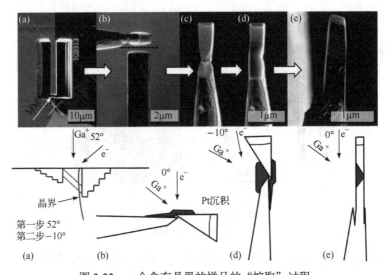

图 3-22　一个含有晶界的样品的"挖取"过程
（a）在特征位置处挖出棒；（b）将挖出的棒暂时焊接在支撑架上；（c）支撑架竖起；
（d）将棒和支撑架焊接牢固；（e）去除多余材料

3.5.3　原子探针的应用

原子探针层析技术是目前唯一能够检测到三维结构中所有元素的单个原子分布的技术，利用 APT 可以重构材料中三维空间上的元素分布情况，对于材料学家探索材料的微观结构，研究结构、工艺和性能之间的关系意义重大。目前，APT 在研究析出相、界面、位错、团簇等特征的元素分布方面已经取得了广泛的应用。

1. 析出相

许多材料中都有弥散分布的第二相，这些第二相的析出行为以及三维分布对材料的性能至关重要，原子探针层析技术可以获得元素在三维空间的分布情况，而且具有极高的空间和化学分辨能力，因此在研究析出相，特别是纳米第二相的成分、析出行为和三维空间分布方面具有独特的优势。如图 3-23（a）～（c）所示为一种铝合金中三种合金元素的三维分布情况，APT 可以准确地研究微量元素如 Ge 的分布，这是其他高空间分辨技术如透射电子显微镜无法做到的。APT 还可以准确获得合金中纳米析出相的大小、成分和弥散状况的信息，如图 3-23（d）所示，9h 后铝合金中分布着细小的针状 Mg-Ge 相，富 Cu 的 θ′相和 θ″$_{\text{Ⅱ}}$ 相，这些析出相的具体成分信息可以通过提取质谱分析得到。

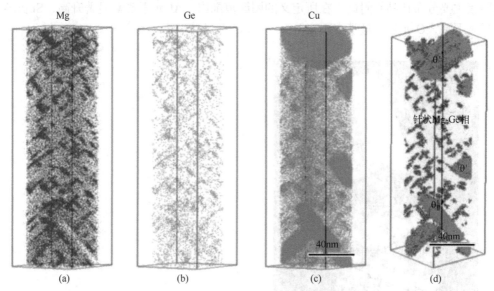

图 3-23　Al-3.5 Cu-0.4 Mg-0.2 Ge 合金 200℃9h 后 Mg、Ge、Cu 和析出相的三维分布

2. 界面

相界、晶界等界面对很多材料的性能和行为起着决定性的作用，APT 可以准确地测量界面的结构、成分以及元素在界面的分布，而且通过数据处理可实现可视化分析。图 3-24 显示了镍基高温合金中 γ/γ′相界面的合金元素分布情况，说明 Re 元素会在相界面处富集，据此可以理解合金元素的强化机制。图 3-25 显示了纳米晶合金中 C 元素在晶界的富集情况，结合透射电子显微镜得到的晶粒取向分布情况可以研究晶界面取向、晶界取向差等几何因素与合金元素偏聚之间的关系。

3. 位错

许多晶体缺陷如位错、层错等附近经常会发生化学偏聚，这种偏聚可以在 APT 中被清晰分辨出来，并能提供溶质分布及缺陷密度和弥散状况的信息。图 3-26（a）～（d）中利用 Mn 的等浓度面清晰反映出了 Fe-9at%（原子百分比）Mn 合金中 Mn 元素在晶界和位错上的富集情况，图 3-26（e）中提取了垂直位错线和沿位错线方向 Mn 元素的一维浓度谱线，说明 Mn 主要富集在 1nm 范围内的位错核心区域，而且 Mn 元素沿位错线方向的富集区呈周期性分布，Mn 富集区间隔约为 5nm。

4. 团簇

多元固溶体中的三维原子堆叠情况是许多领域非常感兴趣的问题，半导体中溶质物质的非周期性分布可能会对材料的电、光、磁等性能有重要影响，而合金中团簇的形成则与沉淀相的析出息息相关。APT 数据中已经包含了溶质团簇化的关键信息，可通过一些复杂的算法提取这些信息。图 3-27 为利用 APT 研究一种沸石中 Al 元素团簇分布的结果，可以发现 Al 元素团簇主要分布在晶界附近，在所定义的团簇范围内，Al 元素含量显著升高，Si 元素含量则显著下降，O 元素含量基本不变。

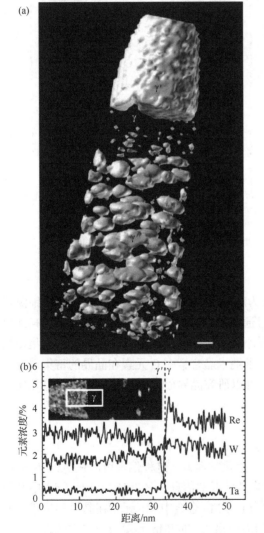

图 3-24　镍基高温合金中 γ′ 相分布情况（a）及 γ /
γ′ 相界面合金元素分布情况（b）

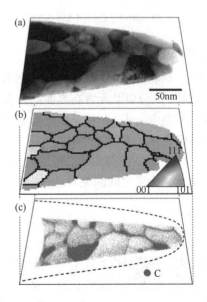

图 3-25　（a）Fe-4.40 C-0.30 Mn-0.39 Si-0.21 Cr
纳米晶钢的原子探针针尖 TEM，（b）晶粒取向分
布情况和（c）C 元素三维分布

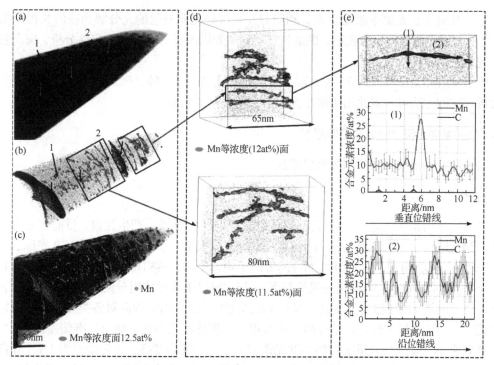

图 3-26　Fe-9at%Mn 合金中的 Mn 元素的偏聚情况

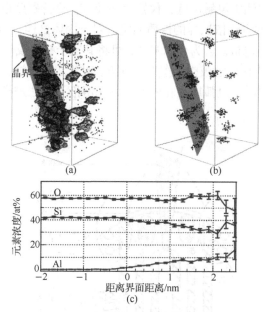

图 3-27　沸石中的 Al 元素团簇分布情况

（a）Al 等浓度面 2at%；（b）仅显示出团簇内的 Al 原子；（c）元素浓度随着距离（a）中等浓度面距离的分布曲线

3.6　原子发射光谱法

利用特定的光源使试样蒸发气化，离解或分解为原子状态，原子可进一步电离成离子状态，原子及离子在光源中激发发光。利用分光系统将光源发射的光分解为按波长排列的光谱，之后利用光电器件检测光谱，根据测定得到的光谱波长对试样进行定性分析，按发射光强度进行定量分析。

原子发射光谱法可对约 70 种元素（金属元素及磷、硅、砷、碳、硼等非金属元素）进行分析。这种方法可有效地用于测量高、中、低含量的元素。

3.6.1 原子发射光谱仪组成与工作原理

原子发射光谱仪由光源和光谱仪组成。

1. 光源

光源的作用是提供足够的能量使试样蒸发、原子化、激发、产生光谱。目前主要有直流电弧、交流电弧、电火花及电感耦合高频等离子体（ICP）等，最常用的是 ICP 光源。

ICP 的主体部分是放在高频线圈内的等离子矩管中的，结构见图 3-28。ICP 光源具有以下特点：①具有好的检出限。在一般情况下，用于 1% 以下含量的组分测定，检出限可达 ppm（$1ppm=10^{-6}$）级。由于激发温度高，有利于激发电位高的谱线，因此对各类元素都有较好的检出能力。②ICP 稳定性好，精度高。在实用的分析浓度范围内，相对标准偏差约为 1%。③基体效应小。④选择合适的观测高度光谱背景小。⑤准确度高，相对误差为 1%。⑥自吸效应小。分析校准曲线动态范围宽，可达 4～6 个数量级，这样也可对高含量元素进行分析。ICP 的局限性是对非金属测定灵敏度低，仪器价格较贵，维持费用也较高。

试样引入激发光源的方法依试样的性质而定。对于固体试样，金属与合金本身能导电，可直接做成电极，称为自电极。若为金属箔丝，可将其置于石墨或碳电极中。粉末试样放入制成的各种形状的小孔或杯形电极中，作为下电极。对于溶液试样，ICP 光源直接用雾化器将试样溶液引入等离子体内，电弧或火花光源通常用溶液干渣法进样。通常将气体试样充入放电管内。

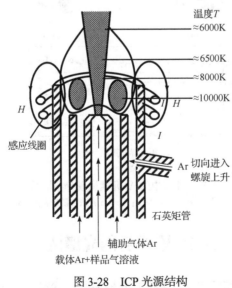

图 3-28　ICP 光源结构

H 为磁场；I 为电流

2. 光谱仪

光谱仪的作用是将光源发射的电磁辐射经色散后，得到按波长顺序排列的光谱，并对不同波长的辐射进行检测与记录。光谱仪的种类很多，其基本结构有三部分，即照明系统、色散系统与记录测量系统，见图 3-29。

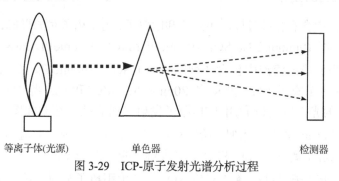

等离子体(光源)　　　　　　　单色器　　　　　　　　　检测器

图 3-29　ICP-原子发射光谱分析过程

（1）照明系统：将试样由进样器引入雾化器，被氩载气带入焰矩时，利用等离子体激发光源使试样蒸发气化（电感耦合等离子体焰炬温度可达 6000~8000K，有利于难溶化合物的分解和难激发元素的激发），离解或分解为原子态，原子进一步电离成离子状态，原子及离子在光源中激发发光；以光的形式发射出能量。

（2）色散系统：利用单色器将光源发射的光分解为按波长排列的光谱。

（3）记录测量系统：不同元素的原子在激发或电离后回到基态时，发射不同波长的特征光谱，故根据特征光的波长可进行定性分析；元素的含量不同时，发射特征光的强弱也不同，据此可进行定量分析，其定量关系可用下式表示：

$$I = ac^b \qquad\qquad (3-14)$$

式中，I 为发射特征谱线的强度；c 为被测元素的浓度；a 为与试样组成、形态及测定条件等有关的系数；b 为自吸系数，通常 $b \leqslant 1$，在 ICP 光源中多数情况下 $b=1$。

ICP-原子发射光谱具有以下特点：①多元素同时分析；②灵敏度高（亚 ppm 级）；③分析精度高，稳定性好（CV<1%）；④线性范围宽（5~6 个数量级）；⑤化学干扰极低；⑥溶液进样、标准溶液易制备；⑦可测定的元素广，可测 70 多种元素，见图 3-30。卤族元素中

H																	He
Li	Be				ICP能分析的元素						B	C	N	O	F	Ne
Na	Mg											Al	Si	P	S	Cl	Ar
K	Ca	Sc	Ti	V	Cr	Mn	Fe	Co	Ni	Nu	Zn	Ga	Ge	As	Se	Br	Kr
Rb	Sr	Y	Zr	Nb	Mo	Tc	Ru	Rh	Pd	Ag	Cd	In	Sn	Sb	Te	I	Xe
Cs	Ba	镧系	Hf	Ta	W	Re	Os	Ir	Pt	Au	Hg	Tl	Pb	Bi	Po	At	Rn
Fr	Ra	锕系															
		镧系	La	Ce	Pr	Nd	Pm	Sm	Eu	Gd	Tb	Dy	Ho	Er	Tm	Yb	Lu
		锕系	Ac	Th	Pa	U	Np	Pu	Am	Cm	Bk	Cf	Es	Fm	Md	No	Lr

图 3-30　ICP-原子发射光谱能分析的元素

的氟、氯不可测。可激发惰性气体，灵敏度不高，没有应用价值。C元素虽然可测，但空气中二氧化碳背底太高。氧、氮、氢可激发，但必须隔离空气和水。大量的铀、钍、钚元素可测，但要求极高的防护条件。

3.6.2 原子发射光谱的应用

真实样品溶液中含有各种各样的阴离子和阳离子，由于离子对的形成，更多复杂的峰会出现在光谱图上。将 10mmol/L Na$_2$SO$_4$、10mmol/L MgCl$_2$、10mmol/L Ca(NO$_3$)$_2$ 和 20mmol/L KNO$_2$ 溶解在水中形成的溶液中包含 4 种阴离子（ SO$_4^{2-}$ 10mmol/L，Cl$^-$、NO$_2^-$ 和 NO$_3^-$ 各 20mmol/L ）和 4 种阳离子（Na$^+$和 K$^+$各 20mmol/L，Mg^{2+} 和 Ca^{2+}各 10mmol/L ）。这种混合溶液中阳离子的光谱图可以利用 ICP-原子发射光谱表征，结果如图 3-31（ a ）所示。Na$^+$和 K$^+$，Mg^{2+} 和 Ca^{2+}的光谱相似。给图中的峰编上序号：峰 1 对应 SO$_4^{2-}$与一价阳离子（Na$^+$和 K$^+$）和二价阳离子（Mg^{2+}和 Ca^{2+}）成对；峰 2 对应 Cl$^-$与一价阳离子成对；峰 3 对应 NO$_2^-$与一价阳离子成对；峰 4 对应 NO$_2^-$与二价阳离子成对；峰 5 和峰 6 分别对应 NO$_3^-$与 Mg^{2+}和 Ca^{2+}成对。显然，溶液中分析物阴离子随着各种阳离子形式分离。当溶液直接注入分离室，如果样品溶液中 m 种阳离子统一为一种阳离子，可能的离子对数就限制为与溶液中 n 种阴离子相对应的 n 种离子对。因此，离子对转换为一种常见的阳离子形式，可以使用离子交换室作为预处理室实现。上述样品溶液利用带有 Na$^+$类型预处理室的水洗脱离子色谱系统进行分析。Na$^+$、K$^+$、Mg^{2+}和 Ca^{2+}的色谱利用 ICP-原子发射光谱表征，结果如图 3-31（ b ）所示。可以看出光谱中只有 Na$^+$峰出现，其他阳离子的峰均没有出现。

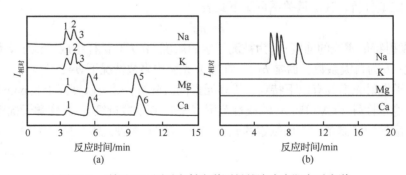

图 3-31　利用 ICP-原子发射光谱测得的溶液中阳离子光谱

3.7 原子吸收光谱法

原子吸收光谱（atomic absorption spectrum，AAS）法是利用气态原子可以吸收一定波长的光辐射的性质，使原子中外层的电子从基态跃迁到激发态建立的。由于各种原子中电子的能级不同，将有选择性地共振吸收一定波长的辐射光，共振吸收的波长恰好等于该原子受激发后发射光谱的波长，由此可作为元素定性的依据，而吸收辐射的强度可作为定量分析的依据。

3.7.1 原子吸收光谱仪组成与工作原理

原子吸收光谱仪主要由光源、原子化器、单色器、检测器等四个主要部分组成。

图 3-32 空心阴极灯

1. 光源

光源的作用是发射被测元素的共振辐射。目前应用最广泛的是空心阴极灯，如图 3-32 所示。灯管由硬制玻璃制成，一端有由石英或玻璃制成的光学窗口，两根钨棒被封入管内，一根连有由钨、钽、钛等有吸气性能金属制成的阳极；另一根上镶有一个圆筒形的空心阴极，在空心圆筒内衬上或融入被测元素。

2. 原子化器

原子化器可使试样干燥、蒸发并原子化。原子化分高温和低温两类。

高温原子化的方法有两种：①火焰原子化法，常用的是预混合型原子化器；②非火焰原子化法，常用的是管式石墨炉原子化器。

火焰原子化法是由化学火焰提供能量，使被测元素原子化。火焰原子化器操作简单，火焰稳定，重现性好，精度高，应用范围广，但原子化效率低，通常只可以液体进样。

非火焰原子化法常用的是石墨炉原子化器，其工作原理是大电流通过石墨管产生高热、高温，最高温度可达 3000K，使试样原子化。这种方法又称电热原子化法。

低温原子化法又称化学原子化法，其原子化温度为室温至数百摄氏度。常用的有汞低温原子化及氢化物法。

3. 单色器

单色器由入射和出射狭缝、反射镜及色散元件组成。单色器被置于原子化器后，防止原子化器内发射辐射干扰进入检测器，也可避免光电倍增管疲劳。

4. 检测器

原子吸收光谱法中检测器通常使用光电倍增管。

3.7.2 原子吸收光谱的应用

微量镉、铜和铅的测定：被测金属离子与吡咯烷二硫代氨基甲酸铵或碘化钾配合后，萃入甲基异丁基酮中，然后采用吸入火焰法测定元素含量。取 10mL 水样或溶解好的试样置于 200mL 烧杯中，同时取 100mL 0.2%硝酸作为空白样。用 10%氢氧化钠或 l+49 盐酸调上述各溶液的 pH 至 3.0。将溶液转入 200mL 容量瓶中，加入 2%（v/v）吡咯烷二硫代氨基甲酸铵溶液 2mL，摇匀，准确加入 10.0mL 甲基异丁基酮，剧烈摇动 1min。静止分层后，小心地沿容量瓶壁加入水，使有机相上升到瓶颈中进样毛细管可达到的高度。点燃火焰，吸入饱和的甲基异丁基酮，选择分折线，将仪器调零。吸入空白样和试样的萃取有机相，测量吸光度。扣除空白样吸光度后，根据标准曲线求出被测元素含量。

3.8 原子荧光光谱法

原子荧光光谱（atomic fluorescence spectroscopy，AFS）是以原子在辐射能激发下发射的荧光强度进行定量分析的发射光谱分析法，所用仪器与原子吸收光谱法相近。待测样品由原子化器原子化后，再经过激发光束照射后被激发，属于冷激发或称为光激发。因此，可以认为原子荧光分析法是原子发射光谱和原子吸收光谱的综合和发展。

3.8.1 原子荧光光谱仪组成与工作原理

原子荧光光谱仪主要由以下几部分组成：

（1）激发光源。激发光源可用连续光源与锐线光源。

（2）原子化器。与原子吸收法相同。

（3）色散系统。有两种：①色散型，即色散元件是光栅；②非色散型，用滤光器分离分析线和邻近谱线，可降低背景。

（4）检测系统。色散型原子荧光光度计用光电倍增管。

气态自由原子吸收光源的特征辐射后，原子的外层电子跃迁到较高能级，然后又跃迁返回基态或较低能级，同时发射出与原激发辐射波长相同或不同的辐射即为原子荧光，分为共振荧光、非共振荧光（直跃线荧光、阶跃线荧光、反斯托克斯荧光）和敏化荧光。图 3-33 为原子荧光产生过程。其中共振荧光强度最大，最为常用。共振荧光强度 I_f 正比于基态原子对某一频率激发光的吸收强度 I_a，即

$$I_f = \varPhi I_a \qquad (3\text{-}15)$$

式中，$\varPhi$ 为荧光量子效率，表示发射荧光光量子数与吸收激发光量子数之比。当仪器与操作条件一定时，原子荧光强度与被测元素浓度成正比。

$$I_f = Kc \qquad (3\text{-}16)$$

式中，K 为常数；c 为浓度。

原子荧光光谱法的优点：①有较低的检出限，灵敏度高；②干扰较少，谱线比较简单；③分析校准曲线线性范围宽，可达 3~5 个数量级；④由于原子荧光是向空间各个方向发射的，比较容易制作多道仪器，因而能实现多元素同时测定。

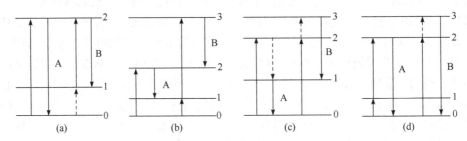

图 3-33 原子荧光产生过程

（a）共振荧光；（b）直跃线荧光；（c）阶跃线荧光；（d）反斯托克斯荧光

3.8.2　原子荧光光谱的应用

原子荧光光谱法具有灵敏度高，谱线简单，在低浓度时线性范围宽达 3～5 个数量级的优点，但对高含量和基体复杂的样品分析有一定困难。表 3-3 为运用原子荧光光谱分析出的部分元素。

表 3-3　运用原子荧光光谱分析出的部分元素

元素	波长/nm	元素	波长/nm
Ag	328.1	Mg	285.2
As	193.7	Mn	279.5
Hg	253.7	Mo	313.3
Ca	422.7	Ni	232.0
Se	196.0	Cr	357.9

3.9　红外光谱法

分子的运动由平动、转动和振动三部分组成。平动可视为分子的质心在空间的位置变化，转动可视为分子在空间取向的变化，振动则可看作分子在其质心和空间取向不变时，分子中原子相对位置的变化。分子中原子的振动形式可分为三种类型：伸缩振动（v）、弯曲振动和变形振动，后两种振动又统称为变角振动（δ）。伸缩振动过程中，原子沿化学键方向伸缩，键长发生变化而键角不变。弯曲振动时，基团的原子运动方向与价键方向垂直。红外光谱（infrared spectrum，IS）是分子振动-转动光谱，属于一种分子吸收光谱，与分子的偶极矩变化有关。红外光谱法主要用于研究和确认化学物质。其观察的试样可以是固体、液体，也可以是气体。

3.9.1　红外光谱仪组成与工作原理

目前主要有两类红外光谱仪，色散型红外光谱仪和傅里叶变换红外光谱仪。

傅里叶变换红外光谱仪主要由光源（硅碳棒、高压汞灯）、迈克耳孙干涉仪、检测器、计算机和记录仪等组成（图 3-34）。其核心部分是迈克耳孙干涉仪，它将光源信号以干涉图的形式送往计算机进行傅里叶变换的数学处理，最后将干涉图还原成光谱图。

当用一束红外光（具有连续波长）照射物质时，该物质的分子就会吸收一部分光能，并将其变为另一种能量，即分子的振动能量或转动能量。因此，若将其透射过的光用单色器进行色散，就可以得到一暗条的谱带。如果以波长或频率为横坐标，以百分吸收率或透过率为纵坐标，把谱带记录下来，就得到了该物质的红外吸收光谱。通常，频率（有时又称波数）的单位为 cm^{-1}，波长的单位是 μm。波长与波数互为倒数关系。被分子吸收的某些特定频率，即收集到的红外光谱相对于原入射光谱失去的某些特定频率的波段（吸收峰），与分子的结构特征一一对应。采用红外光谱法的仪器称为红外光谱仪。

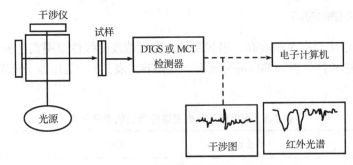

图 3-34　傅里叶变换红外光谱仪工作原理

电磁光谱的红外部分根据其与可见光谱的关系，可分为

（1）近红外区：0.78~2.5μm（12820~4000cm⁻¹），能量较高，可以激发泛音和谐波振动，主要用来研究 O—H、N—H 及 C—H 的振动倍频与组频。

（2）中红外区：2.5~25μm（4000~400cm⁻¹），具有中等能量，应用最多，该区的吸收是由分子的振动能级跃迁引起的，主要用来研究分子的基础振动和相关的旋转-振动结构。

（3）远红外区：25~300μm（400~33cm⁻¹），与微波相邻，能量低，主要用于旋转光谱学，研究分子的纯转动能级跃迁以及晶体的晶格振动等。

中红外光谱可分成 4000~1330cm⁻¹ 和 1330~600cm⁻¹ 两个区域，如图 3-35 所示。前者称为基团频率区、官能团区或特征区，区内的峰是伸缩振动产生的吸收带，比较稀疏，易于辨认，常用于鉴定官能团。后者称为指纹区，除了单键的伸缩振动吸收峰外，还有因变形振动产生的谱带。指纹区对于指认结构类似的化合物很有帮助，而且可以作为某种化合物中存在某种基团的旁证。

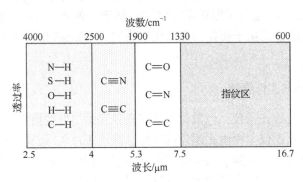

图 3-35　中红外光谱分区

1. 基团频率区（4000~1330cm⁻¹）

当一种基团有多种振动模式时，它们的振动频率不一定都是基团频率。如 NO_3^- 有四种振动模式，只有反对称伸缩振动频率和面外弯曲振动频率是基团频率，而对称伸缩振动频率和面内弯曲振动频率吸收强度非常弱，不符合基团频率的定义，不是基团频率。

对于基团频率区根据经验可以划分为三个特征频率区：

4000~2500cm⁻¹ 为 X—H 伸缩振动频率区，X 可以是 O、H、C、N 或 S 原子。O—H 的伸缩振动频率为 3650~3200cm⁻¹，可以作为判断醇类、酚类和有机酸类的重要依据。胺和酰胺的 N—H 伸缩振动出现在 3500～3100cm^{-1}，与 O—H 伸缩振动频率区有重合，可能会对 O—H 振动伸缩频率有干扰，但 N—H 伸缩振动吸收峰相对比较尖锐。C—H 伸缩振动可分为饱和碳和不饱和碳的 C—H 伸缩振动两类。饱和碳的 C—H 伸缩振动频率出现在 3000cm^{-1} 以下，为 3000～2800cm^{-1}，不饱和 C—H 伸缩振动出现在 3000cm^{-1} 以上。可以以此判断化合物中是否含有不饱和 C—H，如苯环的 C—H 伸缩振动出现在 3030cm^{-1} 附近，它的特征是吸收峰强度比饱和 C—H 稍弱，但峰形比较尖锐。三键 C≡C 上的 C—H 伸缩振动出现在 3300cm^{-1} 附近。

2500～1900cm^{-1} 为三键和累积双键伸缩振动吸收区，包括 C≡C、C≡N 等三键的伸缩振动。

1900～1330cm^{-1} 为双键伸缩振动吸收区。C=O 伸缩振动频率出现在 1900～1650cm^{-1}，一般是红外光谱中很特别且最强的吸收峰，以此很容易判断酮类、醛类、酸类、酯类、酰胺以及酸酐等化合物。关于 C=C 伸缩振动吸收峰，烯烃的 $v_{C=C}$ 在 1680～1620cm^{-1}，一般较弱；单核芳烃 $v_{C=C}$ 在 1600cm^{-1} 和 1500cm^{-1} 附近，有 2～4 个峰，这是芳环的骨架振动，可用于确认有无芳环的存在。苯的衍生物泛频谱带在 2000～1650cm^{-1}。

2. 指纹区（1330～600cm^{-1}）

指纹区出现的频率有基团频率和指纹频率。基团频率吸收强度较高，容易鉴别，如 1330～900cm^{-1} 存在 C—O、C—N、C—F、C—P、C—S、P—O、Si—O 等单键的伸缩振动和 C=S、S=O、P=O 等双键的伸缩振动频率。指纹频率吸收强度较弱，指认困难。指纹频率不是某个基团的振动频率，而是整个分子或分子的一部分振动产生的。分子结构的微小变化都有可能引起指纹频率的变化，所以，不要企图对全部指纹频率进行指认。指纹频率没有特征性，但对特定分子是有特征的，因此指纹频率可用于整个分子的表征。例如，1375cm^{-1} 附近对应的谱带为甲基的 δ_{C-H}（对称弯曲振动），可以用于判断甲基存在与否。900～650cm^{-1} 的某些吸收峰可以用来确认化合物的顺反构型，如可以利用芳烃的 C—H 面外弯曲振动吸收峰确认苯环的取代类型。

3.9.2 红外光谱的应用

红外光谱法主要用于振动中伴随偶极矩变化的化合物的分析。除了单原子和同核分子如 Ne、He、O$_2$、H$_2$ 外，几乎所有的有机化合物在红外光谱区均有吸收。对于一张测得的红外光谱图，分析时应遵循以下原则：应先分析基团频率区内的吸收峰（特征峰），后分析指纹区内的吸收峰；先分析最强峰，后次强峰；先粗查，后细找；先否定，后肯定；抓一组相关峰。具体而言，一般先从基团频率区第一强峰入手，确认可能的归属，然后找出与第一强峰相关的峰；第一强峰确认后，再依次解析基团频率区第二强峰、第三强峰。对于简单光谱，一般解析一、两组相关峰即可确定未知物的分子结构。对于复杂化合物的光谱由于官能团的相互影响，解析困难，可在粗略解析后，查对标准光谱或进行综合光谱解析。红外谱图库主要有 *Sadtler Reference Spectra Collections*。

1. 物相鉴定

已知物的分析与鉴定可以将试样的谱图与标准谱图进行对照。图 3-36 为某聚合物的红外光谱图，在 3100～3000cm⁻¹ 处有吸收峰，可知含有芳环或烯类的 C—H 伸缩振动，但究竟属于哪种类型就要看 C—H 的其他峰。2000～1668cm⁻¹ 的一系列的峰和 757cm⁻¹ 及 699cm⁻¹ 处出现的峰，依据查图，可知为苯的单取代苯，这样可判断 3100～3000cm⁻¹ 处的峰为苯环中的 C—H 的伸缩振动，再检查苯的骨架振动，在 1601cm⁻¹、1583cm⁻¹、1493cm⁻¹ 和 1452cm⁻¹ 的谱带可证实苯环存在。再依据 3000～2800cm⁻¹ 的谱带判断是饱和碳氢化合物的吸收，而且 1493cm⁻¹ 和 1452cm⁻¹ 的强吸收也可以说明有 CH₂ 或 C—H 弯曲振动与苯环骨架振动的重叠，由上可初步判断样品为聚苯乙烯。

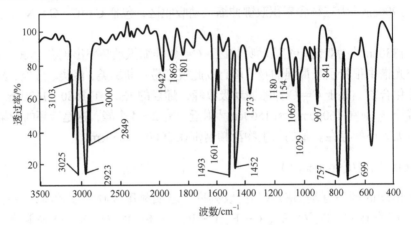

图 3-36　某聚合物的红外光谱图

2. 结构分析

化合物 C_7H_8O 的红外光谱图见图 3-37，首先计算化合物的不饱和度为 4，可能含有苯环。在 3000cm⁻¹ 以上，以及 1600cm⁻¹、1500cm⁻¹ 处的吸收，表明该化合物含有苯环（—C_6H_5），770cm⁻¹、700cm⁻¹ 处的吸收表明苯环取代为单取代。分子式为 C_7H_8O 除去苯环后剩余部分组成为 CH_3O，此时到底是苯甲醚还是苯甲醇呢？再看 3300cm⁻¹ 处无吸收，而 1250cm⁻¹、1040cm⁻¹ 确有芳香酯醚中的 C—O 吸收，表明该化合物为苯甲醚。

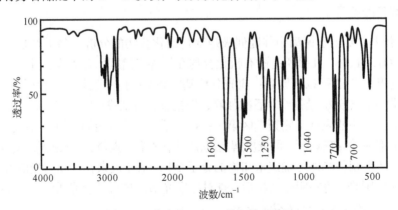

图 3-37　化合物 C_7H_8O 的红外光谱图

3.10　激光拉曼光谱法

一束单色光（频率为 ν_0 的激光束）入射透明试样时，大部分光可以透射过去；一部分光被吸收；还有一部分被散射。如果对散射光包含的频率进行分析，会观察到散射光中的大部分波长与入射光相同，而一小部分波长产生偏移 $\nu= \nu_0 \pm \Delta\nu$。前者属于弹性散射，后者属于非弹性散射。这种非弹性散射现象于 1928 年由印度物理学家拉曼首先提出，故又称拉曼散射，为此，他获得了诺贝尔奖。相应的谱线称为拉曼散射线（拉曼线）。由于拉曼效应很弱，直到 1961 年激光这一单色强光源出现后，才诞生了激光拉曼光谱法，即研究拉曼散射线的频率与分子结构之间关系的方法，它与分子极化率改变有关。

3.10.1　激光拉曼光谱仪组成与工作原理

激光拉曼光谱仪的基本组成有激光器、样品装置、单色器和检测记录系统四部分，并配有微机控制仪器操作和处理数据。其结构方框示意图如图 3-38 所示。

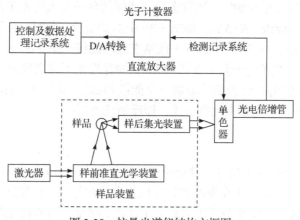

图 3-38　拉曼光谱仪结构方框图

1. 拉曼散射

当频率为 ν_0 的单色光入射到气体、液体或透明晶体试样上时，绝大部分可以透过，约有 $10^{-5} \sim 10^{-3}$ 强度的入射光子被散射。散射有两种类型，当入射光子与试样分子进行弹性碰撞时，分子与光子无能量交换，散射光子的频率与入射光相同，即发生了弹性散射，这种弹性散射被称为瑞利散射。当入射光子与试样分子发生非弹性碰撞时，分子与光子有能量交换，散射光子频率发生了变化，即发生了非弹性散射，显然，拉曼散射是一种非弹性散射，入射光子与试样分子进行了能量交换，此时有两种情况，见图 3-39。

（1）分子处在基态振动能级。基态振动能级的分子与入射光子碰撞后，从光子中获得能量 $h\nu_0$ 跃迁到较高能级（受激虚态），如图 3-39 中的①所示。分子处在受激虚态很不稳定，将很快返回原基态振动能级（图 3-39 中的③）或振动激发态能级（图 3-39 中的④）。显然，当返回原基态时，吸收的能量以光子形式释放出来，此时的光子能量未发生变化仍为 $h\nu_0$，即瑞利散射，光子频率不变。当分子从受激虚态返回至振动激发态时，此时辐射出的光子能量减少一个能级差ΔE，即为$h\nu_0 - \Delta E$，光子频率降为$\nu_0 - \Delta E/h$，形成了低于入射光频率的散射线，即斯托克斯线。

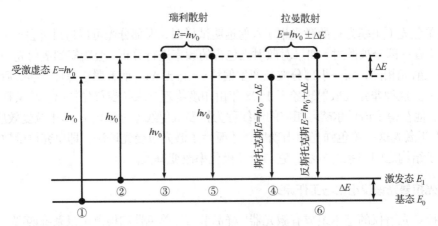

图3-39　分子的散射能级示意图

（2）分子处在激发态振动能级。激发态振动能级的分子与入射光子碰撞后，从光子中获得能量$h\nu_0$跃迁到较高能级（$E+\Delta E$），如图3-39中的②所示。此时，分子同样很不稳定，将返回原激发态振动能级（图3-39中的⑤）或基态振动能级（图3-39中⑥）。当返回至原激发态振动能级时，释放光子的能量未变仍为$h\nu_0$，同样发生了瑞利散射。当分子返回到基态振动能级时，此时释放出的光子能量增加一个能级差ΔE，即为$h\nu_0 + \Delta E$，光子频率也升为$\nu_0 + \Delta E/h$，形成了高于入射光频率的散射线，即反斯托克斯线。

2. 拉曼位移

斯托克斯线或反斯托克斯线与入射光频率之差分别为$-\Delta E/h$和$\Delta E/h$，该差值称为拉曼位移。显然，斯托克斯线与反斯托克斯线的拉曼位移大小相等，方向相反，而且跃迁的概率也应相等。但在正常情况下，由于分子大多数处于基态，测量到的斯托克斯线强度比反斯托克斯线强得多，所以在一般拉曼光谱分析中，都采用斯托克斯线研究拉曼位移。

拉曼位移的大小与入射光的频率ν_0无关，只与分子的能级结构有关。

3. 激光拉曼光谱与红外光谱比较

（1）产生机理不同。红外光谱是由于振动引起偶极矩或电荷分布变化产生的，拉曼散射是由于电子云分布瞬间变化引起暂时极化，产生诱导偶极，返回基态时发生的散射。散射的同时电子云恢复原态。

（2）红外光谱的入射光及检测光均是红外光，而拉曼光谱的入射光是可见光，散射光也是可见光。红外光谱测定的是光的吸收，横坐标用波数或波长表示，而拉曼光谱测定的是光的散射，横坐标是拉曼位移。

（3）拉曼光谱的波数一般为$4000 \sim 40 \mathrm{cm}^{-1}$，一台拉曼仪包括了完整的振动频率范围，而红外光谱包括中远范围，通常需要几台仪器或者用一台仪器分几次扫描才能完成光谱的记录。

（4）水是极性很强的分子，因而其红外吸收非常强烈，因此红外光谱一般不用水作溶剂。但水的拉曼散射却极其微弱，因而水溶液可直接进行拉曼散射分析，由于水易溶解大量无机物，因此无机物的拉曼光谱研究较多。

（5）拉曼光谱固体样品可直接进行测定，无需特殊制样的处理，样品处理简单，但在测定过程中样品可能被高强度的激光束烧焦，所以应检查样品是否变质。

（6）玻璃的拉曼散射较弱，因而普通玻璃的毛细管可作为样品池，液体、粉体、固体样品均可置于玻璃管中测量。而红外光谱的样品池则需要特殊的材料。

4. 拉曼光谱的不足

（1）拉曼光谱一般不适用于荧光性的样品测定。

（2）样品对激发辐射必须是透明的。激发的谱线不能被样品吸收，否则，本身已经很弱的拉曼光谱将被淹没。

（3）对于 Si—O 极化率很低的硅酸盐矿物，拉曼效应很弱，因而限制了拉曼光谱在此类矿物上的应用。

3.10.2 激光拉曼光谱的应用

1. 有机物结构分析

红外光谱与拉曼光谱都反映了有关分子振动的信息，但由于它们产生的机理不同，红外活性与拉曼活性常有很大的差异。

2. 高分子聚合物的研究

激光拉曼光谱特别适合于高聚物碳链骨架或环的测定，并能很好地区分各种异构体，如单体异构、位置异构、几何异构、顺反异构等。对于含有黏土、硅藻等无机填料的高聚物，可不经分离而直接上机测量。

3. 生物大分子的研究

水的拉曼散射很弱，因此拉曼光谱对水溶液生物化学研究具有突出的意义。拉曼技术已应用于测定如氨基酸、糖、胰岛素、激素、核酸、DNA 等生化物质。

4. 定量分析

拉曼谱线的强度与入射光的强度和样品分子的浓度成正比，当实验条件一定时，拉曼散射的强度与样品的浓度呈简单的线性关系。拉曼谱带的强度与待测物浓度的关系遵守比尔定律：

$$I_v = kLcI_0 \qquad (3\text{-}17)$$

式中，I_v 是给定波长处的峰强；k 代表仪器和样品的参数；L 是光路长度；c 是样品中特定组分的摩尔浓度；I_0 是激光强度。实际工作中，光路长度被更准确地描述为样品体积，是一种描述激光聚焦和采集光学的仪器变量。该式是拉曼定量应用的基础。拉曼光谱的定量分析常用内标法测定，检出限在 $\mu g/cm^3$ 数量级，可用于有机化合物和无机阴离子的分析。

本 章 小 结

　　本章主要介绍了用于材料成分分析的俄歇电子能谱、X 射线光电子能谱、特征 X 射线能谱（电子探针）、X 射线荧光光谱、原子探针射线及原子光谱和分子光谱的原理与应用。俄歇电子能谱与 X 射线光电子能谱的工作信号分别为俄歇电子和 X 光电子，两者均可用于成分的定性分析、定量分析和化学态分析。电子探针的工作信号为特征 X 射线（一次特征 X 射线），可用于微区成分分析，包括定性分析和定量分析，定性分析又分点、线和面三种。X 射线荧光光谱仪的工作信号为 X 射线荧光（二次特征 X 射线），可用于成分的定性分析和定量分析。原子探针利用场诱发下从样品自身晶格中剥离的原子，进入质谱仪，通过质谱仪进行元素种类分析。位置敏感探测器记录蒸发原子的空间位置。原子探针可用于分析原子的三维空间分布，包括析出相、界面、位错、团簇等。光谱分析主要为原子光谱分析与分子光谱分析两类。原子光谱又包括原子发射光谱、原子吸收光谱和原子荧光光谱；分子光谱包括红外光谱和激光拉曼光谱。

习　　题

　　1. 简述 XPS 和 AES 的工作原理。

　　2. 简述 X 射线光电子能谱仪的特点。

　　3. AES 定性分析时应注意什么？

　　4. 运用 AES 进行表面分析时存在的不足是什么？

　　5. 光电子能谱中峰的种类有哪些？

　　6. XPS 的化学态分析与 AES 的化学态分析有何不同？

　　7. 试比较 XPS、AES 成分分析技术之间的异同点。

　　8. 现有一种复合材料，为了研究其增强和断裂机理，对试样进行了拉伸试验，请问要确定断口中某增强体的成分，该选用何种仪器？如何进行分析？该仪器能否确定增强体的结构？为什么？

　　9. 原子探针有几种工作方式？举例说明它们在分析中的应用。

　　10. 简述荧光 X 射线光谱的基本原理、特点及其应用。

　　11. 简述原子探针的工作原理。

　　12. 为什么原子探针样品为针状？

　　13. 简述原子探针对样品的要求和原因。

　　14. 简述电化学抛光和 FIB 两种制备针状样品方法的优势和不足。

　　15. 简述飞行时间质谱仪的工作原理。

　　16. 原子探针层析和透射电子显微镜都具有很高的空间分辨率，试比较两种技术的优势和不足。

　　17. 原子发射光谱法的特点是什么？

　　18. 简述 ICP 光源的优缺点。

19. 说明原子吸收光谱法的原理。

20. 简述原子荧光光谱法的优点。

21. 红外光谱分析中如何进行试样的处理和制备？

22. 何为拉曼散射？

参 考 文 献

李晓娜. 2014. 材料微结构分析原理与方法. 大连: 大连理工大学出版社.

戎咏华, 姜传海. 2012. 材料组织结构的表征. 上海: 上海交通大学出版社.

周玉. 2020. 材料分析方法. 4 版. 北京: 机械工业出版社.

朱和国, 尤泽升, 刘吉梓, 等. 2023. 材料科学研究与测试方法. 5 版. 南京: 东南大学出版社.

Gault B, Moody M P, Cairney J M, 等. 2016. 原子探针显微学. 刘金来, 何立子, 金涛, 译. 北京: 科学出版社.

第4章 功能材料的电学性能测试方法

4.1 电 学 性 能

电学性能是指材料或器件在电学方面的性能表现。常见的几个方面包括导电性、超导性、介电性、热电性、压电性、磁电性和光电性等。

（1）导电性。导电性指的是材料导电的能力。导电性良好的材料可以有效地传导和输送电流，通常被用于电力工业用线、导线、电极等领域，金属是一种典型的导电性良好的材料。而绝缘体则通常具有较差的导电性，能够有效地隔离电荷，避免电流泄漏或击穿。

（2）超导性。超导性是一种特殊的电学性质，在超导态下，材料的电阻变为零，电流可以在其内部无损耗地流动。超导材料通常需要在极低的温度下（通常接近绝对零度）才能表现出这种性质。超导性被应用于磁共振成像（MRI）、磁悬浮列车等领域。

（3）介电性。介电性是指材料对电场的响应能力。介电性良好的材料可以在电场作用下发生极化现象，形成电偶极子，从而存储电场能量。这些材料通常具有较高的电阻率和介电常数，能够在电场中有效隔离电荷并传导微小电流。常见的介电材料包括电容器中的电介质。

（4）热电性。热电性是指材料在温度梯度下产生电压或电流的能力。这种效应被称为热电效应，常见的热电材料被用于制造热电偶和热电模块，用于能量转换和温度测量。由热电材料制成的热电器件具有体积小、工作时无噪声无污染、使用寿命长、安全可靠、无须转动部件等优点。

（5）压电性。压电性是一种特殊的电学性质，它是指某些材料在受到机械应力或压力作用时，会发生电荷分离而产生电压的现象。这种现象被称为压电效应。相反地，当在该材料上施加电场时，也会发生形变，这种效应称为反压电效应。常见的压敏材料包括 ZnO 系压敏材料、$SrTiO_3$ 压敏电阻材料、SiC 系压敏电阻陶瓷材料等，可用于制造压力传感器、开关等设备。压敏电阻的敏感度和稳定性对其应用性能有着重要影响。

（6）磁电性。磁电性是指材料在外加电场下产生磁化的能力，或者在外加磁场下产生电极化的能力。磁电材料可以用于制造磁电传感器等磁电器件，具有广泛的应用潜力。

（7）光电性。光电性是指材料对光的响应能力。光电材料可以表现出光电效应，如光电导、光电发射等，常见的应用包括太阳能电池、光电传感器等光电器件。

这些电学性能参数在材料科学、电子工程、电力系统等领域都具有重要意义，不同的材料或器件表现出不同的电学性能，影响它们在实际应用中的性能和特点。未来，随着科技的不断创新，新型的电学功能材料也会不断涌现，为电子领域的发展带来更多可能性。

4.2　电阻率的测试方法

4.2.1　电阻率

电阻率是用来表示各种物质电阻特性的物理量，它反映了材料对电流通过的阻碍作用，通常用符号ρ表示，它的单位是欧姆·米（$\Omega \cdot m$），工程技术上也常用欧姆·毫米^2/米（$\Omega \cdot mm^2/m$）。

电阻率是反映导体导电性能的物理量。电阻率小，导电性能好；电阻率大，导电性能差。电阻率是由材料本身的性质决定的，而同一种材料的电阻率又随温度的变化而变化，一般情况下温度升高，金属电阻率变大，而半导体和绝缘体电阻率减小。

电阻率与电阻值之间的关系可以使用以下公式表示：

$$R = \rho \frac{L}{A} \tag{4-1}$$

式中，R为电阻值；ρ为电阻率；L为材料长度；A为材料横截面积。

4.2.2　电阻率的测试原理与方法

材料电阻率的测量方法主要有双电桥法、四探针法和范德堡法。

1. 双电桥法

测量电阻率时，常采用单电桥法和双电桥法。由于结构设计的缘故，单电桥法无法消除接触电阻和引线电阻，故测量小电阻时，数值偏差较大且灵敏度也不是很高，测量范围一般为 $10 \sim 10^6 \Omega$。而测量小电阻目前更多使用双电桥法。

双电桥法测量原理如图 4-1 所示。R_1、R_2、R_3、R_4 分别为桥臂电阻，R_N 为比较用的已知标准电阻，R_x 为待测电阻。将待测电阻和标准电阻串联在有恒直流电源的电路中，R_x、R_N 线路再与可调电阻 R_1、R_2、R_3、R_4 组成的双桥臂线路并联，并在 B、D 两点间连接检流计 G。调节可调电阻 R_1、R_2、R_3、R_4 使双电桥达到平衡，即 B、D 两点电势相等，检流计示数 $I_g = 0$。根据基尔霍夫定律可写出三个回路的方程：

$$I_3 R_x + I_2 R_3 = I_1 R_1 \tag{4-2}$$

$$I_3 R_N + I_2 R_4 = I_1 R_2 \tag{4-3}$$

$$I_2 (R_3 + R_4) = (I_3 - I_2) r \tag{4-4}$$

联立求解得

$$R_x = \frac{R_1}{R_2} R_N + \frac{R_4 r}{R_3 + R_4 + r} \left(\frac{R_1}{R_2} - \frac{R_3}{R_4} \right) \tag{4-5}$$

式中，R_x 由等式右边的两项来决定，其中第二项为附加项，只需要使可调电阻 R_1、R_2、R_3、R_4 满足条件 $R_1 R_4 = R_2 R_3$，这样 $R_x = \frac{R_1}{R_2} R_N = \frac{R_3}{R_4} R_N$，即可消除 r 对测量结果的影响。

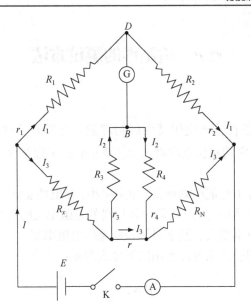

图 4-1 双电桥法测量电阻率示意图

四个桥臂电阻 R_1、R_2、R_3、R_4 一般选择几十欧姆以上的阻值，$R_1 \gg r_1$，$R_2 \gg r_2$，$R_3 \gg r_3$，$R_4 \gg r_4$，此时双电桥线路中的导线和接触电阻 r_1、r_2、r_3、r_4 及 r 可忽略不计，并且为了使 r 尽可能小，连接 R_x、R_N 的导线尽量选择短而粗的铜导线。

测试过程中，接通电流时间应尽可能短，以免电阻发热影响测试结果。此外，为了克服检流计回路温差电动势对电桥平衡状态的影响，必要时可将工作电源的极性换向，并取换向前后测得的低阻值的平均值。

2. 四探针法

四探针法也可称为四电极法，主要用于半导体材料或超导体等低电阻率的测量。四探针法的测量原理如图 4-2 所示，1、2、3、4 四根金属探针排成一条直线接触样品，其中，两端的 1、4 探针为电流探针，而 2、3 探针为电压探针，位于样品中部。在 1、4 探针处通入电流，则 2、3 探针间会产生电势差，并以下式计算得到样品的电阻率：

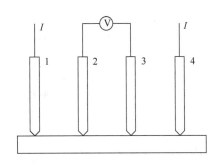

图 4-2 四探针法测量电阻率示意图

$$\rho = \frac{V}{I}C \tag{4-6}$$

式中，I 为 1、4 探针引入的电流；V 为 2、3 探针间的电压；C 为测量的探针系数（单位为 cm）。

$$C = \frac{2\pi}{\dfrac{1}{s_{12}} - \dfrac{1}{s_{24}} - \dfrac{1}{s_{13}} + \dfrac{1}{s_{34}}} \tag{4-7}$$

式中，s_{12}、s_{13}、s_{24}、s_{34} 分别为相应探针之间的间距。

在实际测试中，要求电流探针与样品表面尽量保持面接触，且接触面积越大越好，从而保证内部电场分布均匀。而电压探针则相反，要求与样品之间形成点接触，且接触面积越小越好，从而降低探针对样品内电场分布的影响。

这种测量方法要求待测材料的几何尺寸与探针间距相比满足半无穷大的条件。在测量块状或棒状样品时，样品外形尺寸相对于探针间距满足半无穷大条件，故电阻率值可以直接按照式（4-6）计算得到。而对于薄片状样品，其样品厚度相对于探针间距不可忽略，需要对电阻率的表观测量值进行修正，即测量时需要提供样品厚度和测量位置的修正系数。

此外，各种材料的电阻率通常是温度的函数，在测试过程中，样品一直处于电流导通的状态，不可避免会产生焦耳热引起样品温度波动，从而使样品电阻率发生变化，故不宜通入过大的电流。

3. 范德堡法

范德堡法测量电阻率由德国物理学家范德堡于 1857 年发明。该方法基于欧姆定律，利用材料内部电流分布的特性，通过测量样品两端电压和电流计算样品电阻率。范德堡法用于扁平、厚度均匀、任意形状，而不含有任何隔离孔的样品材料。其测量原理如图 4-3 所示。四个接触点都应放置在样品的外围，并且接触面积尽可能小。

此外，还可以利用霍尔效应、绝缘电阻测试仪等方法测试电阻率。

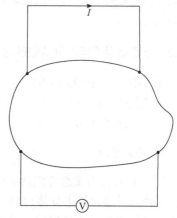

图 4-3　范德堡法测量电阻率示意图

4.3 电阻的测试方法

4.3.1 绝缘材料的电阻测试方法

绝缘体并不是绝对不导电，只是它允许通过的电流极小，没有绝对绝缘体。绝缘电阻是施加于两个导体间绝缘体上的直流电压与流过绝缘体的泄漏电流之比，是反映绝缘体阻止电流流通能力的参数。

测量绝缘材料电阻是电气工程和电子工程中非常重要的一项工作，它能够帮助人员判断设备或电路是否存在漏电等安全隐患。绝缘材料电阻的测量方法主要有直流电桥法和交流阻抗法。

直流电桥法是一种常见的测量绝缘材料电阻的方法。其原理是通过建立一个电桥电路，在平衡状态下测量样品两端的电压差计算电阻值。直流电桥法测量绝缘电阻的优点是测量精度高、适用范围广、稳定性好，但需要使用高精度的电桥仪器以及恒定的环境条件。

交流阻抗法是另一种常见的测量绝缘材料电阻的方法。其原理是使用交流信号作用在绝缘材料上，通过测量一定频率下的电压和电流计算电阻值。交流信号下，能够更真实地反映绝缘材料在实际使用中的电阻特性，测量结果相对准确。相比于直流电桥法，交流阻抗法测量速度较快，可以更快地获取电阻值。然而，交流阻抗法也存在一些局限性，如测量结果会受交流信号频率的影响，需要选择合适的频率以获得准确的电阻值，且对设备要求较高，需要有稳定的交流信号源和精准的测量仪器以保证测量结果的可靠性。

此外，测量绝缘材料电阻的方法还有表面电阻法、万用表法等。在选择测量方法时，需要根据实际情况和具体测量要求进行选择。无论使用哪种方法，都要保证测量过程的安全，并采取合适的措施避免误差的产生。

严格按照绝缘电阻的测量方法排除各种与测量有关的影响因素进行准确的测量，不仅可以发现电线电缆绝缘层材料品质的优劣、生产工艺中的缺陷，大大提高电线电缆的性价比、节约成本，还能通过对绝缘电阻的准确测量严格控制电线电缆的绝缘电阻，保证出厂和进入使用现场的电线电缆质量，而且还可以准确地判定使用中的电缆的电气绝缘性的好坏以避免由于绝缘性差引起供电系统的故障而引发安全生产事故。总之，准确地测定绝缘电阻极为重要。

4.3.2 压敏电阻的电阻测试原理与方法

压敏电阻，也称压力敏感电阻或压力变阻器，是一种将压力信号转换为可测量的电阻信号的敏感元件。其工作原理主要依赖于压敏效应，即在某些特定材料中，当外部施加压力时，其电阻值会随着压力的变化而变化。

1. 测试原理

压敏电阻的构成通常包括基体、电极和封装层等组成部分。其中，最关键的就是基体材料，这种材料通常是半导体材料，对压力有良好的响应性且稳定可靠。当压力施加到压敏电阻上，基体产生微小的形变，进而引起内部载流子（电子和空穴）的运动状态改变，造成电阻发生变化。通过测量电阻的变化，可以确定施加到压敏电阻上的压力大小。

2. 测试方法

1）等电势法

测量系统包含一个恒流源和一个电压计。压敏电阻接入恒流源，当压力改变时，压敏电阻的电阻值会改变，因此通过电压计测出的电压也会随之改变。根据欧姆定律，可以计算得到压敏电阻的电阻值，从而得知施加的压力。

2）桥式测量法

四臂电桥是用于测量电阻的常用装置，其中一个臂可以接入压敏电阻。没有施加压力时，电桥是平衡的，电桥两端的电势差为0。施加压力时，压敏电阻的电阻值变化，打破了电桥的平衡，电桥两端会产生一个与压力变化量成正比的电势差。通过测量这个电势差，就可以计算出施加的压力。

压敏电阻广泛应用于各种压力测量、控制设备以及触摸传感器等领域。在压敏电阻的使用过程中，用户只需要将其放置在需要测量压力的位置，通过测量电阻值的变化，就可以准确地测量出施加的压力并实现压力的控制。此外，由于压敏电阻具有微小的尺寸、低电功耗、高灵敏度和广泛的压力范围，因此在各种环境下都能具有良好的压力测量性能。

4.4 介电性能的测试方法

4.4.1 介电特性

电介质为不导电的绝缘体物质，压电材料和铁电材料都是电介质材料。电介质材料的特点是，当外部施加电场时，它们会产生极化现象或者原有极化状态会发生变化，并且通过感应而不是传导的方式传递电。极化是电介质正、负电荷中心不重合的现象，是形成电偶极子的根源。而介电极化率或介电常数是描写材料电极化性质的重要参数之一。介电常数的大小反映了材料的极化强度对外电场的响应强弱，即介电常数越大，同样大小的电场引发的极化强度就越大。

介电材料在外部的电场下可以储存电能。介电常数是用于衡量电介质储存电荷的物理量。它代表了电介质的极化强度，正比于单位电场在介质中诱导的电位移大小。也就是电介质对电荷的束缚能力越强，介电常数越大。介电常数有如下公式：

$$k = \varepsilon_r = \frac{\varepsilon}{\varepsilon_0} = \varepsilon_r' - j\varepsilon_r'' \tag{4-8}$$

介电常数 k 等于相对介电常数 (ε_r)，或等于绝对介电常数 (ε) 与真空介电常数 $(\varepsilon_0$，$\varepsilon_0 = 8.85 \times 10^{-12}\mathrm{F/m})$ 之比。介电常数描述了材料与外加电场的相互作用，介电常数的实部 (ε_r') 表示静电场下的相对介电常数，反映储存电荷的能力。介电常数的虚部 (ε_r'') 表示电介质中偶极子在电场作用下克服随机碰撞的干扰，沿着不同方向来回取向时发生的能量消耗，这些能量消耗转化成热能而被耗散掉。

如果用简单的矢量图（图 4-4）表示复数介电常数，实部和虚部的相位将会相差 90°。其矢量和与实轴 (ε_r') 形成夹角 δ。材料的相对损耗等于损耗电量与储存电量的比值。有如下公式：

$$\tan\delta = \frac{\varepsilon_r''}{\varepsilon_r'} = D = \frac{1}{Q} \tag{4-9}$$

式中，损耗角正切 $(\tan\delta)$ 定义为介电常数的虚部与实部之比。D 为耗散因子；Q 为品质因数。

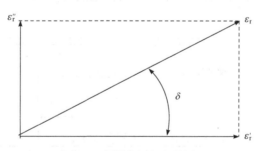

图 4-4　损耗角正切矢量图

电介质的能量损耗与 $\tan\delta$ 成正比，当 $\tan\delta \ll 1$，即品质因子极大时，可以认为是无损介质，ε_r 接近实数。

4.4.2　介电性能的测试原理

介电常数是表征介质极化能力的一个参数，通过选择合适的方法可以对固体、粉末、液体以及薄膜介电常数进行测量，如同轴探针法、传输线法、自由空间法、平行板电容法和谐振腔法。

1. 同轴探针法

同轴探针法是一种设计用于测量表面光滑的块状固体、液态物质、粉末以及某些半固态的生物组织等介电特性参数的测试方法，其原理如图 4-5 所示。

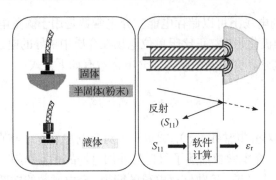

图 4-5　同轴探针法的基本原理

该方法利用开路型同轴探头，同轴探头是传输线截断后的一部分。通过将探头浸没于液体中、置于生物组织上或贴合任何平整且光滑的固体表面，可以向被测试材料中发射高频信号。此时，探头将接收来自被测材料反射的信号（即反射特性 S_{11}），此信号会随着材料的介电常数变化而改变，表现出与介电常数（ε_r）的相关性。通过这一对应关系，利用网络分析仪测得 S_{11} 就可以计算出被测材料的介电常数与损耗角正切等参数。

2. 传输线法

传输线法是网络法的一种，是将介质置入测试系统适当位置作为单端口或双端口网络。双端口情况下，通过测量网络的 s 参数得到微波的电磁参数。图 4-6 为双端口传输线法的原理示意图。

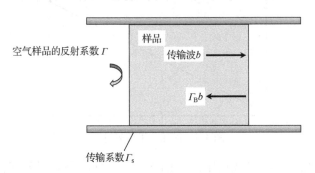

图 4-6　双端口传输线法原理示意图

传输系数用 Γ_s 表示，为

$$\Gamma_s = \frac{\left(1 - \Gamma^2\right)e^{-\gamma l}}{1 - \Gamma^2 e^{-2\gamma l}} \tag{4-10}$$

式中，Γ 为空气样品的反射系数；γ 为传播系数；l 为样品长度。反射系数可以表示为

$$\Gamma = \frac{\left[1-\left(\dfrac{f_0}{f}\right)^2\right]^{\frac{1}{2}} - \left[\varepsilon_{\mathrm{r}}-\left(\dfrac{f_0}{f}\right)^2\right]^{\frac{1}{2}}}{\left[1-\left(\dfrac{f_0}{f}\right)^2\right]^{\frac{1}{2}} + \left[\varepsilon_{\mathrm{r}}-\left(\dfrac{f_0}{f}\right)^2\right]^{\frac{1}{2}}} \qquad (4\text{-}11)$$

式中，f_0 为无样品时传输线的截止频率，对于 TEM 模传输线，$f_0=0$；f 为有样品时传输线上的截止频率。γ 表示为

$$\gamma = \mathrm{j}\frac{\omega}{C_0}\left[\varepsilon_{\mathrm{r}}-\left(\frac{f_0}{f}\right)^2\right]^{\frac{1}{2}} \qquad (4\text{-}12)$$

可以求出：

$$\Gamma_{\mathrm{s}} = \frac{\Gamma + \Gamma_{\mathrm{B}}\mathrm{e}^{-2\gamma l}}{l - \Gamma_{\mathrm{B}}\Gamma\mathrm{e}^{-2\gamma l}} \qquad (4\text{-}13)$$

式中，Γ_{B} 为反射系数；ω 为角频率；C_0 为电容器的电容。

　　同时测量传输系数或者反射系数的相位和幅度，改变样品长度或者测量频率，测出这时的幅度响应，联立方程组就能够求出相对介电常数。

　　单端口情况下，通过测量复反射系数得到材料的复介电常数。常见的方法有填充样品传输线段法、样品填充同轴线终端法和将样品置于开口传输线终端测量的方法。第一种方法通过改变样品长度及测量频率来测量幅度响应，求出 ε_{r}。这种方法可以测得传输波和反射波极小点随样品长度及频率的变换，同时能够避免复超越方程和的迭代求解。但这种方法仅限于低、中损耗介质，对于高损耗介质，样品中没有多次反射。传输线法适用于 ε_{r} 较大的固体及液体，而对于 ε_{r} 比较小的气体不太适用。

3. 自由空间法

　　自由空间法其实也可算作传输线法。它的原理可参考传输线法，通过测得传输和反射系数，改变样品数据和频率得到介电常数的数值。图 4-7 为其原理示意图。

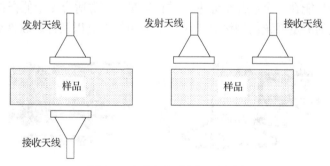

图 4-7　自由空间法原理示意图

　　自由空间法与传输线法有所不同。传输线法要求波导壁和被测材料完全接触，而自由空间法克服了这个缺点。自由空间法保存了传输线法可以测量宽频带范围的优点。自由空间法

要求材料要有足够的损耗，否则会在材料中形成驻波并且引起误差。因此，这种方法只适用于频率高于3GHz的高频情况，最高频率可以达到100GHz。

4. 平行板电容法

当使用阻抗测量仪器测量介电常数时，通常采用平行板电容法。平行板电容法将被测材料置于平行板电极之间，形成一个电容器，通过测试电容值计算介电常数。应用该方法的典型测量系统由LCR表或阻抗分析仪构成。该方法最适合对薄膜或液体进行精确的低频测量。

图4-8显示了平行板电容法的概图，平行板电容法又称三端子法。

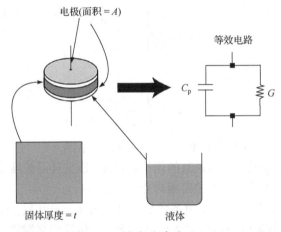

图 4-8　平行板电容法

其原理是通过在两个电极之间插入一个固体材料或液体薄片组成电容器，然后测量其电容，根据测量结果计算介电常数。实际测试装置中，两个电极配备在夹持介电材料的测试夹具上。阻抗测量仪器将测量电容（C）和耗散（D）的矢量分量，然后由软件计算出介电常数和损耗角。

5. 谐振腔法

谐振腔法是将样品作为谐振结构的一部分测量介电常数的方法，可以对小尺寸样品进行适当的测量，但只能在一个或几个频率上进行测量，非常适合测量低损耗材料。其原理如图4-9所示，典型的测量系统由网络分析仪、谐振腔体夹具以及计算软件组成。

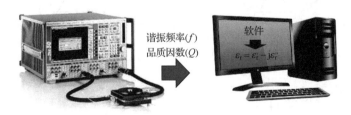

图 4-9　谐振腔法

谐振腔测试法中，样品介电常数由样品引起的谐振频率以及谐振器的品质因数 Q 的变化计算得到，使用网络分析仪测量谐振频率和谐振腔体夹具的 Q。谐振腔体有比较高的 Q，可在特定频率上发生谐振。将一片材料样品插入腔体中，会改变腔体的谐振频率（f）和 Q。根据这些测得的参数，已知样品的体积和谐振腔的其他参数时，由如下公式可以计算出材料在某一频率上的介电常数和损耗角正切等参数。

$$\varepsilon' = \left(\frac{f_0}{f}\right)^2 \tag{4-14}$$

$$\varepsilon'' = \varepsilon'\tan\delta = \frac{1}{Q} \tag{4-15}$$

式中，ε' 为复介电常数实部；ε'' 为复介电常数虚部；Q 为品质因数；$\tan\delta$ 为损耗角正切；f_0 为无样品时的谐振频率。

4.5　铁电体的电滞回线测试方法

4.5.1　铁电体的电滞回线

某些晶体中的正、负电荷中心，即使在没有外加电场的情况下也不一定重合，表明其具有自发极化强度（无外加电场的极化强度），这种晶体被认为拥有自发极化性能。如果晶体不仅具有自发极化强度，而且自发极化强度的方向能够随外加电场的作用重新取向，则这类晶体被称为铁电晶体，晶体的这种性质称为铁电性。一般铁电材料中会出现许多自发极化且方向一致的小区域，这些区域被称为电畴。

一般来说，普通材料的极化强度 P 与外加电场 E 呈线性关系（顺电体），而对于铁电材料来说，当对其施加一定的外电场时，外电场的作用会改变材料的极化强度，由于自发极化强度的存在，会出现滞后现象。其中极化强度 P 与外电场 E 之间的滞后关系曲线即电滞回线，是判断某种材料是否是铁电体的重要依据。

通过电滞回线的测量，可以表征铁电材料的重要参数，如剩余极化强度 P_r（外加电场为零时材料上的极化强度）、饱和极化强度 P_s（极化强度达到饱和不再随极化电压的增大而增大）和矫顽场电压 E_c（改变电极方向需要施加的电压）等参数。铁电体的电滞回线如图 4-10 所示。

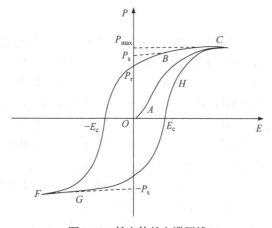

图 4-10　铁电体的电滞回线

当外电场为零时，晶体内部相邻电畴的极化方向相反，总电偶极矩为零。当电场强度增加时，材料内的自发极化强度与电场方向相反的电畴会不断变小，转为与电场方向相同的电场，此时极化强度随电场强度的增大而增大。随着电场强度的不断增大，所有的电畴转变为与电场方向一致，成为单畴体，此时的极化强度达到饱和，由沿 CB 直线外推到纵坐标得到饱和极化强度 P_s。电场进一步增大，极化强度随电场强度线性增大，达到最大极化强度 P_{max}。当电场强度自 C 点开始降低时，极化强度也开始减小，当电场强度降为零后，极化强度没有完全为零，极化强度降低至 P_r（剩余极化强度）。随着电场强度进入负坐标轴，电场方向发生改变，极化强度随反向的电场强度的增大而降低，当电场强度到达 $-E_c$ 时，极化强度降低为零，E_c 称为矫顽电场。当反向电场继续增加，极化强度沿反方向不断增大，达到反向饱和 $-P_s$，此时晶体又变为反向极化强度的单畴晶体。电场从高的负值到高的正值，正方向的电畴又开始变多，直到全部变成正方向，回到 C 点。

电场在正、负饱和值之间循环一周时，反映极化与电场关系的曲线称为电滞回线。电滞回线表明，铁电体的极化强度与外电场呈非线性关系，而且极化强度随外电场的反向而反向。

4.5.2　铁电体的电滞回线测试原理与方法

1. 冲击检流计描点法

采用冲击检流计描点法测量电滞回线的装置由电源、极性转换开关、冲击检流计等组成，如图 4-11 所示。

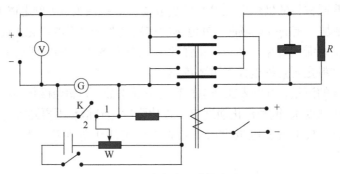

图 4-11　冲击检流计描点法

将铁电样品 C_x 置于回路中，对其两端依次逐渐增加电压，并每次都向冲击检流计放电，每次测量后都需要记录对应的电压值和冲击检流计显示的格数（代表电荷量）。当施加正极性电压至一定水平时冲击检流计上的读数不再变化时，标志着系统已达到饱和状态。此时样品两端的电压记作 U_m，与之对应的冲击检流计上的刻度格数（电荷量）记作 Q_m。随后，逐渐降低电压，并继续记录每个电压下冲击检流计的刻度格数（电荷量）。直到电压降为 0V 而冲击检流计仍有读数，记下此时的冲击检流计的读数 Q_r。然后切换电源至相反极性，重复前述操作。读取并记下各次的电压以及对应的冲击检流计的刻度值（电量值）。关于电压从 $0 \rightarrow U_m \rightarrow 0 \rightarrow -U_m \rightarrow 0 \rightarrow U_m$ 过程中记录电压值以及与之对应的冲击检流计读数。通过这一过程，可以获取样品 C_x 在不同电压条件下对应的电荷值。

设冲击检流计的动态常数为 C_g（C/mm），将测得的冲击检流计读数 a 乘动态常数 C_g 便

得到电荷量 Q：

$$Q = a \times C_g \qquad (4\text{-}16)$$

故可以通过计算 U 及对应的 Q 按比例逐点描在坐标纸上便可得 $Q\text{-}U$ 电滞回线。设样品的厚度为 d，银电极有效面积为 A，可根据公式：

$$E = U / d \qquad (4\text{-}17)$$

$$P = Q / A \qquad (4\text{-}18)$$

计算得到电场强度 E 和对应极化强度 P，从而绘制出 $P\text{-}E$ 电滞回线。

2. Sawyer-Tower 电路法

目前，测量电滞回线的方法较多。其中测试方法简单、应用广泛的是 Sawyer-Tower 电路，利用 Sawyer-Tower 电路法（也称示波器图示法）测试铁电体的电滞回线的原理图如图 4-12 所示。

将薄片试样两面溅上金属电极（金或银）放入盛有电绝缘硅油的样品台中，连接电极引线。其中 C_x 是试样的电容，C_0 是一个没有介质损耗的已知大电容，通常加在试样上的是一个交变电压。加在 C_x 上的电压 V 等于示波器的电极 1 和 2 之间的电压。因为示波器电极间的电容很小，储存在 C_x 和 C_0 中的电荷 Q 几乎相等。示波器电极 3 和 4 之间的电压就是

$$V = Q / C_0 \qquad (4\text{-}19)$$

在示波器的荧光屏上可以观察到 $Q\text{-}V$ 曲线。电滞回线用极化强度 P 与电场强度 E 的关系曲线表示，极化强度 P 等于极化电荷面密度 σ：

$$P = \sigma = Q / S \qquad (4\text{-}20)$$

式中，S 为试样电极面积。电场强度有

$$E = V / L \qquad (4\text{-}21)$$

式中，L 为试样厚度，据此可绘制出电滞回线。

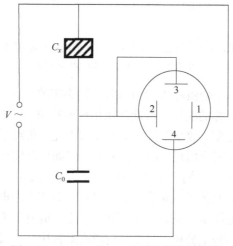

图 4-12　Sawyer-Tower 电路法简化原理图

3. 光学偏振法

将铁电材料置于正交偏振成像系统的物面上，向铁电材料加载正向（或反向）电场使其单畴化，随后逐渐卸/加载电场循环一个周期，记录不同电场下的铁电畴结构，将加载电场单畴化时的畴壁侧向移动方向作为铁电畴位移方向，提取新畴的长度矢量 l_1，将 l_1 作为该电场下铁电畴的位移，提取出彼此相邻电场之间的畴壁侧向移动的相对位移，则得到不同电场下铁电畴的位移 l，将测得的数据描点进行绘图，得到电位移 l 与电场强度 E 的曲线，即电滞回线。通过记录铁电材料在极化过程中的电畴结构，获得表征铁电材料特性的电滞回线。

4.6　压电效应与压电系数测试方法

4.6.1　压电效应

压电效应在 1880 年由 Piere Curie 和 Jacques Curie 兄弟首次发现，指在某些晶体（主要是离子晶体）的一定方向上施加压力或拉力时，该晶体在一些对应的表面上分别出现正、负电荷的物理现象。如图 4-13 所示，其生成的电荷密度和所加的外力成正比。压电效应分为正压电效应与逆压电效应。某些电介质在沿一定方向上受到外力的作用而变形时，其内部会产生极化现象，同时在它的两个相对表面上出现正负相反的电荷。当外力去掉后，又会恢复到不带电的状态，这种现象称为正压电效应。当作用力的方向改变时，电荷的极性也随之改变。相反，在电介质的极化方向上施加电场，这些电介质也会发生变形，电场去掉后，电介质的变形随之消失，这种现象称为逆压电效应。正压电效应和逆压电效应统称为压电效应。

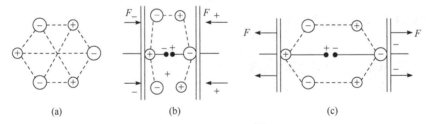

图 4-13　压电晶体产生压电效应的机理示意图
(a) 不受外力；(b) 受压力；(c) 受拉力

晶体是否具有压电效应，是由晶体结构的对称性决定的。并不是所有的晶体都会表现出压电效应，只有没有中心对称的晶体才可能显示出压电现象。对于正压电效应，当力直接作用在晶体上时，晶体发生应变，改变了其内部原子以及正、负离子相对位置，导致电荷不平衡，产生束缚电荷的现象，表明出现了净电偶极矩。但如果晶体结构具有对称中心，那么只要作用力没有破坏其对称中心结构，即使应力作用产生应变，正、负电荷的对称排列也不会改变，因为具有对称中心的晶体总电矩为零，所以也不会产生净电偶极矩。对于无对称中心的晶体结构，此时正、负电荷重心重合。加上外力后正、负电荷重心不再重合，结果产生净电偶极矩。因此，从晶体结构上分析，只要结构没有对称中心，就有可能产生压电效应。然而，并不是没有对称中心的晶体一定具有压电性，因为压电体首先须是电介质（或至少具有半导体性质），同时其结构必须有带正、负电荷的质点——离子或离子团存在。也就是说，压电体必须是离子晶体或者由离子团组成的分子晶体。

压电材料是科学技术中不可或缺的关键材料，可以因机械变形产生电场，也可以因电场作用产生机械变形，这种固有的机-电耦合效应使压电材料在工程中得到了广泛的应用。例如，压电材料已被用来制作智能结构，此类结构除具有自承载能力外，还具有自诊断性、自适应性和自修复性等功能，也被用于医疗超声成像、水声声呐、无损检测仪、各类传感器（如加速度计）等器件中。这些器件的性能优劣与其使用的压电材料息息相关。此外，压电材料在未来的飞行器设计中占有重要的地位。

4.6.2 压电系数

压电系数是描述材料压电性能的重要参数，它量化了压电材料在受到机械应力作用下产生电荷的能力，或者当材料上加上电压时引起形变的程度。压电效应具有双向性，既可以将机械能转化为电能，也可以将电能转化为机械能。

压电系数通常表示为一个三阶张量，压电系数一般分为应力型压电系数 d_{31}、应变型压电系数 d_{33} 和耦合系数 k_{31} 等。其中，d_{31} 表示在施加电场的情况下，在与电场垂直的方向上产生的应变；d_{33} 表示在施加电场的情况下，在与电场平行的方向上产生的应变；k_{31} 表示施加电场时，在与电场垂直的方向上产生的电压与施加电场之间的比例关系。

实验研究表明，压电系数是有方向的，而且具有张量性质，属于三阶张量，即有 3 个分量。若用 $\boldsymbol{D}$ 表示电位移矢量，$\boldsymbol{E}$ 表示电场强度矢量，$\boldsymbol{T}$ 表示应力矢量，$\boldsymbol{S}$ 表示应变矢量，则可将正压电效应和逆压电效应分别表示为

$$\boldsymbol{D} = \boldsymbol{d}\boldsymbol{T} \tag{4-22}$$

$$\boldsymbol{S} = \boldsymbol{d}^{\mathrm{T}}\boldsymbol{E} \tag{4-23}$$

式中，$\boldsymbol{D} = (\boldsymbol{D}_1、\boldsymbol{D}_2、\boldsymbol{D}_3)^{\mathrm{T}}$；$\boldsymbol{E} = (\boldsymbol{E}_1、\boldsymbol{E}_2、\boldsymbol{E}_3)^{\mathrm{T}}$，T 表示转置；$\boldsymbol{d}$ 为 3×6 阶的压电系数矩阵，随压电晶体材料种类而变化；$\boldsymbol{d}^{\mathrm{T}}$ 为矩阵 $\boldsymbol{d}$ 的转置矩阵。

正压电效应矩阵一般式为

$$\begin{pmatrix} D_1 \\ D_2 \\ D_3 \end{pmatrix} = \begin{pmatrix} d_{11} & d_{12} & d_{13} & d_{14} & d_{15} & d_{16} \\ d_{21} & d_{22} & d_{23} & d_{24} & d_{25} & d_{26} \\ d_{31} & d_{32} & d_{33} & d_{34} & d_{35} & d_{36} \end{pmatrix} \begin{pmatrix} T_1 \\ T_2 \\ T_3 \\ T_4 \\ T_5 \\ T_6 \end{pmatrix} \tag{4-24}$$

逆压电效应矩阵一般式为

$$\begin{pmatrix} S_1 \\ S_2 \\ S_3 \\ S_4 \\ S_5 \\ S_6 \end{pmatrix} = \begin{pmatrix} d_{11} & d_{21} & d_{31} \\ d_{12} & d_{22} & d_{32} \\ d_{13} & d_{23} & d_{33} \\ d_{14} & d_{24} & d_{34} \\ d_{15} & d_{25} & d_{35} \\ d_{16} & d_{26} & d_{36} \end{pmatrix} \begin{pmatrix} E_1 \\ E_2 \\ E_3 \end{pmatrix} \tag{4-25}$$

式（4-24）矩阵的等式右边第一项称为压电系数矩阵。可以看出逆压电效应的压电系数矩阵是正压电效应压电系数矩阵的转置矩阵。

4.6.3 压电效应与压电系数的测试原理与方法

压电系数直接反映压电材料能量转换能力，是评价压电材料压电性能的关键参数之一。压电系数的表征方法有很多，主要为直接测试法和间接测试法。直接测试法是依据材料压电效应，通过材料在应力或者电场条件下的电荷或者应变反映材料的压电系数。常见的有静态法、准静态法、E-S法。间接测试法则通过激发材料的谐振，通过谐振频率结合样品尺寸进行压电性能的计算，主要有动态谐振法和超声法。

1. 静态法

静态法是一种测量压电材料性能的方法，其基本原理和步骤可以追溯到20世纪初。作为一种相对成熟和可靠的测量方法，静态法被广泛应用于实验室和工业生产中，以评估和优化压电材料的性能。

静态法是依据正压电效应，在待测试样品上施加一定大小和方向的力，样品因形变而产生一定大小的电荷，通过电荷大小反映材料的性能参数。静态法是目前应用最为广泛的测试 d_{33} 参数的方法，它的基本原理是压电方程：

$$D = dT + \eth^T E \tag{4-26}$$

式中，D 为材料的电位移；d 为材料的压电系数；T 为材料的弹性应力；$\eth$ 为自由介电常数；E 为外界电场强度。假定材料的极化方向为 3 方向，当 $E = 0$，并且极化方向外的应力分量 $T_1 = 0$，$T_2 = 0$ 时：

$$d_{33} = \left(\frac{\partial D_3}{\partial T_3}\right)_{E,T_{1,2}} \tag{4-27}$$

$$D_3 = \frac{Q_3}{F_3} \tag{4-28}$$

式中，Q_3 为待测样品表面上产生的电荷。若待测样品受到的平行于极化方向的力为 F_3，并且当材料的受力面积与样品表面积相等时：

$$d_{33} = \frac{Q_3}{F_3} \tag{4-29}$$

测试过程中，样品与电容大小为 C 的电容器并联，测量电容两端电压可以获得材料表面产生的电荷 Q_3，则有

$$d_{33} = \frac{CV}{F_3} \tag{4-30}$$

电容器电容 C 应尽量大，这样在待测样品表面产生的电压较小，此时才能满足假设条件 $E = 0$。

2. 谐振法

谐振法的测量原理是利用阻抗分析仪测量样品的谐振频率和反谐振频率。压电材料受到外界刺激后会产生一定频率的振动，材料的自由振动频率与材料的尺寸有着直接的关系，材料尺寸越小，振动频率越大。对于压电材料，在样品材料的两端施加交变电场，可以替代机械应力，以很小的振动频率，引起压电材料的谐振，获得晶体的谐振与反谐振频率。结合样品的其他基本物理参数如尺寸、密度、电容等，可以计算压电材料的压电性能参数。同一样品具有多种振动模式，为测量某一特定系数，需要避免其他振动模式的干扰，对样品尺寸存在需求与限制。

谐振法通过谐振频率与样品的特征参数计算压电系数，主要公式有

$$\varepsilon_{33}^T = \frac{C^T l_t}{A} \tag{4-31}$$

式中，ε_{33}^T 是在恒应力（T）条件下沿极化轴（3方向）的介电常数；C^T 是恒应力下的电容；l_t 是压电材料的厚度（沿极化方向）；A 是电极的面积。

$$k_{33}^E = \frac{\pi}{2}\frac{f_r}{f_a}\cot\left(\frac{\pi}{2}\frac{f_r}{f_a}\right) \tag{4-32}$$

式中，k_{33}^E 是在恒电场（E）条件下的机电耦合系数（沿3方向）；f_r 是共振频率（机械振动最大时的频率）；f_a 是反共振频率（机械振动最小时的频率）。

$$s_{33}^E = \frac{1}{4\left(1-k_{33}^2\right)ltf_a\rho} \tag{4-33}$$

式中，s_{33}^E 是在恒电场（E）条件下的弹性柔顺系数（沿3方向）；k_{33} 是机电耦合系数（无上标时一般默认对应恒电场条件）；l、t 是材料的长度和厚度（几何尺寸）；f_a 是反共振频率；ρ 是材料密度。

$$d_{33} = k_{33}\sqrt{\varepsilon_{33}^T s_{33}^E} \tag{4-34}$$

式中，d_{33} 是压电应变系数（沿3方向）；k_{33} 是机电耦合系数；ε_{33}^T 是在恒应力（T）条件下沿极化轴（3方向）的介电常数；s_{33}^E 是在恒电场（E）条件下的弹性柔顺系数（沿3方向）。

3. 超声法

超声法利用超声波的能量及传播特性对各类材料或者器件的内、外部状态进行表征。主要分为超声回波法和超声共振法。超声回波法的基本原理是通过测量材料中的声速确定材料的弹性常数。通过测量声波沿材料特性方向的传播时间，计算声波的传播速度，结合材料属性计算其弹性常数，进一步计算可以获得晶体的压电系数。超声共振频谱分析法的基本原理是将频率连续变化的超声波垂直射入材料内部，当超声波的频率与材料的固有频率相同时，会引起材料共振，以此计算材料的弹性常数，进一步获得材料压电系数。声波传输速度与方向有关，在超声回波法中，对于高对称性材料，超声法可以快速准确地测量，但对于低

对称性材料，相较于主轴方向，副轴方向的声波速度在测量时会有较大的误差。与谐振法相同，超声法测试也受到样品尺寸的限制，为获得准确的声波传播速度，样品尺寸越小，对声波的输入频率要求越高。而对于超声共振法，有效模态的数量对结果的准确性有很大影响。

目前，为获得压电材料全部独立的参数，一般同时结合超声法和谐振法进行测量，可以减少测试样品数量，同时能够更准确地表征材料参数。

4.7　电光性能测试方法

4.7.1　电光特性

电光特性是指某些各向同性的物质在电场作用下显示出光学各向异性，物质的折射率因外加电场而发生变化的现象。电光特性是在外加电场作用下，物体的光学性质发生的各种变化的统称。与光的频率相比，通常这一外加电场随时间的变化非常缓慢。

电场与材料的介电常量，对于光频场，也就是材料折射率 n，有如下关系：

$$n = n^0 + aE_0 + bE_0^2 \qquad (4\text{-}35)$$

式中，n 为没有加电场 E_0 时介质的折射率；a、b 为常数。

从式（4-35）可见，等式右边第二项 E_0 与 n 为线性关系，称为一次电光效应或泡克耳斯效应；第三项为二次电光效应，也称克尔效应。

一次电光效应：没有对称中心的晶体，如水晶、钛酸钡等，外加电场与折射率 n 的关系具有一次电光效应。圆球形（光各向同性）折射率体，在电场作用下，产生了双折射，折射率体转换为旋转椭球体，即为单轴晶体。同样，单轴晶体加上电场后，变旋转椭球体的光折射率体为三轴椭球光折射率体。对于电光陶瓷，由电场诱发双折射的折射率差为

$$\Delta n = \frac{1}{2} n^3 r_c E \qquad (4\text{-}36)$$

式中，r_c 为电光陶瓷的电光系数；n 为折射率；E 为所加电场。

二次电光效应：对于有对称中心或结构任意混乱的介质，它们不具有一次电光效应，只具有二次电光效应，这是 1870 年克尔在玻璃上发现的。具有显著克尔效应的透明介质一般为液体，如硝基苯（$C_6H_5NO_2$）、硝基甲苯（$C_7H_7NO_2$）等。这些各向同性液体的分子却是各向异性的，在足够强的电场作用下，分子有序排列，整体呈现各向异性，光轴与电场方向一致。在加上外电场后，光各向同性的材料由二次电光效应诱发双折射的折射率差为

$$\Delta n = n_e - n_0 = k\mu E^2 \qquad (4\text{-}37)$$

式中，k 为电光克尔常数；μ 为入射光真空波长；E 为外加电场强度。

尽管电场引起的折射率的变化很小，但可用干涉等方法精确地显示和测定，进而产生许多重要的应用，广泛用于光通信、测距、显示、信息处理以及传感器等方面。

电光效应的运用在生活中也是随处可见的，特别是在电子摄影、数码摄影、通信等领域。例如，应用液晶电光效应设计的两种特殊的光学器件——液晶光快门和液晶透镜；高速相位调制器可用于相干光纤通信系统，在密集波分复用光纤系统中用于产生多光频的梳形发生

器，也能用作激光束的电光移频器，其中 M-Z 铌酸锂调制器有良好的特性，可用于光纤有线电视（CATV）系统、无线通信系统中基站与中继站之间的光链路和其他的光纤模拟系统；液晶既表现出液体的流动性，又表现出晶体特有的各向异性，其特征是受到外部电场、磁场、热、压力等的作用时，分子排列状态及其光学性质和电学性质随之发生变化。特别是液晶受电压作用产生的分子取向效应——电光效应被广泛应用于显示器件。

4.7.2　电光性能的测试原理与方法

电光性能主要是通过紫外分光光度计测试的。用接触式调压器在样品两端施加一定的电压，用紫外分光光度计测试样品在 350～900nm 的透射谱图，可变电压测试范围为 0～150V，一般每 5V 测一次。取任意波长下的透过率数据，利用数据处理软件进行处理，即可作出该波长下透过率与电压的关系曲线，即电光性能曲线。选取一可见光区中段的波长，通过电光性能曲线能得到一系列的参数。

1. 开态/关态（ON/OFF）

定义透过率最大时为开态，透过率最小时为关态。一般电压最小时透过率也最小，随着电压升高，透过率增加，到一定电压后不再增长。

2. 对比度

对比度（contrast）是开态透过率 T_{ON} 与关态透过率 T_{OFF} 之比，其定义式为

$$C_m = \frac{T_{ON}}{T_{OFF}} \tag{4-38}$$

3. 阈值/驱动电压

首先定义 T_{10} 和 T_{90}：

$$\Delta T = T_{ON} - T_{OFF} \tag{4-39}$$

$$T_{10} = T_{OFF} + \Delta T \times 10\% = T_{ON} - \Delta T \times 90\% \tag{4-40}$$

$$T_{90} = T_{OFF} + \Delta T \times 90\% = T_{ON} - \Delta T \times 10\% \tag{4-41}$$

T_{10} 对应的电压为阈值电压（threshold voltage）V_{10}，表示透过率产生明显变化需要的最小电压；T_{90} 对应的电压为驱动电压（saturation voltage）V_{90}，表示达到最大透过率需要的电压。阈值电压与驱动电压是比较重要的性能指标，直接关系产品的能耗、成本以及它的实用性及安全性。为了提高电光性能，减少能耗，增加安全性，需要设法降低阈值/驱动电压。

本 章 小 结

电学功能材料是一类具有特殊电学性能和功能的材料，能够将电能转换为其他形式的能量或实现特定的电学功能，广泛应用于电子设备、能源存储与转换、传感器、电磁干扰屏蔽等领域。本章介绍了电学功能材料的几个特性，电阻率的表征、测试原理与方法，绝缘材

料的电阻测量方法，压敏电阻的测量原理与方法。并介绍了介电性能和铁电性能的基本概念和物理意义，同时总结了目前主流的几种介电性能测试原理，主要包括同轴探针法、传输线法、自由空间法、平板电容法和谐振腔法，以及电滞回线的测试原理及方法，如冲击检流计描点法、Sawyer-Tower 电路法以及光学偏振法。另外，介绍了压电效应以及电光特性的基本原理和概念，对压电系数和电光性能的测试原理及方法进行了阐述。本章对多种电学性能的概念和原理进行了较为全面的介绍，阐述了对于不同电学性能的多种分析测试方法。

习　题

1. 电学功能材料有哪些特性？分别有哪些应用？
2. 电阻率的测量方法有哪些？实际应用中应如何选择具体用哪种测量方法？
3. 简述绝缘电阻的主要应用。
4. 测试环境对材料的介电常数和介质损耗角正切值有何影响，为什么？
5. 什么是铁电体？铁电体的主要特征是什么？如何判断一种晶体是否为铁电体？
6. 什么是铁电畴？什么是单畴？什么是多畴？
7. 说明压电体和铁电体各自在晶体结构上的特点。
8. 简述晶体压电性产生的原因。
9. 举例说明电光效应的应用。

参 考 文 献

王春雷, 李吉超, 赵明磊. 2009. 铁电与压电物理. 北京: 科学出版社.

王佩佩, 王群, 唐章宏, 等. 2018. 高温微波材料电磁参数测量方法综述. 物理化学进展, 7(2): 86-94.

张涛, 马宏伟, 李敏, 等. 2012. 运用 Sawyer Tower 电路测试薄膜铁电性能. 西安科技大学学报, 32(1): 124-126.

张扬, 徐尚志, 赵文晖, 等. 2013. 介电常数常用测量方法综述. 电磁分析与应用, 3: 31-38.

Dilman I, Akinci M N, Yilmaz T, et al. 2022. A method to measure complex dielectric permittivity with open-ended coaxial probes. IEEE Transactions on Instrumentation and Measurement, 71: 1-7.

Gong Y R, Dou W, Lu B C, et al. 2024. Divacancy and resonance level enables high thermoelectric performance in n-type SnSe polycrystals. Nature Communications, 15(1): 4231.

Qin B C, Wang D Y, Liu X X, et al. 2021. Power generation and thermoelectric cooling enabled by momentum and energy multiband alignments. Science, 373(6554): 556-561.

Qin B C, Zhao L D. 2022. Moving fast makes for better cooling. Science, 378(6622): 832-833.

Qin Y X, Qin B C, Hong T, et al. 2024. Grid-plainification enables medium-temperature PbSe thermoelectrics to cool better than Bi_2Te_3. Science, 383(6688): 1204-1209.

Tang G D, Liu Y Q, Yang X Y, et al. 2024. Interplay between metavalent bonds and dopant orbitals enables the design of SnTe thermoelectrics. Nature Communications, 15(1): 9133.

Zhao A L, Song Z N, Awni R, et al. 2021. Temperature-dependency of ferroelectric behavior in $CH_3NH_3PbI_3$ perovskite films measured by the Sawyer-Tower method. MRS Advances, 6: 613-617.

第5章
功能材料的声学性能测试方法

5.1 声学性能的概述

材料的声学性能是指材料或结构对声波的响应和处理能力，包括材料对声波的吸收、反射、传输和辐射等特性。具有良好声学性能的材料或结构通常表现出多孔性、高阻尼、声阻抗匹配、频率选择性、非线性特性和各向异性等特征。在建筑、汽车、航空航天等领域，研究材料的声学性能具有重要意义。

5.1.1 声波的定义和特性

声波的产生始于物体的机械振动。当物体发生机械振动时，它会对周围的媒介（如空气、水或固体）施加压力，造成压力的变化，导致媒介中的原子或分子沿着或者垂直于波的传播方向来回振动，形成连续的压缩或膨胀的区域，这就是声波，能够反射、折射、衍射和干涉，表现出非线性效应。声波在传播过程中会衰减，且人耳对它们的感知能力因频率和强度而异。这些特性使声波在通信、音乐、医学成像、声呐、噪声控制和建筑声学等多个领域中有着广泛的应用。

声波的物理量主要包括频率、振幅、速度、波长、声阻抗、声压和声强等，其中频率决定了声音的音调；振幅与声音的响度相关；速度描述声波在介质中的传播快慢；波长与频率成反比并受声速影响；声阻抗是介质密度和声速的乘积，影响声波的反射和透射；声压是声波引起的压力变化；而声强则表示单位时间内通过单位面积的声波能量。这些物理量共同决定了声波的传播特性和人耳的听觉感知。

5.1.2 材料声学性能的主要参数

从声音传播的角度，材料（或结构）声学性能包括三个方面的主要参数：①声速和声衰减系数；②吸声系数与声阻抗；③隔声量。

1. 声速和声衰减系数

声速是声波在媒介中的传播速度。对于理想媒介中的小振幅声波，声速近似常数出现在波动方程中。从物理本质上看，声速主要取决于媒介的弹性和质量惯性，声速的表达式也由媒介弹性常数和密度的组合形式构成。无论是流体媒介还是固体媒介，弹性常数或弹性模量表征微观粒子受到扰动时的弹性作用力，密度代表微观粒子的质量惯性，泊松比则反映固体媒介中横向应变与纵向应变的比值。

实际（非理想）媒介中的声速会受许多因素的影响，如媒介对声波的衰减、媒介的均匀性和连续性、媒介的空间尺度和几何形状、媒介的其他环境因素以及声波在媒介中的非线性效应等，声速有可能不再保持为常数，或者媒介的频散特性会发生改变。其中，温度和压力主要通过改变媒介的弹性和质量惯性（或密度）影响声速。温度增加，媒介结构单元的热运动加剧，间距增大，相互间的弹性作用力减弱，宏观上弹性模量减小；另外由于热膨胀，媒介的密度也下降。因此，温度对声速的影响取决于上述两种因素随温度的变化速率。环境压力的增大与温度的下降对声速有相似的影响规律，但环境压力对固体媒介中声速的影响通常很小。由于媒介内部应力场对其弹性性能和密度存在影响，通过声速测试或声弹法能够分析材料的内部应力。

平面波的声衰减包括吸收衰减和散射衰减，其共性是使声束内声能密度随传播距离的增大而减小。声衰减对声速的影响同样取决于声波衰减的程度。若衰减仅使声波的幅度下降，其对声速的影响可以忽略；若声衰减使声波形状改变或引起频散，则其对声速的影响不可忽略。

其中吸收衰减是单位体积媒介对声波的吸收截面，其量值为入射平面波单位时间内被吸收的总能量与入射波的声强的比值。对于液体和固体媒介，吸收衰减系数的理论值与实验值存在较大误差，甚至许多情况下吸收衰减系数与频率的依存关系也存在问题。实际上，除了黏滞吸收和热传导吸收，声传播过程中还存在其他与媒介微观运动相关的弛豫吸收，如媒介的滞弹性内耗引起的吸收等。而影响声波的散射衰减系数的因素除了媒介性质和几何因素（如声速 c_0 和距离 r）外，主要取决于声波的频率和散射体的粒径。特别是粒径与波长的比值，该比值决定了散射衰减系数的频率依存关系。

2. 吸声系数与声阻抗

声波传播到某一边界面时，一部分声能被边界面反射（或散射），另一部分声能被边界面吸收（这里不考虑在媒介中传播时被媒介的吸收），在边界材料内转化为热能被消耗或是转化为振动能沿边界构造传递转移。

吸声材料的主要功能是减少声波在空间中的反射和传播，从而降低噪声水平，改善声学环境。当声波传播到吸声材料表面时，声波能量会通过材料内部的多次反射和折射而逐渐减弱，最终被吸收掉。这样就可以减少声波在空间中的传播和反射，实现降噪和消音的效果。根据原理的不同，吸声材料主要分为三大类：多孔吸声材料、共振吸声材料和复合吸声材料。

吸声系数作为描述吸声材料吸声性能的物理量，定义为被吸声材料吸收的声能与入射能之比。声波在室内传播与在开阔空间传播不同。在开阔空间（即自由场）中传播的声波，声源从四周辐射出去，不受边界和其他物体的反射，各点有效声压与该点离声源的距离成反比；但在室内，声波入射到房间内表面时，一部分被反射，一部分被吸收。若入射声能为 $E_{入射}$，吸收声能为 $E_{吸收}$，反射声能为 $E_{反射}$，则吸声系数 α 为

$$\alpha = \frac{E_{吸收}}{E_{入射}} = \frac{E_{入射} - E_{反射}}{E_{入射}} = 1 - \frac{E_{反射}}{E_{入射}} = 1 - \left| r_p \right|^2 \qquad （5-1）$$

式中，$\left| r_p \right|$ 为反射系数的绝对值。

若房间内表面积为 S_1，$S_2 \cdots$，对应吸声系数为 α_1，$\alpha_2 \cdots$，总表面积 $S = \sum_i S_i$，则房间内

的总吸声能量 A 和平均吸声系数 $\bar{\alpha}$ 分别为

$$A = \sum_i \alpha_i S_i = \bar{\alpha} S \tag{5-2}$$

$$\bar{\alpha} = \frac{1}{S} \sum_i \alpha_i S_i \tag{5-3}$$

　　壁面的吸声系数通常与声波的入射方向有关，因而声学中一般有两种表示吸声系数的方法。一种是法向吸声系数，通常由驻波管方法测定；另一种是对各个方向漫入射的平均吸声系数或称扩散声场吸声系数，通常由混响方法测定。这两种吸声系数之间存在一定关联，而壁面法向吸声系数与法向声阻抗率之间也是有联系的，因而就有可能确定法向声阻抗率与扩散声场吸声系数之间的关系。

　　设有一个平面波 p_i 以 θ 角入射于某一壁面，在壁面上产生一个反射波 p_r，其反射角也等于 θ，如图 5-1 所示。它们的质点速度分别为 v_i 与 v_r，由此可以写出壁面法向声阻抗率为

$$Z_n = \frac{p_i + p_r}{(v_i + v_r)\cos\theta} \tag{5-4}$$

式中，p_i 和 p_r 分别为入射和反射平面波的声压。

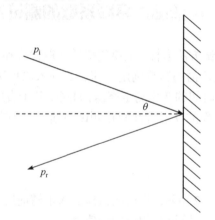

图 5-1　平面波的入射和反射

　　根据平面波的基本关系 $p_i = v_i \rho_0 c_0$，$p_r = -v_r \rho_0 c_0$ 可以确定声压反射系数为

$$|r_p| = \left| \frac{p_r}{p_i} \right| = \left| \frac{Z_n \cos\theta - \rho_0 c_0}{Z_n \cos\theta + \rho_0 c_0} \right| \tag{5-5}$$

从而求得入射角 θ 的壁面吸声系数为

$$\alpha_\theta = 1 - |r_p|^2 = 1 - \left| \frac{Z_n \cos\theta - \rho_0 c_0}{Z_n \cos\theta + \rho_0 c_0} \right|^2 \tag{5-6}$$

3. 隔声量

　　隔声量是衡量材料或结构阻隔声波传播能力的物理量，通常以分贝（dB）为单位表示，它反映了声能穿透特定材料或结构的减少程度。隔声量受多种因素影响，包括材料的厚度、密度、弹性、孔隙结构、面密度（材料单位面积的质量），以及结构的刚度和阻尼特性。此

外，隔声性能还依赖声波的频率，不同频率的声波通过同一材料的隔声效果可能会有显著差异。理想的隔声材料应具备高密度、适当孔隙性、良好阻尼以及足够的质量，以有效减少宽频带噪声的传播。

隔声量通常用传声损失（TL）描述。传声损失的定义是入射到结构上的声能和透过结构的声能之比的分贝数，其数学表达式如下

$$TL=10\lg\frac{1}{\tau} \tag{5-7}$$

式中，τ 为结构透射系数。

在声学测试中，测试环境对测试结果的影响很大。通常需要一些专用的声学实验环境，如消声室和混响室；或者在现场测试中，采用测试传声器和传声器放大器的组合，或者使用精密声级计与磁带录音机配合，将现场的声信号记录下来，然后在实验室重放，用仪器分析；也需要如行波管、驻波管等提供测试需要的典型声场。测试用的声源可以是普通的或专用的电动扬声器，或者由它们组成的无指向性声源。也可用火花发生器或机械声源。测试用的信号可以是纯音、脉冲声、啭声、白噪声和窄带噪声等。

5.2 声速和声衰减系数的测试方法

声速和声衰减系数的测试方法多样，主要包括插入取代法和直接接触法。其中直接接触法通过直接测试材料对声波传播的影响确定声速，而插入取代法通过将待测材料插入已知声速的介质中比较声波传播时间的变化测定声速，此外，基于直接接触法发展而来的声波掠入法利用声波在不同介质界面的反射特性间接测试声速。每种方法都有其特定的应用场景和优势。

5.2.1 插入取代法

该方法的实验框图如图 5-2 所示。将待测试样插入水槽前后，数字示波器屏幕显示波形图，可分别获得透射波到达的时间 t 和相应的幅值 A。

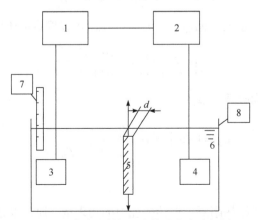

图 5-2 脉冲透射插入取代法的实验框图
1. 超声脉冲发生器；2. 数字示波器；3. 发射探头；4. 接收探头；5. 待测试样；6. 纯净水；7. 温度计；8. 水槽

待测试样在声传播方向的厚度为 d ，插入前后的时间差 $\Delta t = t_0 - t$ ，则待测试样中的纵波声速 c_L 为

$$c_L = \frac{d}{\Delta t + \dfrac{d}{c_w}} \qquad (5-8)$$

根据测试精度的要求，决定是否需要对水中声速 c_w 进行温度修正。使用该方法测试声波在媒介中的声衰减系数 α_1 ，最好有两个材料相同厚度不同的待测试样，否则将无法排除媒介声阻抗 Z 的影响。如果只用一个待测试样，则声衰减系数 α_1 为

$$\alpha_1 = \frac{1}{d}\left[20\lg\frac{A_0}{A} - 20\lg\frac{(Z+Z_w)^2}{4ZZ_w} \right] + \alpha_w \qquad (5-9)$$

式中， α_w 为测试时中心频率对应水的声衰减系数，与温度、频率有关；25℃时，频率 f 以 MHz 为单位， $\alpha_w = 1.9 \times 10^{-3} f$ ，通常 α_w 可以忽略。当 $\dfrac{\alpha_1 c_L}{\omega} \ll 1$ 时，声阻抗（率）用其特性阻抗 Z_w 代替。若选用两个材料相同厚度不同的待测试样，式（5-9）简化为

$$\alpha_1 = \frac{20\lg\dfrac{A_1}{A_2}}{d_2 - d_1} + \alpha_w \qquad (5-10)$$

测试精度主要取决于实验设备、仪器精度，特别是数字示波器的时间分辨率（现在多数能达到微秒或纳秒级），因此声速的测试误差通常小于 0.5%，声衰减系数的误差通常小于 5%。测试时应注意：待测试样直径或边长要足够大（大于十倍波长且大于二倍探头晶片直径），以防止声波绕射；待测试样厚度要足够大（大于中心频率的半波长），以防止声波直接透射；两探头要保持同轴，且探头的辐射面、接收面和待测试样两表面要保持平行。

上述方法也可以变成脉冲反射插入取代法测试。例如，去除发射探头 3，使接收探头 4 兼发射和接收用途，并让待测试样底面（靠近发射探头 3 一侧）与标准反射面紧密接触，其余的测试过程同前，但计算时各式中的试样厚度 d 应取原值的 2 倍。脉冲反射插入取代法也要求试样厚度足够大，除了上述原因，太薄的待测试样极易出现表面回波与底面回波重叠现象，使时间差无法确定。该方法还可以取 n 次底面反射波进行时间平均处理，也有利于声衰减系数的测试。

水中脉冲透射插入取代法也可以用来测试固体材料的横波声速和声衰减系数。测试中使用的设备与上述纵波测试相同，不同之处是需增加试样旋转和探头平移机构，如图 5-3 所示。插入试样之前的测试过程与上述相同；插入试样后，通过旋转试样使纵波折射角等于 $\dfrac{\pi}{2}$ 时对应的纵波入射角，并上下平移接收探头 2，使接收到的波幅值最大，比较插入试样前后透射波到达的时间，并计算时间差，试样中的横波声速 c_T 则为

$$c_T = c_w\left[\left(\cos\theta_c - \frac{c_w \Delta t}{d} \right)^2 + \sin^2\theta_c \right]^{-\frac{1}{2}} \qquad (5-11)$$

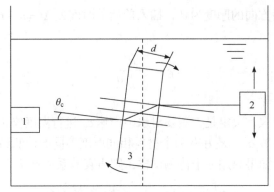

图 5-3 横波声速和声衰减系数测试原理图
1. 发射探头；2. 接收探头；3. 待测试样

使用两个不同厚度的同种待测试样，分别重复上述实验，并记录透射波到达时的幅值，可以获得试样中横波声衰减系数 α_T 为

$$\alpha_T = \frac{20}{d_2 - d_1}\left[1 - \left(\frac{c_T \sin\theta_c}{c_w}\right)^2\right]^{\frac{1}{2}} \cdot \lg\frac{A_1}{A_2} \qquad (5\text{-}12)$$

5.2.2 直接接触法

将超声探头的辐射面经耦合剂与待测试样表面直接接触，如图 5-4 所示。测试透射或反射脉冲的传播时间和幅值，然后根据表面与底面的平行间距确定声速和声衰减系数。根据使用的是超声纵波直探头还是横波直探头，该方法可分别测试纵波和横波声速。

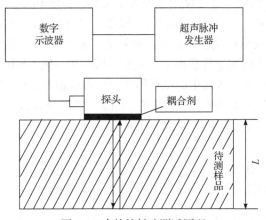

图 5-4 直接接触法测试原理

该测试方法的注意事项有以下几点：①待测试样表面与底面必须平行，以便于回波反射和厚度测试，且要求有足够厚度；②采用透射方式时，两探头需保持同轴；③为消除耦合效果带来的随机误差，测试结果最好经多次平均；④使用横波直探头时，耦合剂黏度要合适，可采用蜂蜜、蒜汁等提高横波耦合效果。另外，采用反射方式时，待测试样中的声程应为试样厚度的 2 倍。若同一待测试样具有两个不同厚度的平行面，则对于透射方式有

$$c = \frac{L_2 - L_1}{\Delta t}, \quad \alpha = \frac{20 \lg \dfrac{A_1}{A_2}}{L_2 - L_1} \tag{5-13}$$

对于反射方式有

$$c = 2\frac{L_2 - L_1}{\Delta t}, \quad \alpha = \frac{10 \lg \dfrac{A_1}{A_2}}{L_2 - L_1} \tag{5-14}$$

5.2.3 声波掠入法

声波掠入法是在直接接触法的基础上建立的，使用一块待测试样，经一次测试，同时获得纵波和横波的声速和声衰减系数。图 5-5 为该测试方法的原理和设备仪器连接的示意图。以掠入射方式入射的纵波（图中沿试样侧壁入射）P_i 为了满足自由表面的声学边界条件，除了沿 OAB 路径（上侧面）形成入射和反射的直达波外，还会在其中以第三临界角 θ_c 方向伴生横波 SV_i 以及它自己的反射波 SV_r 和侧壁爬波 P_τ。因横波传播速度小于纵波，在待测试样的上、下表面会接收到相应的延迟波，延迟时间仅取决于待测试样厚度 D 和第三临界角 θ_c。测试可以采用单探头的反射方式（只用探头 1 作为发射探头并兼作接收探头），也可以使用两个探头的透射方式（探头 2 和 3 分别作为发射探头和接收探头）。

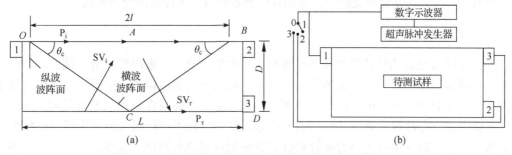

图 5-5 声波掠入法测声速和声衰减系数的原理及设备仪器连接

(a) 测试方法的原理；(b) 设备仪器的连接；图中框内数字为探头

由于单探头的反射方式使用探头少，测试过程简单、方便，被广泛应用，但声程需加倍。以单探头反射方式为例，测试之前预先确定待测试样的长度 L 和厚度 D，通过数字示波器分别确定直达波传播时间 T 和延迟波延迟时间 τ，纵波声速由直达波传播时间 T 确定，即

$$c_L = \frac{2L}{T} = \frac{2l}{\tau} \tag{5-15}$$

横波声速则由延迟波的延迟时间 τ 确定。由于横波的产生和传播，引起的延迟波的延迟声程为 $2l$，而实际横波的传播声程只有 $2l\sin\theta_c$，考虑到几何关系，有 $\dfrac{D}{l} = \tan\theta_c$（第三临界角 θ_c 为横波的入射角），则横波声速为

$$c_{T} = \frac{2l \sin \theta_{c}}{\tau} = c_{L} \sin \theta_{c} = \frac{c_{L}}{\sqrt{1 + \left(\dfrac{c_{L}\tau}{D}\right)^{2}}} \qquad (5\text{-}16)$$

如果在确定上述声传播时间和延迟时间的同时，也记录下相应的波幅值，就可同时确定相应距离的纵、横波声衰减系数。

5.3 吸声性能的测试方法

吸声系数作为描述吸声材料吸声性能的物理量，定义为被吸声材料吸收的声能与入射声能之比。由声学基础知识可知，材料的吸声系数与其声阻抗率有直接关系，因此它们常被作为同一类声学参量予以考虑。吸声系数和声阻抗率的测试方法主要分三类：阻抗管驻波比法、阻抗管双传声器传递函数法和混响室法。前两种方法所测的是吸声材料的垂直入射或斜入射的吸声系数，后者所测的是吸声材料的无规入射吸声系数，下面分别予以介绍。

5.3.1 阻抗管驻波比法

用驻波比法测定吸声材料的垂直吸声系数，根据测试结果可推算均匀无规入射条件下的吸声系数。该方法既简单又经济，可部分代替既费时又不经济的混响室法。

1. 测试装置

阻抗管驻波比法测试装置如图 5-6 所示。其主要部分是一根内壁光滑，截面均匀的坚硬管，一般为圆形截面，也有矩形的。管的末端装有被测材料样品，由扬声器向管中辐射声波。在一定频率范围，声波以平面波形式传播。由于平面波在材料表面被反射回来，于是，在管中建立起驻波声场，从材料表面算起，管中出现了声压极大值与声压极小值的交替分布。用沿管轴移动的传声器探管对驻波管中的声场进行测试，从测试仪表上读出声压级极大值与声压级极小值的声压级差（或极大值与极小值的比值，即驻波比），便可确定垂直入射的吸声系数 α。

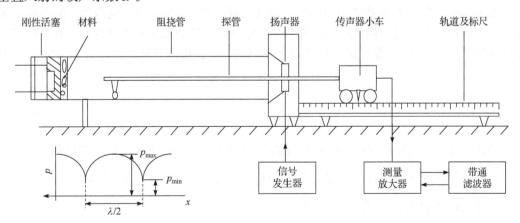

图 5-6 阻抗管驻波比法测试装置

2. 测试原理和方法

1）吸声系数的测试原理

根据如图 5-6 所示的坐标方向，由扬声器发出的声波，在管中由于管末端的声学负载的反射，形成驻波，设入射波与反射波的形式分别为

$$p_i = p_{ai} e^{j(\omega t - kx)} \tag{5-17}$$

$$p_r = p_{ar} e^{j(\omega t + kx)} \tag{5-18}$$

由此得到声压的反射系数 r 和管内的总声压 p：

$$\frac{p_{ar}}{p_{ai}} = r = |r_p| e^{j\sigma\pi} \tag{5-19}$$

$$p = p_i + p_r = p_{ai} \left[e^{-jkx} + |r_p| e^{j(kx + \sigma\pi)} \right] e^{j\omega t} = |p_a| e^{j(\omega t + \varphi)} \tag{5-20}$$

其中

$$|p_a| = p_{ai} \left| \sqrt{1 + |r_p|^2 + 2|r_p| \cos 2k\left(x + \sigma \frac{\lambda}{4}\right)} \right| \tag{5-21}$$

式中，$\sigma\pi$ 为反射波与入射波在界面处的相位差；$|p_a|$ 为总声压振幅；φ 为引入的一个固定相位。

由式（5-21）可以发现，总声压会随着 $2k\left(x + \sigma \frac{\lambda}{4}\right)$ 的变化存在极小值和极大值，这里将声压极大值与极小值的比值称为驻波比，用 G 表示，可得

$$G = \frac{|p_a|_{max}}{|p_a|_{min}} = \frac{1 + |r_p|}{1 - |r_p|} \tag{5-22}$$

根据壁面吸声系数定义式（5-6），当入射角为 90°时，结合式（5-22）可以得到

$$\alpha = \frac{4G}{(1 + G)^2} \tag{5-23}$$

从式（5-23）中可见吸声系数与驻波比之间的关系，测得声压极大值和极小值可以确定吸声系数。

2）吸声系数的测试方法

在实际操作中，利用驻波管测定吸声材料垂直吸声系数的方法如下：

（1）调整信号源的频率到指定的数值，并调节信号源输出以得到适宜的声压。

（2）将传声器小车停留在除极小值外的任一位置，改变通带滤波器的中心频率，使指示仪表得到最大读数。

（3）将探管端部移至试件表面处，然后慢慢离开，找到声压级极大值 L_{P1}，并改变放大器增益，使仪表指针正好满刻度，再小心地找出相邻的第一极小值 L_{P2}，可算出声压级差 ΔL_P，则

$$\Delta L_P = L_{P2} - L_{P1} = 20 \lg G \tag{5-24}$$

这时

$$\alpha = \frac{4 \times 10^{\Delta L_{\mathrm{P}}/20}}{\left(1 + 10^{\Delta L_{\mathrm{P}}/20}\right)^2} \qquad (5\text{-}25)$$

需要注意的是，测试时由于管中安装吸声材料，吸声材料表面的声压级极大值不一定是真正的极大值，因此如果在测试的频率不是很低的情况下，一般使用距离材料表面最近的两个声压级极小值之间的极大值。

3）法向声阻抗率的测试原理

阻抗管中的吸声材料的声学特性，通常由其表面法向声阻抗率表征。法向声阻抗率是材料表面的入射声压与相应的质点速度的比值，通常用 Z 表示，即 $Z = (p/v)_{x=0}$，在这里可以通过测试声压反射系数或者吸声系数确定。平面声波质点速度与声压的关系为

$$v = -\frac{1}{\mathrm{j}\omega\rho_0} \cdot \frac{\partial p}{\partial x} \qquad (5\text{-}26)$$

根据式（5-20）求管中的质点速度

$$v = \frac{p_{\mathrm{ai}}}{\rho_0 c_0}\left[\mathrm{e}^{-\mathrm{j}kx} - |r_{\mathrm{p}}|\mathrm{e}^{\mathrm{j}(kx+\sigma\pi)}\right]\mathrm{e}^{\mathrm{j}\omega t} \qquad (5\text{-}27)$$

根据声阻抗率的定义，将式（5-20）和式（5-27）结合可得到材料表面的声阻抗率

$$Z = \frac{1 + |r_{\mathrm{p}}|\mathrm{e}^{\mathrm{j}\sigma\pi}}{1 - |r_{\mathrm{p}}|\mathrm{e}^{\mathrm{j}\sigma\pi}}\rho_0 c_0 \qquad (5\text{-}28)$$

设 $\xi = \dfrac{Z}{\rho_0 c_0}$ 为声阻抗率比，表示材料声阻抗率与空气特性阻抗率（$\rho_0 c_0$）的比值，是一个量纲为 1 的量，而且一般情况下是复数，代入上式则有

$$\xi = \frac{Z}{\rho_0 c_0} = \frac{1 + |r_{\mathrm{p}}|\mathrm{e}^{\mathrm{j}\sigma\pi}}{1 - |r_{\mathrm{p}}|\mathrm{e}^{\mathrm{j}\sigma\pi}} = |\xi|\mathrm{e}^{\mathrm{j}\varphi} \qquad (5\text{-}29)$$

而声压反射系数一般情况下可以表示为复数，即 $r = r_{\mathrm{p}}' + \mathrm{j}r_{\mathrm{p}}''$，其中 $r_{\mathrm{p}}' = |r_{\mathrm{p}}|\cos\theta$，$r_{\mathrm{p}}'' = |r_{\mathrm{p}}|\sin\theta$。

进一步推导，则有

$$|\xi|^2 = \frac{1 + |r_{\mathrm{p}}|^2 + 2|r_{\mathrm{p}}|\cos\theta}{1 + |r_{\mathrm{p}}|^2 - 2|r_{\mathrm{p}}|\cos\theta} \qquad (5\text{-}30)$$

$$\tan\varphi = \frac{2|r_{\mathrm{p}}|\sin\theta}{1 - |r_{\mathrm{p}}|^2} \qquad (5\text{-}31)$$

又因为 ξ 的复数形式还可以写为 $\xi = x_{\mathrm{s}} + \mathrm{j}y_{\mathrm{s}}$，所以对应的声阻率比和声抗率比分别为

$$x_s = \frac{1 - |r_p|^2}{1 + |r_p|^2 - 2|r_p|\cos\theta} \tag{5-32}$$

$$y_s = \frac{2|r_p|\sin\theta}{1 + |r_p|^2 - 2|r_p|\cos\theta} \tag{5-33}$$

在反射系数式（5-19）中，令 $\theta = \sigma\pi$，通过极小值的条件

$$2k\left(x + \frac{\theta\lambda}{4\pi}\right) = -(2n+1)\pi \tag{5-34}$$

可求得其相位角为

$$\theta = -\left[(2n+1) + \frac{4x_n}{\lambda}\right]\pi \tag{5-35}$$

x_n 表示第 n 个极小值的位置。$n=0$ 对应第一个极小值位置的相位角为

$$\theta = -\left(1 + \frac{4x_0}{\lambda}\right)\pi \tag{5-36}$$

根据式（5-23）、式（5-30）和式（5-31）则有

$$|\xi|^2 = \frac{(2-\alpha) + 2\sqrt{1-\alpha}\cos\theta}{(2-\alpha) - 2\sqrt{1-\alpha}\cos\theta} \tag{5-37}$$

$$\tan\varphi = \frac{2\sqrt{1-\alpha}\sin\theta}{\alpha} \tag{5-38}$$

4）法向声阻抗率的测试方法

测定声阻抗率的操作过程，实际上并不复杂。只要在测定垂直吸声系数 α 的同时，读出第一个声压极小值至试件表面的距离 ξ 即可。至于半波长 $\lambda/2$，可以根据第一和第二个声压极小值之间的实际距离确定，也可以根据测试时实验室的温度，算出相应的声速，测试时声波的频率由式 $\lambda = c_0/f$ 算出。其中 $c_0 = 331.5 + 0.607t$（m/s），t 表示空气的温度（℃）。

5.3.2　阻抗管双传声器传递函数法

上面提及的阻抗管驻波比法的缺点是当测试的频率较低时，需要很长的管子，只能用纯音进行测试，而使用阻抗管的双传声器传递函数法可以弥补这两方面的缺陷。

1. 测试装置

双传声器传递函数法是指在管道中安装两个具有相同特性的传声器，并使它们保持一定的距离来测量这两个传声器的输出信号，测试方框图如图 5-7 所示，图中的传声器 1 和传声器 2 相隔一定距离。两个传声器分别接收管中的声压，其输出电信号输送到 FFT 频率分析仪的接收端，经处理后分离入射波信号和反射波信号，通过传递函数获得吸声材料或结构的吸声系数。

与阻抗管驻波比法相比，阻抗管双传声器传递函数法具有下列优点：①所用的管较短，相应的下限测试频率可以降低；②可采用噪声信号和脉冲信号作声源；③利用计算机做信号

处理，可以实现自动化测试。

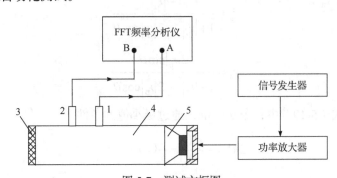

图 5-7　测试方框图
1. 传声器 1；2. 传声器 2；3. 测试样品；4. 驻波管；5. 声源

2. 测试原理和方法

将测试样品装在一个平直、刚性、气密的阻抗管的被测材料一端，管中的平面声波由声源（无规噪声、伪随机序列扬声器噪声或线性调频脉冲）产生，在靠近测试样品的两个位置上分别测试声压，可求得两个传声器之间的声传递函数，由此计算测试样品的法向入射吸声系数。

驻波管中的入射波和反射波可分别表示为

$$p_i = P_i e^{jk_0 x} \tag{5-39}$$

$$p_r = P_r e^{-jk_0 x} \tag{5-40}$$

式中，P_i 和 P_r 分别为材料表面（基准面）处声压 p_i 和 p_r 的幅值；k_0 为复波数。

传声器 1 处的声压 p_1 和传声器 2 处的声压 p_2 可分别表示为

$$p_1 = P_i e^{jk_0(s+l)} + P_r e^{-jk_0(s+l)} \tag{5-41}$$

$$p_2 = P_i e^{jk_0 l} + P_r e^{-jk_0 l} \tag{5-42}$$

定义传声器 2 的入射声压与传声器 1 的入射声压之比为入射波传递函数 H_i，根据式（5-39）则有

$$H_i = \frac{P_{2i}}{P_{1i}} = e^{-jk_0 s} \tag{5-43}$$

同理，传声器 2 的反射声压与传声器 1 的反射声压之比为反射波传递函数 H_r，根据式（5-40）则有

$$H_r = \frac{P_{2r}}{P_{1r}} = e^{jk_0 s} \tag{5-44}$$

式中，$s = x_1 - x_2$，为两个传声器之间的距离。

定义总声场的传递函数为 H_{12}，考虑到 $p_r = r p_i$，则有

$$H_{12} = \frac{p_2}{p_1} = \frac{e^{jk_0 l} + e^{-jk_0 l}}{e^{jk_0(s+l)} + e^{-jk_0(s+l)}} \tag{5-45}$$

改写上式，结合式（5-43）和式（5-44），得到反射系数 r 为

$$r = |r|e^{j\phi_r} = r_r + jr_i = \frac{H_{12} - H_i}{H_r - H_{12}} e^{2jk_0x_1} \tag{5-46}$$

式中，r_r 为反射系数的实部；r_i 为反射系数的虚部；x_1 为样品到远的传声器的距离；ϕ_r 为反射系数的相角。

至此，基准面（$x=0$）上声反射系数 r，可由测得的传递函数、距离 x_1 和包含阻抗管衰减常数 k_0'' 的波数 k_0 确定。从而确定吸声系数和声阻抗率

$$\alpha = 1 - |r|^2 = 1 - r_r^2 - r_i^2 \tag{5-47}$$

$$Z_s = R_s + jX_s = \left[(1+r)/(1-r) \right] \rho_0 c_0 \tag{5-48}$$

式中，R_s 为声阻抗率的实部；X_s 为声阻抗率的虚部；$\rho_0 c_0$ 为空气的特性阻抗率。

5.3.3 混响室法

上面提及的阻抗管法测试只能测试声波垂直入射或斜入射条件下吸声材料的吸声系数，且测试试样的尺寸较小。实际使用条件下的材料尺寸大，且声波的入射方向往往是无规的。由室内声学理论可知，在混响室内的一定区域能形成扩散声场，从而为无规入射条件下吸声材料的测试提供了条件。由于混响室体积较大，测试的试样尺寸也可较大。在混响室内测得的无规入射吸声系数能更好地反映吸声材料实际使用的吸声特点。

1. 测试装置

室内的声源发出的声波，在传播的过程中由于壁面引起来回反射，并不断被壁面吸收能量而逐渐衰减的现象，称为室内混响。通常用混响时间作为描述这一现象的主要参量。测试混响时间的装置如图 5-8 所示，由信号发生器发出的信号经功率放大器输送给扬声器发声，声波在混响室内激发较多的简正振动方式，使室内建立稳态的扩散声场，建立稳态声场所需的时间大致与混响时间相同；然后快速中断信号源工作，传声器输出信号的衰减变化曲线可由电平记录仪记录，根据电平记录仪的纸速即可算出混响时间，或用信号分析仪采集数据，由衰减曲线计算出混响时间。

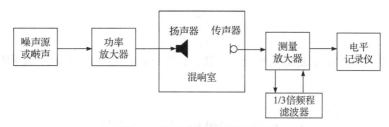

图 5-8　混响时间测试装置框图

2. 测试原理和方法

1）测试原理

混响时间的定义是在声源停止发声后，室内声压级衰减 60dB 所需的时间，计算混响时间的公式为修正的赛宾公式：

$$T_{60} = \frac{0.161V}{S\bar{\alpha} + 4mV} \tag{5-49}$$

式中，$\bar{\alpha}$ 为房间的平均吸声系数；S 和 V 分别为封闭空间内部的表面积和体积；m 为空气的声强吸声系数，一般来说，当频率低于 1kHz 时，空气媒介的吸收可以忽略不计。

令房间的吸声量 $A = S\bar{\alpha}$，则式（5-49）可表示为

$$A = \frac{55.3V}{c_0 T} - 4mV \tag{5-50}$$

式中，c_0 为测量时的声速。显然，混响时间和房间的吸声能力及其体积有关，前者决定了每次反射吸收的声能，后者决定了每秒声波的反射次数。所以，在房间大小确定之后，混响时间只与房间对声音的吸收本领有关。因此，吸声材料或吸声物体的吸声系数可在混响室里通过测试混响时间确定。

2）测试方法

开始时，先测出空室中某频率时的混响时间 T_1，然后放进被测的吸声材料，再测出各相应频率时混响时间 T_2，则根据式（5-50）可推出：

$$A_2 - A_1 = 55.3V\left(\frac{1}{c_2 T_2} - \frac{1}{c_1 T_1}\right) - 4(m_2 - m_1)V \tag{5-51}$$

如果两次测试时室内温度及湿度相差很小，则 $c_1 \approx c_2 = c_0$，$m_1 \approx m_2$，则上式可以简化为

$$\Delta A = A_2 - A_1 = \frac{55.3V}{c_0}\left(\frac{1}{T_2} - \frac{1}{T_1}\right) \tag{5-52}$$

另外，当试件是安装在房间的地板、墙壁或天花板上的平面吸声体，而其面积与整个混响室表面积相比很小时，考虑到试件覆盖的壁面的吸声系数很小，则有

$$\Delta A = \alpha_s S_1 \tag{5-53}$$

可求出试件的无规入射的吸声系数。式中，α_s 为试件的无规入射的吸声系数；S_1 为被测试件的面积。

当试件为不良吸声体时，可以认为 ΔA 实际上是实验材料的等效吸声面积与被试件覆盖面积的等效吸收面积之差。于是式（5-53）需改写为

$$\alpha_s = \frac{\Delta A}{S_1} + \alpha_{S_1} \tag{5-54}$$

式中，α_{S_1} 为被试件覆盖壁面面积的吸声系数，只能非常粗略地由空混响室的混响时间 T_1 的估计值求出。

5.4 隔声性能的测试方法

隔声是指通过物理手段阻断或减弱声波从一个地方传播到另一个地方的过程。它的目的是减少噪声对特定区域的影响，提高声学环境的舒适度和功能性。隔声通常应用于建筑、交通、工业等领域，以保护人们免受噪声干扰，同时也保护环境免受噪声污染。噪声传入室内的途径有很多，除了通过房间墙壁上的孔、洞和隙缝等通道以及隔声薄弱环节传入室内之

外，还有下列两种主要的途径：①声波通过空气传到结构上（如墙壁）迫使结构引起相应的振动而向室内辐射声音；②物体在结构上产生撞击，引起室内表面（楼板）的振动而向室内辐射声音。前者称为空气传声，后者称为固体传声，两者测试方法也不一样。本节主要介绍空气中声的隔声测量，包括混响室法（也称实验室法）和现场测试法两种。

5.4.1 混响室法（实验室法）

混响室法可用于测定材料的吸声系数和空气中的声吸收等声学性能。混响室的特点是所有边界都能完全反射声能，并使声能在室内充分扩散，形成均匀的能量密度和无规律的声场。为了确保声能充分扩散，混响室的混响时间应尽量长，通常设计成各表面不平行的不规则房间，以提高声能的扩散性，改善声场的均匀性。

1. 测试装置

在测试隔声性能时，为了保证任何间接传声与通过构件的传声影响都可以忽略，采取的方法是把发声室和接收室分别建造在独立的弹性基础上，对于上、下放置的隔声室，需要声源室和接收室之间有足够的隔振。如图 5-9 所示，其中 A、B 两室之间有一安装待测隔声结构的试件洞（或试件架）。实验证明：当隔声结构的面积较小时，由于边界条件的改变，边界对声场的影响将会影响结构的隔声性能。同时，用隔声室测试构件的隔声性能时，总是将构件看作"局部反应"，认为构件表面某点处的振动仅与该处声压有关而与其他点上的声压无关，同时也考虑到测试频率比构件产生弯曲振动的最低频率高，因而构件的尺寸不能太小。

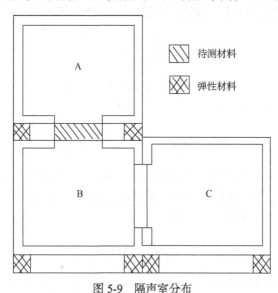

图 5-9 隔声室分布

2. 测试原理和方法

1）测试原理

假设发声室有一声源以声功率 W 辐射，则发声室内混响声能密度 ε_1 为

$$\varepsilon_1 = \frac{4W}{c_0 R_1} \tag{5-55}$$

式中，R_1 为发声室中的房间常数；c_0 为声速。如果试件面积为 S，则入射到该试件上的声功率 W_1 为

$$W_1 = \frac{1}{4}\varepsilon_1 c_0 S \tag{5-56}$$

试件的传递系数记为 τ，则透过试件进入接收室内的声功率 W_2 为

$$W_2 = \tau W_1 = \frac{1}{4}\tau\varepsilon_1 c_0 S \tag{5-57}$$

于是，接收室内的混响声能密度 ε_2 为

$$\varepsilon_2 = \frac{4W_2}{c_0 R_2} \tag{5-58}$$

式中，R_2 为接收室的房间常数。

声能密度 ε 与有效声压 p 之间关系是

$$\varepsilon = \frac{p^2}{\rho_0 c_0^2} \tag{5-59}$$

将式（5-59）代入式（5-56）中，则有

$$W_1 = \frac{1}{4}\frac{p_1^2}{\rho_0 c_0}S \tag{5-60}$$

式中，p_1 为发声室内的有效声压。同时，根据式（5-58）和式（5-59），则有

$$W_2 = \frac{1}{4}\frac{p_2^2}{\rho_0 c_0}R_2 \tag{5-61}$$

式中，p_2 为接收室内的有效声压；R_2 为接收室的房间常数。

由传声损失的数学表达式（5-7），可以推导出

$$TL = 10\lg\frac{W_1}{W_2} = L_1 - L_2 + 10\lg\frac{S}{R_2} \tag{5-62}$$

式中，L_1、L_2 分别为发声室和接收室内的声压级。根据式（5-62）可知隔声量除了与发声室和接收室的声压级差有关外，还取决于隔声的面积及接收室的吸声量。当接收室壁面吸收系数很小时，$R_2 \approx S_2\bar{\alpha}$，式（5-62）可以表示为

$$TL = L_1 - L_2 + 10\lg\frac{S}{A} \tag{5-63}$$

这是混响室测试隔声量的理论依据。式中，$A = S_2\bar{\alpha}$ 为接收室的等效吸声量。

2）测试方法

在发声室和接收室内的 n 个不同位置上测试声压级，并算出平均声压级，其表达式为

$$L_p = 10\lg\frac{1}{n}\left(\sum_{i=1}^{n}10^{\frac{L_{pi}}{10}}\right) \tag{5-64}$$

需要注意，所有的测点和声源之间的距离都应该在声源的混响临界距离之外，且和壁面

之间的距离要大于 $\lambda/4$。使用的传声器必须是无指向性的。一般采用 1/3 倍频程的滤波器测试声压级，测试的频率至少要包括中心频率 100～3150Hz。

在忽略空气吸收的情况下，使用赛宾公式可以计算出接收室的等效吸声量为

$$A = \frac{0.161 V_2}{T_2} \tag{5-65}$$

式（5-63）的声压是对两室的测点都处于混响声场中而得到的。

如果接收点离试件很近，则式（5-63）的 $10\lg\dfrac{S}{A}$ 需作如下修正：

（1）发声室测点接近试件表面，而接收室测点仍处在混响声场之中。由于隔声试件表面的吸声系数一般比较小，可近似看作反射面，所以发声室靠近壁面的声压级比处于混响场中的声压级多出 3dB，因此式（5-62）要改成如下形式

$$TL = L_1 - L_2 + 10\lg\frac{S}{R_2} - 3 \tag{5-66}$$

（2）发声室的测点在混响声场中，接收室的测点靠近测试试件，这时试件本身就相当于一个声源，所以在接收室测点附近的声能密度应由直达声和混响声两部分声能密度组成，同时考虑到从发声室传来的声波分布在半球面之中，因此式（5-58）可改写为

$$\varepsilon_2 = \frac{2W_2}{c_0}\left(\frac{1}{S} + \frac{4}{R_2}\right) \tag{5-67}$$

于是可求得

$$TL = L_1 - L_2 + 10\lg\left(\frac{1}{4} + \frac{S}{R_2}\right) - 3 \tag{5-68}$$

（3）两个室内的测点都靠近试件，可从上述两种情况推得

$$TL = L_1 - L_2 + 10\lg\left(\frac{1}{4} + \frac{S}{R_2}\right) \tag{5-69}$$

5.4.2　现场测试方法

现场测试方法是为了在特殊声学条件下，测试建筑材料的隔声特性和判定已建设完成的建筑（如外墙）的隔声特性。在现场测试中，发声室是露天时，声源可采用交通噪声（声音从不同方向入射，并且强度有变化），也可用扬声器发出噪声（直达射声）测试。为便于了解原理，这里以扬声器发出的噪声为声源测试建筑物构件的隔声量为例，做扼要的介绍。

1. 测试原理

将扬声器放在建筑物的外面，距测试构件有一个合适的距离。声音主要从一个方向入射到测试样品上。当指向测试构件中心的扬声器轴线和测试构件表面法线间的角度为 0 时，扬声器入射的声能密度为

$$\varepsilon_1 = \frac{W_1}{c_0 S \cos\theta} \tag{5-70}$$

通过测试构件的声功率 W_2 为

$$W_2 = \tau W_1 = \frac{1}{4}\tau\varepsilon_1 c_0 S \tag{5-71}$$

如果接收室的测试点置于混响声场中，则声能密度为

$$\varepsilon_2 = \frac{4W_2}{c_0 R_2} \tag{5-72}$$

如果接收室的平均吸声系数比较小，于是可求得

$$TL = L_1 - L_2 + 10\lg\frac{4S\cos\theta}{A} \tag{5-73}$$

式中，L_1 为被测试件表面的平均声压级；L_2 为接收室内的平均声压级；S 为测试构件的面积；A 为接收室的等效吸声量。通过式（5-73）得到的是表观隔声量，是基于声波从一个角度入射至试件，并且是在接收室的声场充分扩散的假设条件下的表观隔声量。

2. 测试方法

测试的声场由扬声器产生，为尽可能均匀地激发实验样品，要合理地选择扬声器装置和它到实验样品的距离，使实验样品表面各部分的声压级差不超过 5dB。扬声器尽可能接近地面安放，最好放在地上。反馈给扬声器的测试信号应当至少使用 1/3 倍频程带宽滤波器限制的白噪声。

当测试中需要扬声器相对于测试构件有一夹角时（图 5-10），假设扬声器辐射声波为平面波，则声波的入射角为

$$\cos\theta = \frac{d}{\sqrt{h^2 + d^2 + b^2}} \tag{5-74}$$

式中，h 为试件中心距地面的高度；d 为扬声器和外墙立面的垂直距离；b 为扬声器相对于测试构件的横向距离。一般测试在 45°处进行，另外还可在 0°、15°、30°、60°和 75°加测。

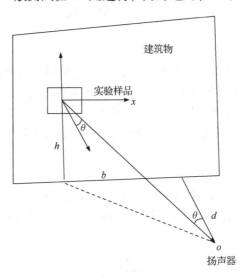

图 5-10　测试声源相对于试件的位置

式（5-73）的平均声压级 L_1 是根据传声器声压级差不超过 5dB，在试件前均匀但不对称分布的 n 个测点的声压级平均值。

当接收室内的任何频带的声压级与环境噪声相差不到 10dB 时，按照下面的方法进行修正。设包含背景噪声在内的总声压级为 L_T，经过背景噪声修正得到的被测声压级 L 为

$$L = L_T - K \tag{5-75}$$

$$K = -10\lg(1 - 10^{-\Delta L/10}) \tag{5-76}$$

式中，ΔL 为包括背景噪声在内的总声压级与背景噪声的差值。如果两者声压级差值低于 3dB，得到的声压级一定比环境噪声声压级低，测试结果已失去意义，需要调整测试方法。

另外，测试的频率范围以及等效吸收面积的测试和计算均与混响室测隔声量的方法相同。需要注意的是，建筑构件隔声量的现场测试虽然测试设备简单，但不可能做到像实验室测试那样精密而细致，并且现场测试中构件的侧面透视现象无法避免，同时构件的尺寸也难完全统一。

本 章 小 结

声学测量是对声学现象进行客观度量的方法与技术。本章首先简单介绍了材料声学性能的基础知识和声学性能参数，然后分别介绍了各个声学性能参数的测量方法，包括测量原理以及通用的测量流程。其中，声速和声衰减系数常通过插入取代法、直接接触法和声波掠入法进行测量；吸声性能主要通过阻抗管驻波比法、阻抗管双传声器传递函数法和混响室法测量；隔声性能的测量包括用混响室法和现场测量法评估建筑结构或构件对声波的阻隔效果。这些测试方法为声学功能材料的研发和应用提供了重要的技术支撑。

习 题

1. 用阻抗管驻波比法测量吸声系数时，阻抗管的直径决定了上限测试频率，测试的下限频率如何确定？

2. 用阻抗管驻波比法测量吸声系数时，通过测试管中的声压极大值和极小值获得的吸声系数，与用声压级的极大值和极小值之间的声压级差求得吸声系数是否相同？为什么？

3. 在混响室中测试吸声系数时，为什么一定要测试混响时间？

4. 有一混响室，已知空室时的混响时间为 T_{60}，现在在某一壁面上铺一层面积为 S、平均吸声系数为 α' 的吸声材料，并测得该时室内的混响时间为 T'_{60}，试证明这层吸声材料的平均吸声系数可用下式求得

$$\alpha'_i = \frac{0.161V}{S}\left(\frac{1}{T'_{60}} - \frac{1}{T_{60}}\right) + \alpha_i$$

式中，α_i 为被吸声材料覆盖前这一壁面的平均吸声系数。

参 考 文 献

陈克安, 曾向阳, 杨有粮. 2010. 声学测量. 北京: 机械工业出版社.

陈文, 吴建青, 许启明. 2010. 材料物理性能. 武汉: 武汉理工大学出版社.

杜功焕, 朱哲民, 龚秀芬. 2012. 声学基础. 3 版. 南京: 南京大学出版社.

雷烨, 王海涛, 曾向阳. 2023. 声学仪器及测试技术. 西安: 西北工业大学出版社.

沈嚎. 1986. 声学测量. 北京: 科学出版社.

谭家隆, 马春利, 张家良. 2013. 材料物理性能. 大连: 大连理工大学出版社.

吴胜举, 张明铎. 2014. 声学测量原理与方法. 北京: 科学出版社.

许肖梅. 2003. 声学基础. 北京: 科学出版社.

第6章

功能材料的光学性能测试方法

6.1 光学功能材料

根据光学材料相互作用时产生的不同的物理效应可将光学材料分为光介质材料和光功能材料两大类。传统的光学材料主要是指光介质材料，这些材料以折射、反射和透射的方式改变光线的方向、强度和位相，使光线按照预定的要求传输，或者通过吸收或透过一定波长范围的光线而改变光线的光谱部分。光功能材料是指在电、声、磁、热、光、压力等外场的作用下，其光学性质发生变化，或者在光的作用下其结构和性能发生变化的材料，利用这些变化可以实现能量的传输和转换，从而起到光的开关、调制、隔离、偏振等作用，如激光材料、电光材料、非线性光学材料、显示材料和光信息存储材料等。

近代光学的发展，特别是激光的出现，使光学材料得到了迅速发展，各种光学功能材料在国民经济和国防建设等领域都发挥着重要作用。本小节将简略介绍几种典型的光学功能材料，并介绍功能材料的常见光学性能表征。

1. 光学功能材料类型

常见的光学功能材料包括光色材料、发光材料以及激光材料等。

1）光色材料

光色材料也称光致变色材料。光致变色（photochromism）指化合物 A 在受到光频为 ν_1 的光照时，可通过特定的化学反应生成结构和光谱性能不同的产物 B，而在光频为 ν_2 的光照或热的作用下，B 又可逆地生成化合物 A。

2）发光材料

发光是将以某种方式吸收的能量转化为光辐射的过程。发光材料也称荧光体或磷光体。随着科学技术的不断发展，提供激发能量的方式越来越多，如电磁辐射、高能量电子束、电压、X 射线及放射线等。

3）激光材料

激光材料实质上也是发光材料，与普通发光材料不同的是激光材料产生的光子属于全同光子，相干性好，且光强度极高。

爱因斯坦认为辐射场与物质作用时包括受激吸收、自发辐射跃迁和受激发射三种过程。处于低能态 1）的粒子吸收光子（能量 $h\nu = E_2 - E_1$）跃迁至高能态 2），这一过程称为受激吸收。处于高能态 2）的粒子向低能态 1）跃迁时存在两种情况：一种是自发跃迁，同时释放能量为 $h\nu = E_2 - E_1$ 光子的过程，为自发辐射。自发辐射与外场无关，只与物质本身有关。自发辐射的光子在相位、偏振态等方面是随机的，不属于同一个光子态，不相干，为普通光源。

另一种是在外场的诱导光子作用下,高能态 2〉粒子跃迁至低能态 1〉并发射出能量为 $h\nu = E_2 - E_1$ 光子的过程,为受激辐射过程。受激辐射与外场有关,受激辐射的光子与外场的诱导光子的相位以及偏振态相同,这些光子属于同一光子态,相干性好,是激光形成的基础。

在热平衡时,物质中的粒子是按能量最低原理填充各个能级的,高能态 2〉的粒子数 N_2 总是小于低能态 1〉的粒子数 N_1（$N_2 < N_1$）。但是,通过外部激励（或称为泵浦）,在非热平衡条件下可以实现高能态 2〉的粒子数 N_2 大于低能态 1〉的粒子数 N_1（$N_2 > N_1$）,即实现粒子数反转,这样受激辐射光子数将大于受激吸收光子数,有受激辐射光子产生。

将激光材料置于由两个平行反射镜构成的谐振腔内,泵浦灯使激光材料中的粒子数发生反转,并将能量存储在高激发态能级,该能量因受激辐射释放出的光束在谐振腔内因反射而多次往返穿过激光材料,若一次往返增益恰好等于损耗（阈值条件）,则达到稳态自振荡,产生激光。

2. 常见光学性能表征

1）吸收光谱与透射光谱

吸收光谱是相对发射光谱而言的,它测量的是在不同波长下的光吸收,并不会产生新的波长。光照射到物质上可发生折射、反射和透射,一部分光会被物质吸收。不同物质吸收不同波长的光。改变入射光的波长,并依次记录物质对不同波长光的吸收程度,就得到该物质的吸收光谱。透射光谱是指光线入射到物质表面时,部分光线改变了传播方向,重新从物质表面出射的光谱。在吸收光谱中,光被吸收的量与光程中产生光吸收的分子数目成正比,而在透射光谱中,被透射的物质为透明体,如玻璃、滤色片等。

2）荧光光谱

荧光是一种光致发光,也是光学功能材料的一种典型的光学性能,其光谱技术在科研和实践中得到了广泛应用。荧光的产生包括吸收和发射两个过程,首先吸收光子跃迁到高能级,再向低能级跃迁,同时向不同方向发射光子,因此荧光光谱也属于发射光谱。

3）荧光量子产率

荧光量子产率,也称荧光效率或量子效率,是衡量物质发射荧光能力的一个重要参数。它表示物质在吸收光能后,将这部分能量转换为荧光光子的效率。可通过计算发射荧光分子数/激发分子总数或发射荧光量子数/吸收光量子数得到。

4）荧光寿命

当某种物质被一束激光激发后,该物质的分子吸收能量后从基态跃迁到某一激发态上,再以辐射跃迁的形式发出荧光回到基态。去掉激发光后,分子的荧光强度降到激发时的荧光最大强度的 $1/e$ 所需的时间,称为荧光寿命,常用 τ 表示。

此外,光学功能材料在白光发光二极管（light emitting diode，LED）器件、光伏电池及光催化等方面得到广泛应用,本书也将对此性能的测试方法进行简单介绍。

6.2 功能材料的吸收与透射光谱测试方法

光学性能是材料最重要也是最常用的性能之一,各类功能材料的性能评价都离不开光学性能的表征。本小节涉及的材料的光学性能主要是指吸光度（absorbance，A）和透过率

（transmittance，T），常通过分光光度计表征其吸收光谱及透射光谱获得。

6.2.1　吸收光谱

每一种物质都有其特定的吸收光谱，因此可依据其吸收光谱分析物质的结构、含量和纯度等信息。

1. 吸收定律

吸收光谱的定量分析建立在吸收定律的基础上，吸收定律也称朗伯-比尔定律（Lambert-Beer law），它适合于所有电磁辐射波段，包括紫外-可见、近红外、红外波段等，也适用于不同形态的被测物质，包括气体、液体、固体等。

所谓吸收定律，是当一束平行的单色光通过某一均匀的物质时，吸光度 A 与物质浓度 c 和光程 b 的乘积成正比，即

$$A = \lg \frac{I_0}{I} = \varepsilon bc \tag{6-1}$$

式中，I_0 为入射光强；I 为经过样品后的光强；ε 为比例常数。吸收示意图如图 6-1 所示。

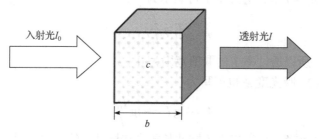

图 6-1　吸收示意图

式（6-1）中比例常数 ε 的物理含义与物质浓度 c 的具体表达有关。假设浓度 c 单位为 mol/L；光程 b 单位为 cm；ε 就称为摩尔吸光系数，其单位为 L/(mol·cm)。ε 越大，该物质对此波长的吸收能力越强，在紫外-可见光区中 ε 为 $10\sim10^5$，$\varepsilon>10^4$ 说明物质的吸光能力强，$\varepsilon<10^3$ 说明物质的吸光能力弱。假设浓度 c 单位为 cm^{-3}（气体浓度常用表达方式，表示单位体积内的分子或原子数目），ε 就称为吸收截面，其单位为 cm^3。

2. 吸收光谱分类

按吸收物质粒子可以将吸收光谱分为原子吸收光谱和分子吸收光谱，前者在元素成分分析方面非常有用，后者对分子结构解析很有帮助。

吸收光谱与电子运动、分子振动和分子转动等粒子内部运动形成的能级相关，不同类型能级间跃迁产生的吸收波长范围不一样。

利用如图 6-2 所示的分子能级跃迁可以更清晰地看到这一点。图中 E、V 和 R 分别表示电子、振动和转动能级，可能发生的能级跃迁有 A、B 和 C 三种形式。A 为转动能级跃迁，产生的光谱会出现在远红外甚至是微波区域；B 为转动/振动能级跃迁，产生的光谱会出现在中红外区域；C 为转动/振动/电子能级跃迁，产生的光谱会出现在紫外-可见光-近红外区域。在这里，按照波长范围把吸收光谱分为紫外-可见、近红外和红外吸收光谱。

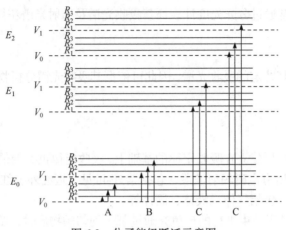

图 6-2　分子能级跃迁示意图

6.2.2　透射光谱

　　吸收在光谱中有两种表达方式：透过率 T 和吸光度 A。前面已经定义过 A，则在同样的入射光强 I_0 和出射光强 I 下，透过率 T 可表示为

$$T = \frac{I}{I_0} \qquad (6\text{-}2)$$

由于 I 通常小于 I_0，所以透过率 T 的取值范围为 $0 \sim 1$。

　　而根据式（6-2），吸光度 A 也可写为

$$A = -\lg T = -\lg \frac{I_0}{I} \qquad (6\text{-}3)$$

　　通过分析透射光谱图，可以确定不同波长的光在样品中的吸收情况。在吸收峰的位置和峰值强度上观察到的变化，可以提供样品的化学成分、物理结构和光学特性的信息。透射光谱广泛应用于材料科学、光学、生物化学和环境科学等领域。

　　总之，透射光谱通过测量光通过样品后的强度研究材料的光学性质。它是一种很有用的工具，可以帮助理解材料的结构和特性，用于识别和分析材料。

　　图 6-3 显示了纯水（H_2O）在近红外波段（$4000 \sim 12000 \mathrm{cm^{-1}}$）分别用吸光度和透过率表示的吸收光谱。

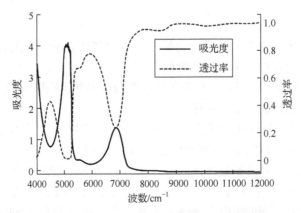

图 6-3　水在 $4000 \sim 12000 \mathrm{cm^{-1}}$ 的吸收光谱

6.2.3 吸收与透射光谱的测试原理与方法

由于吸收和透射光谱是吸收在光谱中的不同表现形式，因此往往采用同样的光谱仪进行测试分析。按照波长范围，将吸收光谱分为紫外-可见光谱、近红外和红外吸收光谱，因此测试光谱仪种类也有所不同，由于篇幅原因，下面仅介绍紫外-可见光谱仪及其测试原理。

1. 紫外-可见光谱仪

紫外-可见光谱仪一般由光源、色散组件、样品池、探测器、显示及记录系统等五个部分构成，基本结构如图 6-4 所示。连续辐射光经色散组件分光后，通过样品池被样品吸收，吸收后的光信号再被探测器接收，最后以某种方式显示和记录光谱。注意：在光路的安排上，样品池可以在色散组件之前，也可以在色散组件之后，即先色散后吸收或者先吸收后色散。

图 6-4 紫外-可见光谱仪的基本结构

（1）光源：提供紫外-可见光波段（200～760nm）足够强度和稳定的连续光谱。紫外光区一般使用氘灯或氢灯，可见光区一般使用卤钨灯。在仪器中，为了避免光源间切换，通常会将氘灯和卤钨灯串联成直线使用。

（2）色散组件：将来自光源的复合光分解为单色光并分离出所需波段的装置，通常由入射狭缝、准直镜、色散元件、物镜和出射狭缝构成。

（3）样品池：又称比色皿、比色杯等，是用来盛放被测溶液的器件，同时决定着透光液层厚度、特定波长光的透过率等多种参数，应具有良好透光性和较强耐腐蚀性。常用石英和玻璃等透明材料制成。

（4）探测器：又称光电转换器，将光信号转换为电信号的装置。用于紫外-可见分光光度计的探测器类型有光电管、光电倍增管、光电二极管阵列等。

（5）显示和记录系统：基于计算机平台的光谱软件是显示和记录系统的核心，可以控制光谱仪器的自检和光谱采集，将光谱显示于显示器上，还可对光谱进行分析及处理。

2. 测试原理

透射光谱与吸收光谱都是吸收在光谱中的表达，因此原理上，两者具有相同之处。紫外-可见光谱也称电子光谱，是物质分子的外层电子能级间的跃迁产生的。

紫外-可见光谱吸收发生在图 6-2 中的 C 跃迁，可以看出，除了有不同电子能级间跃迁外，还会伴随振动能级和转动能级跃迁。由于转动能级间隔非常小，大约为电子能级间隔的 10^{-4}，所以谱线之间靠得很近，再加上非气态物质会由于碰撞作用导致谱线展宽，使由电子能级跃迁产生的紫外-可见光谱呈现为连续谱带的形式。如图 6-5 所示，从苯蒸气紫外光谱中还可以分辨伴随的振动和转动能级的跃迁谱线，但是联苯的紫外光谱却只是一个宽度很大的连续谱带。

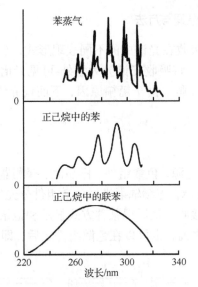

图 6-5　不同形态下苯的紫外光谱

紫外-可见光谱均由电子能级跃迁产生，在有机和无机化合物中具体来源如下。

1）有机化合物的紫外-可见光谱

从化学键的角度考虑，与有机物分子的紫外-可见光谱相关的电子有形成单键的 σ 电子、形成双键的 π 电子和未成键的 n 电子，单键和双键的电子轨道又可分为成键和反键轨道，通常用"*"标记表示该电子位于反键轨道。

成键和反键轨道是两个电子轨道叠加的结果，它们叠加后的波函数特性不同。成键轨道的波函数由两个电子轨道波函数相加而成，所以其核间的电子概率密度更大，轨道能量比叠加前两个电子轨道能量之和要低，能够形成稳定分子。而反键轨道的波函数由两个电子轨道波函数相减而成，所以其核间的电子概率密度更小，轨道能量比叠加前两个电子轨道能量之和要高，由于失去电子屏蔽的原子核会互相排斥，不能形成稳定分子。

上述各电子轨道能级能量的高低次序为：$\sigma^* > \pi^* > n > \pi > \sigma$。不是任意两个电子能级之间的跃迁都是允许的，只有 $\sigma \rightarrow \sigma^*$、$n \rightarrow \sigma^*$、$\pi \rightarrow \pi^*$ 和 $n \rightarrow \pi^*$ 四种跃迁形式是允许的，如图 6-6 所示。

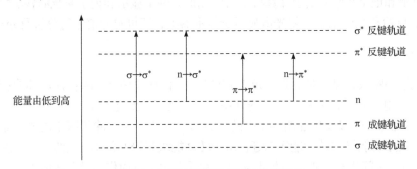

图 6-6　电子能级轨道之间的允许跃迁

（1）$\sigma \rightarrow \sigma^*$ 跃迁。所需能量最大，一般位于远紫外光区（最大吸收波长 $\lambda_{max} < 170nm$），常规紫外-可见光谱仪不能用于研究远紫外吸收光谱。饱和有机化合物的电子能级跃迁属于 $\sigma \rightarrow \sigma^*$ 跃迁，如甲烷的 λ_{max} 为 125nm。

（2）n→σ*跃迁。也是高能量跃迁，一般位于远紫外光区（$\lambda_{max}<200nm$）。含有 S、N、O、Cl、Br、I 等杂原子的饱和烃衍生物都会出现一个 n→σ*跃迁产生的吸收谱带，如一氯甲烷（CH_3Cl）、甲醇（CH_3OH）、甲胺（CH_3NH_2）等。

n→σ*跃迁所需能量很大程度上取决于 n 电子所属原子的性质，具体为杂原子电负性越小，电子越容易被激发，所需能量就越小（即激发波长越长）。所以 n→σ*跃迁产生的吸收谱带有时也落在近紫外区，如甲胺的 λ_{max} 为 213nm。

（3）π→π*跃迁。其跃迁概率大，是强吸收带，跃迁所需能量较少，单个双键的 λ_{max} 为 150～200nm。随着双键数目的增加，π→π*跃迁的吸收谱带有显著变化。特别是双键仅被 1 个单键隔开（即双键共轭）时，跃迁吸收强度会大大增强，而且吸收波长也会变长。如乙烯（$CH_2=CH_2$）的 λ_{max} 为 185nm，共轭丁二烯（$CH_2=CH—CH=CH_2$）$\lambda_{max}=217nm$，共轭己三烯（$CH_2=CH—CH=CH—CH=CH_2$）的 $\lambda_{max}=258nm$。

（4）n→π*跃迁。其跃迁概率小，是弱吸收带，跃迁所需能量最低，在近紫外光区，有时在可见光区。含有杂原子的不饱和烃衍生物会产生一个 n→π*跃迁产生的吸收谱带，如—COOR 的 n→π*跃迁的 $\lambda_{max}=205nm$。对比 n→σ*跃迁，如果在饱和化合物中引入不饱和基团，可以使饱和化合物的最大波长从远紫外光区移入近紫外-可见光区。

2）无机化合物的紫外-可见光谱

某些无机化合物受到光辐射时，也会在紫外-可见光区产生吸收谱带，主要有电荷迁移跃迁和配位体场跃迁两种形式。

（1）电荷迁移跃迁。给体（donor）的一个电子转移给受体（acceptor），导致体系从一个电子能级跃迁到另一个电子能级，从而产生相应的吸收或发射。电荷迁移跃迁产生的光谱常落在紫外光区，吸收强度大，测量时灵敏度高。

例如，铁离子与硫氰酸根（CNS^-）生成的配合物，其中 CNS^- 是电子给体，Fe^{3+} 是电子受体。在光照下电子由 CNS^- 转移到了 Fe^{3+}，从而呈现为红色。

$$[Fe^{3+}CNS^-]^{2+} \xrightarrow{\ h\nu\ } [Fe^{2+}CNS]^{2+}$$

（2）配位体场跃迁。过渡金属离子处在配位体形成的负电场中时，电子能级会分裂成能量不同的能级，在外来辐射的激发下电子会从低能量能级跃迁到高能量能级。配位体场产生的光谱一般位于可见光区，其吸收强度较弱，对定量分析的作用不大。

铜离子（Cu^{2+}）与不同配位体结合时会呈现不同颜色，如$[Cu(H_2O)_4]^{2+}$为蓝色、$[CuCl_4]^{2-}$ 为绿色、$[Cu(NH_3)_4]^{2+}$为深蓝色。

3. 吸光度的测量方法

除了选择合适的光度范围进行测量外，还可以用一些特殊的光度测量方法提高测量的准确性。这里将简单介绍差示法、双波长法和导数法。

1）差示法

在测量高浓度溶液时，直接测量会带来很大的误差，这时候可采用差示法测量光度值。差示法不同于一般光度法，它不选择空白试剂或空白溶液作为参比，而是选择稍低于待测溶液浓度的已知浓度溶液作为参比。

假设未知溶液的浓度、吸光度和透过率分别为 c_x、A_x 和 T_x，参比溶液的浓度、吸光度

和透过率分别为 c_s、A_s 和 T_s。此时测得的未知溶液的透过率为

$$T_r = \frac{T_x}{T_s} \tag{6-4}$$

如果 $T_x=T_s$，则 $T_r=100\%$，说明在差示法中参比溶液的透过率为 100%（或吸光度为 0），由此可见差示法的本质是将透过率标尺放大了。

由吸收定律可知，未知溶液与参考溶液的吸光度差与它们的浓度差也成正比：

$$\Delta A = A_x - A_s = \varepsilon b(c_x - c_s) \tag{6-5}$$

因此，测出吸光度差，根据式（6-5）就可以计算出浓度差，再加上参比溶液的浓度 c_s 就得到了待测溶液的 c_x。

2）双波长法

双波长法是以一个波长的吸光度作为另一个波长的参比。假设两个波长分别为 λ_1 和 λ_2，它们对样品溶液的摩尔吸光系数分别为 ε_{λ_1} 和 ε_{λ_2}，根据吸收定律，两个波长处的吸光度可分别表示为

$$\begin{cases} A_{\lambda_1} = \varepsilon_{\lambda_1} bc + A_{s_1} \\ A_{\lambda_2} = \varepsilon_{\lambda_2} bc + A_{s_2} \end{cases} \tag{6-6}$$

式中，A_{s_1} 和 A_{s_2} 为背景吸收，与波长关系不大，主要取决于样品的浑浊程度。所以两波长处的吸光度差为

$$\Delta A = A_{\lambda_2} - A_{\lambda_1} \approx (\varepsilon_{\lambda_2} - \varepsilon_{\lambda_1})bc \tag{6-7}$$

由此可见，两波长处的吸光度差也与样品浓度成正比，这就是双波长法的浓度测量原理。

3）导数法

将吸光度对波长求导可以得到

$$\frac{\mathrm{d}^n A}{\mathrm{d}\lambda^n} = \frac{\mathrm{d}^n \varepsilon}{\mathrm{d}\lambda^n} bc \tag{6-8}$$

由此可见，吸光度的导数值仍与样品浓度成正比，这也是导数法的浓度测量原理。

在双波长光路中，如果两个波长彼此邻近，对波长进行扫描，那么可以直接得到一阶导数光谱。在利用计算机获得光谱数据后，也可以很方便地计算出任意阶的导数光谱。导数光谱具有更高的光谱分辨率，它能够更好地分辨重叠谱带。

6.3　功能材料的荧光光谱测试方法

6.3.1　荧光光谱

1. 荧光产生机理

当物质吸收特定波长的光辐射时，粒子会从基态跃迁到激发态，但是处于激发态的物质

粒子是不稳定的，在适当的条件下，它们会向外辐射光而重新回到基态，这样的发光过程就称为光致发光。

光致发光可以发生在不同的波长范围内，如紫外-可见光区、红外光区和 X 射线区等，在这里仅关注紫外-可见光区。

光致发光有荧光和磷光两种形式，它们的物理机制不同，利用图 6-7 的能级跃迁图对其进行说明：

1）无辐射跃迁（激发态→第一电子激发态的最低能级）

当物质粒子被激发到高能级后，在很短的时间内，它们首先会因相互撞击而以热的形式损失一部分能量，从当前激发能级下降至第一电子激发态的最低能级。

2）荧光发射（第一电子激发态的最低能级→基态能级）

如果物质粒子由第一电子激发态的最低能级继续向下直接跃迁至基态能级，那么就会以光的形式释放能量，发出的光就是荧光。

3）磷光发射（三重态→基态能级）

如果被激发的物质粒子不直接向下跃迁至基态能级，而是先无辐射跃迁至亚稳状的三重态，逗留较长时间后再跃迁至基态能级，那么在从三重态跃迁到基态能级的过程中就会向外发射磷光。

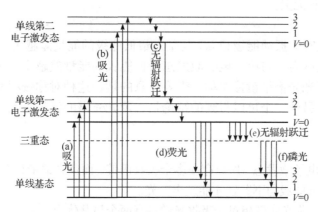

图 6-7　荧光和磷光的能级跃迁示意图

由此可见，荧光与磷光的主要区别在于：

（1）从激发态跃迁到基态的路径不同。

（2）从激发到发光的时间不同，荧光发光时间为 $10^{-9} \sim 10^{-7}$s，磷光发光时间为 $10^{-3} \sim$ 10s，比荧光的发光时间要长得多。

（3）发光的波长不同，荧光波长比对应的磷光波长短。

2. 荧光光谱特征

如果将某一荧光物质的荧光光谱和它的吸收光谱进行比较，会发现这两种光谱之间存在镜像关系。确切地说，荧光光谱类似吸收光谱照在镜子里的像，但又比吸收光谱缺少一些短波长方向的吸收峰。图 6-8 为蒽的乙醇溶液的吸收光谱和荧光光谱。

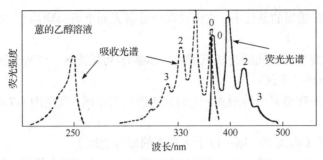

图 6-8 蒽的乙醇溶液的吸收光谱和荧光光谱

从上述的荧光光谱形成物理机制较易了解为何荧光光谱和吸收光谱会呈现镜像关系，从以下三方面对两种光谱的特征进行比较。

1）形状相似

吸收光谱是物质粒子从基态最低能级向激发态跃迁产生的，荧光光谱则是物质粒子由第一激发态的最低能级向基态各个能级跃迁产生的，它们分别反映了激发态和基态的振动能级结构，而基态和第一激发态的振动能级结构是相似的。由于荧光光谱是由第一激发态的最低能级向各个基态跃迁产生的，它与物质粒子被激发到哪个激发态无关，换句话说，荧光光谱与激发光的波长无关。

2）镜像对称

第一电子激发态的振动能级越高，与基态最低能级的能量差越大，则吸收波长越短；而基态的振动能级越高，与第一电子激发态最低能级的能量差越小，则吸收波长越长，所以吸收光谱和荧光光谱呈镜像对称。需要注意的是，这种对称按频率或波数对称，而不是按波长对称。另外一个可以得到的结论是，荧光光谱的波长总是比对应吸收光谱的波长长。

3）谱带数

由于存在多个电子激发态，所以存在多个吸收谱带，而荧光谱带只有一个，因为只有从第一电子激发态最低能级向下跃迁才能发出荧光。

在实际应用中，荧光光谱相对于吸收光谱具有两个显著优点：①灵敏度高，荧光光谱的检测限比吸收光谱法低 $1\sim3$ 个数量级，可以达到 ppb 量级（parts per billion，10^{-9}）；②选择性好，能吸收光的物质不一定能发射荧光，而在一定波长下不同物质的荧光光谱也不尽相同，所以荧光光谱具有比吸收光谱更高的选择性。

但是，荧光光谱仍没有吸收光谱使用广泛，主要是因为许多物质本身不能产生荧光，而且荧光分析对环境因素（如温度、酸度、污染物等）非常敏感。

3. 荧光光谱的应用

荧光光谱在化合物的定性/定量分析以及环境监测、工业生产过程监测、农业等诸多领域得到了应用。

1）无机化合物的定性/定量分析

无机化合物本身大多不具有荧光特性，一般只能将待测的无机离子与有机荧光试剂结合后再利用荧光光谱进行测定。

2）有机化合物的定性/定量分析

在有机化合物方面，荧光光谱的使用更广泛，有些有机化合物本身就具有荧光效应，如高度共轭化合物或脂环化合物（维生素A、萝卜素等）、具有共轭不饱和结构的芳香族类化合物、蛋白质中的部分氨基酸等。一些简单的有机化合物通常不具有荧光效应，但可以通过化学反应生成具有荧光效应的化合物，再利用荧光光谱进行测量。

3）荧光光谱在生产、生活中的应用

利用荧光光谱可以检测水中石油污染物，其中的芳香族化合物和含共轭双键的化合物如萘、蒽、菲、苯并芘、卟啉等是荧光物质。还可以监测大气污染物，如大气中分布广、对人危害很大的SO_2，在受到光激发时会发射荧光。

6.3.2 荧光光谱的测试原理与方法

1. 荧光测试设备

测量荧光的装置称为荧光光谱仪，它与紫外-可见光谱仪（或吸收光谱仪）的结构非常相似，但实质上有根本区别。图6-9综合了荧光光谱仪和吸收光谱仪的光路。

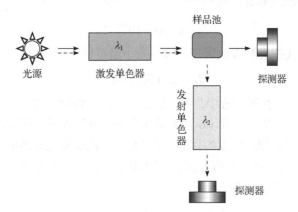

图6-9　荧光光谱仪和吸收光谱仪光路

图中实线箭头表示吸收光谱仪的光路，虚线箭头表示荧光光谱仪的光路。从图中可以看出荧光光谱仪和吸收光谱仪的区别在于：①荧光光谱仪在与入射光垂直的方向上探测光谱信号，这样能够减小入射光对荧光信号的影响，实际使用中在探测器前还会加入一块荧光滤光片，它能够阻止入射光而让荧光通过，从而进一步减小入射光的干扰；②荧光光谱仪在探测器前还有一个额外的发射单色器。

在此关注一下荧光光谱仪的两个单色器。两个单色器的使用使荧光光谱有荧光激发光谱和荧光发射光谱两种形式。荧光激发光谱是在固定的荧光发射波长λ_{em}下探测荧光信号，通过扫描荧光激发波长λ_{ex}得到，它实际上与吸收光谱类似；荧光发射光谱则是固定荧光激发波长λ_{ex}，通过扫描荧光发射波长λ_{em}探测荧光信号得到。

荧光光谱仪也包括光源、单色器、样品池、探测器、显示及记录系统等五个部分，除了光源外，其余部件的选择与紫外-可见光谱仪类似，所以下面仅阐述荧光光谱仪中的光源。

荧光光谱仪中的光源主要作用是激发，即将物质粒子从基态激发到激发态，所以一般需使用低波长（或高能量）的高强度光源。光源可以为单色光，也可以是连续光源。

激光无疑是荧光光谱中较理想的激发光源，包括氩离子激光器（488nm，514.5nm）、氦氖激光器（632.8nm）、倍频的 Nd:YAG 激光器（532nm）以及合适的半导体激光器等。

除此之外，常用的光源还有汞灯、氙灯、氖灯和碘灯。

2. 测试原理与方法

利用荧光光谱可以进行定性分析，因为特定荧光物质的荧光光谱具有独特性，利用它可以对不同的荧光物质进行鉴别；此外，荧光光谱也可用于定量分析，下面对其定量分析基础做简单说明。假设吸收光强和荧光强度分别为 I_A 和 I_F，荧光效率为 φ，那么吸收光强和荧光光强存在如下关系：

$$I_F = \varphi I_A \tag{6-9}$$

若入射光强为 I_0，ε 为摩尔吸光系数，b 为光程，c 为浓度，那么根据朗伯-比尔吸收定律可得

$$I_0 - I_A = I_0 \cdot 10^{-\varepsilon bc} \tag{6-10}$$

联合式（6-9）和式（6-10）可得

$$I_F = \varphi I_0 (1 - 10^{-\varepsilon bc}) \tag{6-11}$$

在稀溶液中，上式按泰勒级数展开并取一阶小量可得

$$I_F = 2.303 \varphi I_0 \varepsilon bc \tag{6-12}$$

从上式中可以看出，在稀溶液中，荧光强度 I_F 与溶液浓度 c 成正比，所以利用荧光光谱也可以测量物质含量。此外，由式（6-12）可知荧光强度与入射光强成正比，所以提高入射光强可以达到提高荧光探测灵敏度的目的。式（6-12）就是荧光光谱定量分析的基础。在紫外-可见光谱技术中使用的定量分析方法，如直接比较法、标准曲线法、差示法、混合物分析法等，都适用于荧光光谱技术。

6.4　荧光材料的量子产率测试方法

发光材料不论在工业化应用还是器件、材料开发中，荧光量子产率都是衡量材料性能优劣的最关键的指标。绿色照明、生物医学检测及现代农业等领域的科技进步，对荧光材料的性能提出了更多更高的要求，极大促进了新型环保荧光材料的开发，以满足相关市场应用和国际市场的竞争。本节将对荧光材料的量子产率测试方法进行介绍。

6.4.1　荧光量子产率

1. 荧光量子产率的定义

物质发射荧光需要满足两个条件：第一，入射光要能被物质粒子吸收，使粒子能够跃迁到激发态，这样才可能经第一电子激发态的最低能级跃迁至基态振动能级而向外发光；第二，物质粒子要具有高的量子产率，如果量子产率不高，在向下跃迁的过程中能量容易转化为非辐射能量，从而使荧光很弱甚至没有。

荧光量子产率 η 可以表示为发射荧光光子数 n_F 与吸收光子数 n_A 之比：

$$\eta = \frac{n_F}{n_A} \tag{6-13}$$

荧光发射过程涉及许多无辐射和辐射跃迁过程，荧光量子产率 η 与这些过程的速率常数相关：

$$\eta = \frac{k_F}{k_A + \sum_i k_i} \tag{6-14}$$

式中，k_F 为荧光过程速率常数；k_i 为其他辐射和非辐射过程速率常数。由此可见，要提高荧光量子产率，应该尽量提高荧光过程速率常数，且降低其他过程速率常数，而 k_F 一般取决于物质粒子本身。

许多会吸光的物质并不一定发射荧光，就是由于它们的荧光效率不高，而将吸收的能量消耗于与溶剂分子或其他溶质分子的相互碰撞中。

2. 影响荧光量子产率的外部因素

除了物质分子本身外，还存在一些影响荧光发射的外部因素。首先，入射光会影响荧光发射强度。其次，受到环境因素的影响会发生荧光猝灭。因为荧光发生的同时还会存在其他的辐射和非辐射跃迁过程，这些过程是相互竞争的，而荧光物质所处的环境会影响上述两个过程，当环境因素导致荧光发射过程弱于其他跃迁过程时，荧光强度会变弱，即荧光猝灭。

1）入射光

不难理解，入射光越强，激发的物质粒子数越多，所发射的荧光强度也越强，所以荧光强度与入射光强度成正比。此外，入射光波长的选择也会影响荧光强度。荧光发射是一个先吸收后发射的过程，吸收越大激发到上能级的粒子数越多，荧光发射强度也会越大。如何使吸收最大呢？从图 6-10 中不难看出，选择吸收光谱中吸光度最大的波长作为入射光波长时可以达到吸收最大。

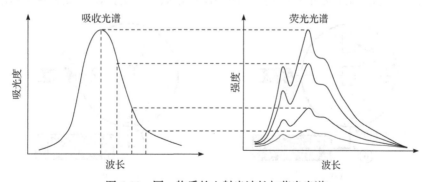

图 6-10　同一物质的入射光波长与荧光光谱

2）溶剂

溶剂的影响可分为一般溶剂效应和特殊溶剂效应。一般溶剂效应指溶剂折射率和介电常数的影响，特殊溶剂效应指荧光物质与溶剂分子的特殊化学作用（如氢键、化合作用等），特殊溶剂效应对荧光发射的影响大于一般溶剂效应。通常增大溶剂极性会导致荧光光谱向长波方向移动，并且增强荧光强度。

3）温度

升高温度会使物质粒子的碰撞概率增大，所以升高温度会导致荧光强度下降。

4）溶液 pH

不同 pH 下，化合物所处状态不同，不同化合物分子与其离子在电子构型上有所不同，所以荧光强度和荧光光谱就有差别。当荧光物质本身是弱酸碱时，pH 对荧光发射的影响较大。

5）内滤光和自吸收

如果溶液中存在能吸收发射荧光的物质，就会使荧光减弱，这就是内滤光。当溶液浓度较大时，发射的部分荧光会被荧光物质自身吸收，从而降低荧光强度，这就是自吸收。

6.4.2　量子产率的测试原理与方法

1. 测试设备

目前常见的荧光量子产率测试技术有两类：相对测量和绝对测量方法。依据不同的测量方法，设备选择也有所不同。

1）相对测量设备

用于量子产率相对测量的设备主要包括：紫外-可见分光光度计和荧光分光光度计。两种设备在前序小节中均有所展示，这里不再赘述。其中在设置时需要注意，紫外-可见分光光度计一般的工作波长范围为 300～800nm，需设置最小吸收为–0.05，最大吸收为 1.00；而对于荧光分光光度计，在使用时应指定激发波长以及需采集的发射光谱的开始及截止波长。在选择波长时，宜考虑使激发光谱的红边和发射光谱的蓝边重叠区最小化，减少荧光的再吸收。

2）绝对测量设备

绝对量子产率测量技术既可以测量固体样品，也可以测量液体样品。本部分介绍两种方法，即准直入射光法和漫反射入射光法，两种设备相似，其实验装置如图 6-11 所示。

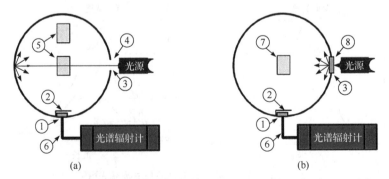

图 6-11　准直入射光法（a）和漫反射入射光法（b）的测试设备构型示意图
1. 端口 1；2. 挡板；3. 端口 2；4. 光阑；5. 样品可移动的位置；6. 光纤；7. 样品；8. 漫射体

测试设备具体包括：①内部涂覆漫反射比大于 95%材料的积分球；②满足一定要求的检测器和光源端口；③能够精确测量 350～900nm 波长的辐射强度之间函数关系的光谱辐射

计；④窄带光源，可以是激光、LED、单色光源等；⑤经校准后用于积分球的校准光源；
⑥收集和分析数据用的计算机等。

2. 测试原理与方法

1）相对测量法

相对测量方法的机制比较复杂，它的原理是先找一个标准样品，该标准样品在特定激发
条件下，荧光量子效率是准确已知的（η_{sd}）。而且它的激发条件和荧光光谱的谱带范围与待
测荧光材料的接近。基于上述条件，先测量在激发波长处标准样品和待测样品的吸收度（A_{sd}
和 A_{samp}），再测量标准样品和待测样品的荧光光谱，计算出两个样品的荧光光子数（F_{sd} 和
F_{samp}），由此可以得到待测材料的荧光量子效率

$$\eta_{samp} = \eta_{sd} \times (F_{samp} / F_{sd}) \times (A_{sd} / A_{samp}) \qquad (6\text{-}15)$$

相对测量是早期用于检测荧光材料量子效率的方法，需要吸收、荧光两套光谱仪，通过
对比待测样品和标准样品的光谱进行测量。该方法主要存在两方面问题：第一，由于对标准
样品的要求苛刻，可作为标准样品的材料极其稀少，目前公认的只有四、五种。第二，只有
当待测样品和标准样品的光谱重叠率高度接近时，才可以获得较为准确的测量结果，光谱重
叠率越低，测量结果偏差越大，甚至出现错误，所以适合这一检测方法的材料范围受到极大
限制。目前除了个别科研需求外，一般已经不再使用该方法进行量子效率的测量。因此，本
节只简要介绍其测量方法，不作详细描述。

2）绝对测量法

（1）准直入射光法。在经过仪器校准后，激发光源准直通过端口 2 处的光阑直接引入积
分球，积分球中所用的样品台应能够移动样品使之进入和离开入射光束。随后，对样品进行
三次测量。

实验 1：在积分球内放入空白样品，测量本底光子通量（来源于积分球内固有散射的杂
散光）；实验 2：积分球中有样品，但移离准直入射光束，入射光束直接照射积分球壁，只有
漫反射辐射照射样品；实验 3：积分球中有样品，入射光束直接照射样品，并设定样品位置，
使样品表面反射光都照射积分球壁而不是从入射口返回。

在测量过程中，光子辐射通量与每秒光子数是成正比的。因此，可得到三条光谱能量分
布曲线。三次测量的谱图可以确定激发峰和荧光发射峰。通过扣除仪器本底并积分得到每个
峰的面积，在给定波长区间内该峰面积正比于每秒光子数。激发峰的面积为 L，是对未吸收
的激发光的衡量。发射峰面积称为 P，是对发射光的衡量。被分析的谱图包含以下值：L_1 为
实验 1 的激发峰面积；L_2 为实验 2 对应的激发峰面积；L_3 为实验 3 样品的激发峰面积；P_2
为实验 2 对应的荧光发射峰面积；P_3 为实验 3 样品的荧光发射峰面积。

根据以上参数，入射光的吸收分数 A 和量子产率 η 能够用下式算出：

$$A = 1 - L_3 / L_2 \qquad (6\text{-}16)$$

$$\eta = [P_3 - (1-A)P_3] / L_1 A \qquad (6\text{-}17)$$

式（6-17）也可以写为

$$\eta = \frac{P_3 L_2 - P_2 L_3}{L_1 (L_2 - L_3)} \tag{6-18}$$

（2）漫反射入射光法。在经过仪器校准后，校准光源被激发光源和光的漫射体替代。光的漫射体在漫反射角将光引入积分球对样品进行漫反射辐射。随后，对样品进行两次测量。

实验1：在积分球内放入空白样品，通过本测量可得到 L_1，即积分球中只有空白样品的激发峰面积，此时需计算发射峰位处的激发光谱能量分布（$\bar{\lambda}_{L_1}$）；实验2：将待测样品置于积分球中，并受到漫反射光源的辐射。通过本测量得到 L_2 和 P_2，还需计算发射峰位处的激发光谱能量分布（$\bar{\lambda}_{L_2}$）。

在无样品时，使用与校准相同的参数，记录激发光源的光谱能量分布，积分能量为 L_{ex}，同时记录关闭光源时的本底光谱能量 L_{back}，两者相减即为输入积分球的总光谱能量 L_{total}。

修正本底（P_{back}）后，发射峰积分 P_2 代表荧光材料发射光的能量。样品的能量转换效率 PCE 可通过下式计算：

$$PCE = (P_2 - P_{back}) / (L_1 - L_2) \tag{6-19}$$

利用具有平均能量（$\bar{\lambda}$）的发射光子波长，可得到 PCE 正比于量子产率的关系。通常，平均光子能量能利用光谱辐射通量分布[$R(\lambda)$]算出，见下式：

$$\bar{\lambda} = \int \lambda R(\lambda) \mathrm{d}\lambda / \int R(\lambda) \mathrm{d}\lambda \tag{6-20}$$

则量子产率 η 为

$$\eta = PCE \times (\bar{\lambda}_{L_2} / \bar{\lambda}_{L_1}) \tag{6-21}$$

3. 量子产率案例分析

鉴于绝对量子产率通常可由仪器直接给出，这里以相对测量方法为例说明量子产率的测量过程。以硫酸奎宁为参比样本，待测样品为碳量子点（CQD），图 6-12 为硫酸奎宁[图 6-12（a）]和 CQD[图 6-12（b）]溶液的紫外-可见吸收光谱和不同激发波长下的荧光光谱。量子产率 η 计算公式参考式（6-15）。从图 6-12（a）中可看出，硫酸奎宁与 CQD 溶液吸收光谱形状基本一致。分别记录硫酸奎宁标准溶液与 CQD 溶液的吸光度 A_{sd} 和 A_{samp}，列于表 6-1 中。

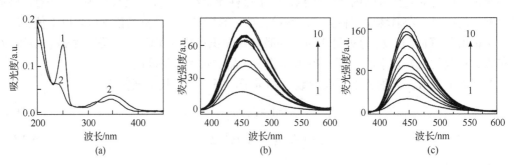

图 6-12 （a）1 硫酸奎宁和 2 CQD 溶液的紫外-可见吸收光谱、（b）硫酸奎宁和（c）CQD 溶液在不同激发波长下的荧光光谱

从图6-12（b）、（c）中可看出，硫酸奎宁与CQD溶液在不同激发波长下的荧光光谱形状基本不变。分别记录硫酸奎宁标准溶液与CQD溶液的荧光积分强度，列于表6-1中。根据式（6-15）计算得出量子产率η。

由表6-1可知，激发波长为310～380nm，CQD溶液的荧光量子产率变化不大。在不同激发波长下，计算的荧光量子产率出现不同的原因可能是仪器（光栅对于不同波长的光有不同的通过率）、光学测量误差、样品（CQD的溶解度不好或者产物不纯）以及氧效应等引起的。在最大激发波长360nm处的量子产率为0.63。

表6-1 硫酸奎宁和CQD溶液的荧光量子产率

激发波长/nm	硫酸奎宁			CQD		
	荧光积分强度/a.u.	吸光度 A_{sd}/a.u.	量子产率	荧光积分强度/a.u.	吸光度 A_{samp}/a.u.	量子产率
300	4574.8	0.015	0.55	2678.1	0.011	0.44
310	6039.2	0.019	0.57	4504.51	0.015	0.54
313	6633.5	0.022	0.54	6484.01	0.018	0.65
320	6388.8	0.021	0.54	7278.31	0.022	0.59
330	6421.8	0.022	0.52	10087.51	0.030	0.60
340	7362.7	0.025	0.53	12017.71	0.035	0.62
350	7501.5	0.027	0.50	12567.2	0.036	0.63
360	6132.7	0.021	0.52	11308.3	0.032	0.63
370	3800.6	0.013	0.52	8557.0	0.025	0.61
380	1760.1	0.005	0.63	5428.9	0.016	0.61

6.5 荧光材料的荧光寿命测试方法

荧光寿命是发光材料的一个重要性能。荧光寿命与荧光体的浓度、样品的吸收、样品的厚度、测量方法、荧光强度、光漂白和激发强度等因素无关。本节将围绕荧光寿命的定义、测试设备、测试原理与方法等方面展开介绍。

6.5.1 荧光寿命

荧光寿命，也称荧光衰减时间，指的是当某种物质被一束激光激发后，其分子从激发态回到基态花费的平均时间。这一时间定义为荧光强度降到激发态时的最大荧光强度的1/e所需的时间，通常用τ表示。荧光寿命是荧光物质的一种固有性质，它不依赖于荧光物质的浓度、光漂白或激发强度，但会受围绕荧光物质的离子和局部环境的影响，如蛋白质束缚等。由于纳米发光材料的种类不同，其荧光寿命可以从皮秒到数百纳秒，甚至达到微秒或毫秒量级。

6.5.2　荧光寿命的测试原理与方法

1. 测试原理与方法

荧光寿命的测试原理基于荧光物质被激发后发出的荧光强度随时间的变化。当激发光被移除后，荧光强度会随时间逐渐降低，这个降低的过程就是荧光衰减。通过记录荧光强度随时间的变化，可以构建荧光衰减曲线，并从中计算出荧光寿命。

荧光寿命的测量方法主要有两种：时间相关单光子计数（TCSPC）和频域荧光寿命测定。

1）时间相关单光子计数

这是一种常用的荧光寿命测量方法。它通过记录每一个荧光光子到达探测器的时间，然后统计不同时间点的光子数量，从而构建荧光衰减曲线。这种方法具有灵敏度高、分辨率高和时间分辨率高的优点。

2）频域荧光寿命测定

这种方法是通过测量荧光信号的调制频率和相位变化计算荧光寿命。需要使用调制光源和锁相放大器等设备，具有较高的测量精度和稳定性。

对于发光材料而言，TCSPC 技术是测定荧光寿命最常见的方法之一，本小节以该方法为主要介绍对象。TCSPC 适用于测量从皮秒到纳秒范围内的荧光寿命。

TCSPC 是一种成熟的测量皮秒和纳秒量级荧光寿命的技术。该技术认为，在多次脉冲激发后检测到的单光子衰减时间的统计分布，与一次脉冲激发后检测同一样品中整体荧光团荧光强度的衰减分布是等效的。为了对到达时间的分布概率进行精确统计，TCSPC 技术需要高重复率的光源来积累足够数量的光子时间。

图 6-13（a）说明了分布图是如何在多个循环周期内形成的。在这个例子中，荧光被短激光脉冲重复激发。激发和发射之间的时间差是由类似于秒表的电子设备测量的。在图 6-13（b）中，时间分辨荧光实验的典型结果是一张分布图，在该图中，计数的数目随着时间延长呈现指数下降的特征。

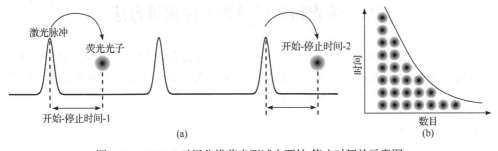

图 6-13　TCSPC 时间分辨荧光测试中开始-停止时间的示意图

2. 测试设备

TCSPC 测试需要一台 TCSPC 荧光光谱仪。TCSPC 测量样品被光激发后单个光子的到达时间。如图 6-14 所示，TCSPC 荧光光谱仪通常包含脉冲光源、检测器、恒比鉴相器（constant fraction discriminator，CFD）、时间幅度转换器（time-to-amplitude converter，TAC）、模数转换器（analog-to-digital converter，ADC）和存储器（memorizer，MEM）。选择的光源的波长需要匹配样品的激发波长。

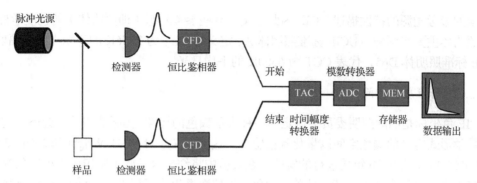

图 6-14 TCSPC 荧光光谱仪的工作示意图

6.6 白光 LED 器件的光电综合测试方法

LED 是近几年迅速崛起的半导体固态发光元件,与传统白炽灯、荧光灯相比,具有小型、设计紧凑、耐振动性好、简约、坚固稳定性好、发热少而寿命长、亮度高、发光速度快、工作电压低、驱动电源非常简单等优点。本节重点介绍白光 LED 的各项色度参数及其光电性能测试方法等。

6.6.1 色度参数

LED 的光学测量方法主要分为光度测量法和辐射度测量法。尽管两类测量方法均可应用于白光 LED,但光度测量法更为常用,且最相关。

CIE 色坐标、显色指数(CRI)及相关色温(CCT)都是可商用测量的光源色度参数。色度学定义了被人眼感知到的量。光谱颜色刺激为平均人眼引起的颜色感知心理量的量化方法的建立打下了色度学的基础。人眼感知光照中的环境和物体时,反射光线中的彩色或非彩色成分到达眼睛,通过眼睛的生理感知展现为颜色。这种表现被描述为紫色、蓝色、绿色、洋红色、红色、棕色、橙色、黄色等彩色描述语,以及白色、灰色、黑色等非彩色描述语,或是上述描述的某种组合。亮度水平和振幅被用以进一步描述颜色感知。人眼对颜色的感知依赖于眼睛感知的颜色刺激的光谱分布、刺激的物理性质及其周围环境,如它们的相对位置、形状和大小。另外,观察者的经验和视觉系统的适应也在决定什么颜色中起作用。

在可见光谱中,人眼将不同波长的单色光感知为不同颜色。所感知颜色通过计算人眼对外部光谱颜色刺激的内部响应实现量化,外部光谱刺激即光源光谱辐射功率分布函数。

人眼还能将由一组特定波长组合成的白光的物体照射区别于由另一组波长组成的白光照射。因此,同一个物体被具有不同光谱颜色特性的光源照射时显示出不同的颜色。所感知物体色的量化通过计算人眼对外部光谱颜色刺激的内部响应函数进行,在这里该颜色刺激是光源的光谱辐射功率分布和物体的光谱反射比分布或物体光谱透射比分布的乘积。

1. CIE 标准照明体

由于一个物体的颜色取决于它是如何被光源照射的,物体色的分类需要对光源进行基于一定的参考光源的特性描述。CIE 因此定义了某些参考光源（即照明体）的色度学标准。这些照明体主要有两种：①CIE 标准照明体 A，定义为 CCT 为 2856K 的普朗克黑体辐射体；②CIE 标准照明体 D65，代表 CCT 为 6500K 的平均日光。

2. CIE 标准颜色空间

CIE 色坐标是国际照明委员会制定的一种表示颜色的标准。国际照明委员会还创建了某些以数学形式定义的颜色空间以量化颜色感知。这些定义来自 W. D. Wright 和 J. Guild 分别在 20 世纪 20 年代和 30 年代进行的实验。在实验中将红、绿、蓝（RGB）三种颜色的光组合起来以产生可见光谱中的某一种单一颜色。这些数据生成了标准 RGB 颜色匹配函数，并被转换成 CIE 1931 XYZ 颜色匹配函数，随后形成相应的颜色空间。

在中、高亮度环境下，人眼感光细胞或视锥细胞在红、绿、蓝光波段存在灵敏度峰值（即有三种原色明视觉刺激）。因此，原则上，所有颜色均可以通过一些适当的三刺激值表示。颜色空间，包括 CIE 1931 XYZ 和 CIE 1964，建立了三刺激值和颜色之间的关联，从而提供了物体和光源颜色特性的量化手段。

3. CIE 标准色度图

三维（3D）的 CIE 1931 XYZ 颜色空间提供了代表所有可能的颜色感知的 XYZ 三刺激值。在这个空间中，Y 提供亮度值，X 和 Z 是三刺激色的一些适当的衍生参数。这个颜色空间在平面上的二维（2D）表达，被称为 CIE 1931（x，y）色度图（图 6-15），这对于大多数应用都已足够。色度图的 x 和 y 坐标，如下式所示，通过 X、Y、Z 值的投影计算：

$$x = \frac{X}{X+Y+Z}, \quad y = \frac{Y}{X+Y+Z} \qquad (6-22)$$

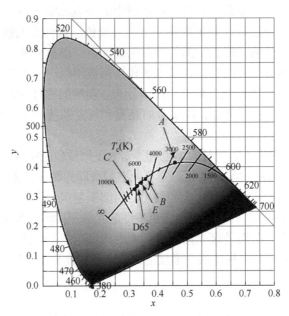

图 6-15　CIE 标准色度图
曲线为黑体轨迹，相交的直线点代表不同常数的 CCT

CIE 1931（x, y）在全世界广泛应用。然而，它有一个显著缺陷，由于（x, y）表达中呈现的非线性颜色特性，该平面内两个坐标点之间的几何距离不能与两点之间的感知色差很好地对应。因此，1976 年，CIE 推出了均匀（u', v'）色度图（uniform chromaticity scalediagram，UCS），其坐标定义为

$$u' = \frac{4X}{X + 15Y + 3Z}, \quad v' = \frac{9Y}{X + 15Y + 3Z} \tag{6-23}$$

式（6-23）中的加权变换是用来抵消将 XYZ 空间投影到平面产生的非线性特性。虽然（u', v'）尺度仍未能提供平面内几何距离与色差严格对应的线性关系，但其差异已远小于 CIE 1931（x, y）色度图。

6.6.2　色温

阳光在一天中从清晨到黄昏有不同的强度和色调，日光也随之变化。日光还随大气条件而变化，因为大气条件影响天空的光散射。这种变化的色调可以用一个被称为色温的参数描述。一个可见光源的色温和一个与其发射辐射的色调最相近的理想黑体辐射体的温度相关联（黑体是一个吸收所有入射电磁波的理想物体）。因此，它更准确的名称是相关色温（CCT），单位为开尔文（K），量值是其热力学温度，有时也被记作°K。

光源的 CCT 被定量为其发射光与光源具有同样色调的理想黑体的表面温度。白炽灯泡可作为一个近似的理想黑体，其色温基本和其发光的灯丝一样——位于 2700～3000K。色温越高，色调越趋于蓝色。图 6-15 给出了普朗克体或黑体在 CIE 1931（x, y）色度空间图中的轨迹，曲线代表黑体轨迹，与之相交的直线为恒定 CCT 线。这些 CCT 仅在其（x, y）坐标位于恒定 CCT 线定义的某些带内有效。

阳光的 CCT 在一天中不断变化。CCT 为 6500K 的日光已经成为各类视觉应用的标准。它被称为 D65 检视标准。CCT 为 5500K 的日光是摄影胶片的标准。

在晚间，习惯使用带有黄色色调的暖光——就像来自蜡烛和白炽灯的光照；白天，带有蓝色调的光，即冷光更为有效——如来自荧光灯或自然光的光照，因为对于许多颜色，它都能提供更高的对比度。

6.6.3　显色指数

用广光谱白光照明可使各种颜色的物体看起来接近其本色。光的这种特性被称为显色性。白光，如阳光，包含所有的可见光波长或颜色，将阳光定义为"纯"白光。在视觉光谱内，白光可以基于定义完美显示所有颜色。显色性以相对的方式量化，其被定义为显色指数（CRI）。CRI 的评价范围是 0～100，100 被认为是理想的；在实际应用中，低数值并无意义，因为其并不对应于白光光源。

由于 CRI 是比对测量的，一个光源的 CRI 仅在光源的 CCT 和参考值匹配时才有意义。因此，白炽灯的 CRI 被定义为 100，它基本上就是一个理想的黑体光源，即参考光源。同样，所有自然日光的 CRI 都是 100。用通俗的话来说，CRI 就是表征光源让颜色看上去自然的能力。CRI、CCT 和如图 6-15 所示的色度构成了描述颜色和评估照明的基础。

6.6.4　白光 LED 器件的光电综合测试原理与方法

1. 测试设备

LED 性能测试包含了光学性能、电学性能、可靠性等多方面测试，设备主要由激励电源、LED 特性测试仪、热特性温控仪、温控测试台、照度检测探头、LED 光发射器、直线轨道、LED 样件盒等组成，如图 6-16 所示。

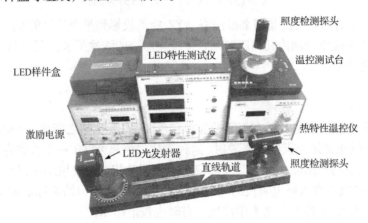

图 6-16　LED 综合特性测试设备

（1）激励电源：为 LED 提供驱动电源，有稳压和稳流两种模式。测试过程中可以选择合适范围及方式，选择合适测试间隔对 LED 器件进行逐点扫描，并得到其电学性能曲线。

（2）LED 特性测试仪：包含电压表、电源表、照度表。测试仪具有电压/电流方向切换功能，用于测量 LED 的正向或反向特性。

（3）LED 样件盒：装有红、绿、蓝、白四色高亮型 LED 和四色功率型 LED。

（4）LED 光发射器：用于方便安装 LED，并与 LED 结合构成 LED 光发射源，可以旋转用于测试 LED 输出光空间分布特性。

（5）照度检测探头：检测当前位置 LED 出射光的照度值，并与测试仪的照度表一起构成照度计。采用的照度传感器光谱响应接近人眼视觉的光谱灵敏度特性。

温控测试台与热特性温控仪用于测试 LED 的热稳定性，这里不作重点介绍。

新型的 LED 光电性能测试设备主要分为两大模块，一块利用光谱仪或积分球+光纤+探测器测试 LED 的光学性能，另一块利用电学源表测试其电学性能，终端汇总于计算机，集成软件可一次性将光电学数据统计并显示出来。

2. 测试原理与方法

白光 LED 的光电性能测试主要包括伏安特性、电光转换特性以及输出光空间分布特性等，本小节主要介绍以上特性的测试原理及方法。

1）LED 的伏安特性

LED 的伏安特性测试原理如图 6-17 所示。

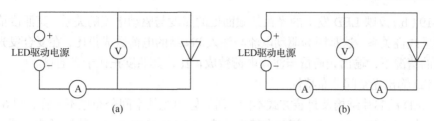

图 6-17　LED 伏安特性测试原理
（a）正向测试；（b）反向测试

伏安特性反映了在 LED 两端加电压时电流与电压的关系，如图 6-18 所示。在 LED 两端加正向电压，当电压较小，不足以克服势垒电场时，通过 LED 的电流很小。当正向电压超过死区电压 U_{th}（图 6-18 中的正向拐点）后，电流随电压迅速增长。

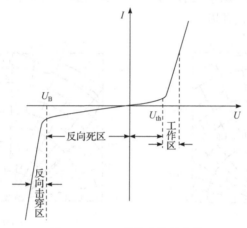

图 6-18　LED 的伏安特性曲线

正向工作电流指 LED 正常发光时的正向电流值，根据不同 LED 的结构和输出功率的大小，其值为几十 mA 到 1A。正向工作电压指 LED 正常发光时加在二极管两端的电压。允许功耗指加于 LED 的正向电压与电流乘积的最大值，超过此值，LED 会因过热而损坏。

LED 的伏安特性与一般二极管相似。在 LED 两端加反向电压，只有微安级反向电流。当反向电压超过击穿电压 U_B 后 LED 被击穿损坏。为安全起见，激励电源提供的最大反向电压应低于击穿电压。

2）LED 的电光转换特性

LED 的电光转换特性测试原理如图 6-19（a）所示。

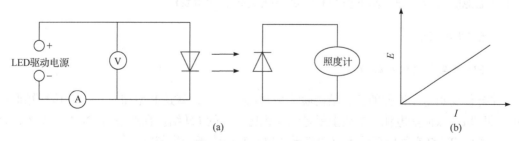

图 6-19　（a）LED 电光转换特性测试原理；（b）LED 电光转换特性曲线

图 6-19（b）反映 LED 发出的光在某截面处的照度与驱动电流的关系，其照度值与驱动电流近似呈线性关系，这是因为驱动电流与注入 PN 结的电荷数成正比，在复合发光的量子效率一定的情况下，输出光通量与注入电荷数成正比，其照度正比于光通量。

　　3）LED 输出光空间分布特性

　　因为 LED 的芯片结构及封装方式不同，所以输出光的空间分布也不一样，图 6-20 给出其中两种不同封装的 LED 的空间分布特性（实际 LED 的空间分布特性可能与图示存在差异）。图 6-20 的发射强度是以最大值为基准的，此时方向角定义为零度，发射强度定义为 100%。当方向角改变时，发射强度（或照度）相应改变。发射强度降为峰值的一半时，对应的角度称为方向半值角。LED 出光窗口有透镜，可使其指向性更好，如图 6-20（a）所示，方向半值角大约为±7°，可用于光电检测、射灯等要求出射光束能量集中的应用环境；如图 6-20（b）所示为未加透镜的 LED，方向半值角大约为±50°，可用于普通照明及大屏幕显示等要求视角宽广的应用环境。

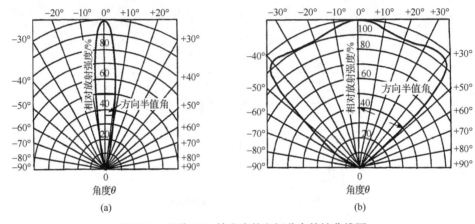

图 6-20　两种 LED 输出光的空间分布特性曲线图
（a）加装透镜；（b）未加透镜

6.7　光伏电池特性测试方法

　　太阳能电池应用很广，已从军事、航天领域进入了工业、商业、农业、通信、家电及公用设施等领域，尤其是在分散的边远地区、高山、沙漠、海岛和农村等地区得到广泛使用。

　　太阳能电池是目前太阳能利用中的关键环节，核心概念是 PN 结和光生伏特效应。理解太阳能电池的工作原理、基本参数和测试方法是必要和重要的。

6.7.1　光生伏特效应

　　1. PN 结与光生伏特效应

　　半导体材料电子器件的核心结构通常是 PN 结，PN 结就是 P 型和 N 型半导体接触形成的基础区域。太阳能电池，本质上就是结面积比较大的 PN 结。在理想的 PN 结模型下，处于热平衡的 PN 结空间电荷区没有载流子，也没有载流子产生与复合作用。

PN 结建立后，热平衡状态下的 PN 结会形成内建电场，P 区和 N 区两端会产生一个高度为 qV_D 的势垒，如图 6-21（a）所示。有入射光垂直入射到 PN 结时，只要 PN 结结深比较明显，入射光子便会透过 PN 结区域甚至能深入半导体内部。如果入射光子能量满足关系 $h\nu \geq E_g$（E_g 为半导体材料的禁带宽度），那么这些光子会被材料吸收，在 PN 结中产生电子-空穴对。光照条件下材料体内产生电子-空穴对是典型的非平衡载流子光注入作用。光生载流子对 P 区空穴和 N 区电子这样的多数载流子的浓度影响是很小的，可以忽略不计。但是对少数载流子将产生显著影响，如 P 区电子和 N 区空穴。在均匀半导体中光照射也会产生电子-空穴对，但它们很快又会通过各种复合机制复合。在 PN 结中情况有所不同，主要原因是存在内建电场。在内建电场的驱动下 P 区光生少子电子向 N 区运动，N 区光生少子空穴向 P 区运动。这种作用有两方面的体现：第一，光生少子在内建电场驱动下定向运动产生电流，这就是光生电流，由电子电流和空穴电流组成，方向都是由 N 区指向 P 区，与内建电场方向一致；第二，光生少子的定向运动与扩散运动方向相反，减弱了扩散运动的强度，PN 结势垒高度降低[图 6-21（b）]，甚至会完全消失。宏观的效果是在 PN 结光照面和暗面之间产生电动势，也就是光生电动势，这个效应称为光生伏特效应。如果构成回路就会产生电流，这种电流称为光生电流 I_L。

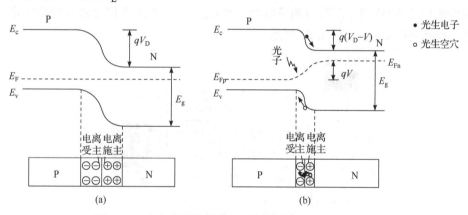

图 6-21　（a）热平衡时的 PN 结；（b）光照下的 PN 结

E_c: 导带底；E_v: 价带顶；E_F: 费米能级

从结构上说，常见的光伏电池（也称太阳能电池）是一种浅结深、大面积的 PN 结。太阳能电池之所以能够完成光电转换过程，其核心物理效应是光生伏特效应。光照会使 PN 结势垒高度降低甚至消失，这个作用完全等价于在 PN 结两端施加正向电压。这种情况下的 PN 结就是一个光电池。将多个太阳能电池通过一定的方式进行串、并联，并封装好就形成了能防风雨的太阳能电池组件。

2. PIN 结

若在 PN 结的 P 区和 N 区之间再加一层杂质浓度很低可近似看作本征半导体（用 I 表示）的半导体，便形成了 P-I-N 结构，简称 PIN 结。PIN 结除了具有较宽的空间电荷区外，还具有很大的结电阻和很小的结电容，这些特点使 PIN 结在光电转换效率和高频响应特性等方面与普通的 PN 结相比均有很大的改善。

6.7.2　光伏电池特性测试原理与方法

1. 测试设备

光伏电池是将太阳能转变为电能的半导体器件，从应用和研究的角度考虑，其光电转换效率、输出伏安特性曲线及参数是必须测量的，而这种测量必须在规定标准太阳光下进行才有参考意义。而太阳光本身随时间、地点而变化，必须规定一种标准太阳光条件，才能使测量结果既能彼此进行相对比较，又能根据标准太阳光下的测试数据估算出实际应用时太阳能电池的性能参数。目前国内外的标准都规定，在晴朗条件下，当太阳透过大气层到达地面经过的路程为大气层厚度的 1.5 倍时，其光谱为标准地面太阳光谱，简称 AM1.5 标准太阳光谱。目前测试中替代室外标准太阳光的常用方法是用人造光源模拟太阳光，即太阳模拟器。

测试光伏电池的性能主要是测量它的伏安特性，并确保是在标准测试条件下进行的。测试设备主要包括氙灯电源、光源（太阳模拟器）、测试主机、滤光片组和电池片组。此设备可以进行不同太阳能电池片的整流特性实验，测量不同温度下电池片的整流特性、不同电池片的导通电压；可以测试不同温度、不同光照强度及不同太阳能电池的输出特性曲线，得到电池的重要参数（开路电压、短路电流及最大输出功率）随温度、光照强度的变化关系，对比不同电池片的转换效率；还可以测量电池片的光谱曲线，找出不同电池片对哪些波长的光更敏感。设备构成示意图如图 6-22 所示。

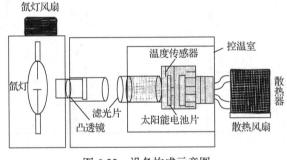

图 6-22　设备构成示意图

2. 测试原理与方法

测量伏安特性的电路框图如图 6-23 所示。测试时有一些标准测试条件规定。如上所述，标准规定地面标准太阳光谱采用总辐射的 AM1.5 标准太阳光谱。地面阳光的总辐照度规定为 1000W/m²，标准测试温度规定为 25℃。对于定标测试，标准测试温度的允许差为 ±1℃，对于非定标准测试，标准测试温度允许差为 ±2℃。

在规定的测试项目中，开路电压和短路电流可以用元件直接测量，其他参数从伏安特性求出。光伏电池伏安特性应在标准地面阳光、太阳模拟器或其他等效的模拟阳光下测量。光伏电池的伏安特性应在标准条件下测试，如受客观条件所限，只能在非标准条件下测试，则测试结果应换算到标准测试条件。

在测量过程中，光伏电池的测试温度必须恒定在标准测试温度。可以用遮光法控制光伏电池组件、组合板或方阵的测试温度。模拟阳光的辐照度只能用标准太阳能电池校准，不允许用其他辐射测量仪表。用于校准辐照度的标准太阳能电池应和待测太阳能电池具有基本相同的光谱响应（注：是指同材料、同结构、同工艺的光伏电池）。

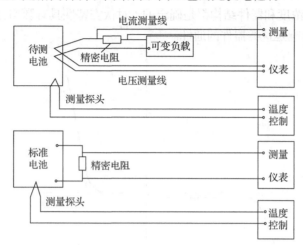

图 6-23　测量伏安特性的电路框图

3. 光伏电池测试内容

1）暗特性

通常把无光照或光照为零的情况下太阳能电池的电流-电压特性称为暗特性。近似地，可以把无光照情况下的太阳能电池等价为一个理想的 PN 结，其电流-电压关系为肖克莱方程：

$$I = I_s \left[\exp\left(\frac{qV}{k_0 T}\right) - 1 \right] \tag{6-24}$$

式中，q 为电子电荷量；k_0 为玻尔兹曼常量；T 为热力学温度。

$I_s = J_s A = Aq\left(\dfrac{D_n n_{p0}}{L_n} + \dfrac{D_p p_{n0}}{L_p}\right)$ 为反向饱和电流，又称暗电流。其中 J_s 是反向饱和电流密度，一般其量级为 10^{-12}；A 为结面积；D_n、D_p 分别为电子和空穴的扩散系数；n_{p0} 为 P 区平衡少数载流子——电子浓度；p_{n0} 为 N 区平衡少数载流子——空穴浓度；L_n、L_p 分别为电子和空穴的扩散长度。

一般情况下，光伏电池的正向偏压为零点几伏，$\exp\left(\dfrac{qV}{k_0 T}\right) \gg 1$，正向 I-V 关系可表示为

$$I = I_s \exp\left(\frac{qV}{k_0 T}\right) \tag{6-25}$$

对于反向偏压，$\exp\left(\dfrac{qV}{k_0 T}\right) \ll 1$，即理想 PN 结的电压指数项可忽略不计，即

$$I \rightarrow -I_s \tag{6-26}$$

根据肖克莱方程，如图 6-24 所示，在反向电压不超过击穿电压 V_B 的情况下，电流接近于暗电流 I_s，此时的电流非常小且几乎为零；在正向电压下，电流随电压指数增长，因此光

伏电池的 *I-V* 特性曲线不对称，这就是 PN 结的单向导电特性或整流特性。对于确定的光伏电池，其掺杂类型、浓度和器件结构都是确定的，对伏安特性具有影响力的因素是温度。温度对半导体器件的影响是这类器件的通性。

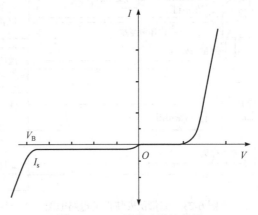

图 6-24　PN 结的暗特性曲线

2）光照特性

太阳能电池的光照特性是指太阳能电池在光照条件下的输出伏安特性。硅太阳能电池的性能参数主要有开路电压 V_{oc}、短路电流 I_{sc}、最大输出功率 P_m、转换效率 η 和填充因子 FF。

光生少子在内建电场驱动下的定向运动使 PN 结内部产生了 N 区指向 P 区的光生电流 I_L，光生电动势等价于加载在 PN 结上的正向电压 V，它使 PN 结势垒高度降至 qV_D-qV。理想情况下，太阳能电池负载等效电路如图 6-25 所示，把光照的 PN 结看作理想二极管和恒流源并联，恒流源的电流即为光生电流 I_L；I_F 为通过硅二极管的结电流；R_L 为外加负载。该等效电路的物理意义是太阳能电池光照后产生一定的光电流 I_L，其中一部分用来抵消结电流 I_F，另一部分为负载的电流 I。由等效电路图可知：

$$I = I_L - I_F = I_L - I_s\left[\exp\left(\frac{qV}{k_0 T}\right)-1\right]\qquad(6\text{-}27)$$

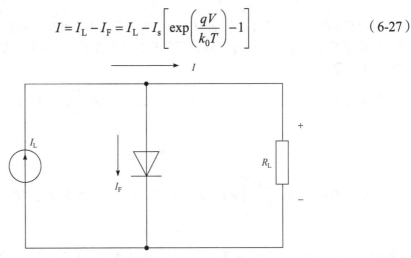

图 6-25　理想情况下光伏电池负载等效电路

随着二极管正偏，空间电荷区的电场变弱，但是不可能变为零或者反偏。光电流总是反向电流，因此太阳能电池的电流总是反向的。

根据图 6-25 的等效电路，有两种极端情况是在光伏电池光照特性分析中必须考虑的。其一是负载电阻 $R_L=0$，这种情况下加载在负载电阻上的电压也为零，PN 结处于短路状态，此时光电池输出电流被称为短路电流 I_{sc}：

$$I_{sc} = I_L \tag{6-28}$$

即短路电流等于光生电流，它与入射光的光强 E_e 及器件的有效面积 A 成正比。其二是负载电阻 $R_L \to \infty$，外电路处于开路状态。流过负载的电流为零（$I=0$），根据等效电路图，光电流正好被正向结电流抵消，光电池两端电压 V_{oc} 就是所谓的开路电压。显然有

$$I = I_L - I_s\left[\exp\left(\frac{qV_{oc}}{k_0T}\right) - 1\right] = 0 \tag{6-29}$$

由式（6-29）得到开路电压 V_{oc} 为

$$V_{oc} = \frac{k_0T}{q}\ln\frac{I_L}{I_s} + 1 \tag{6-30}$$

可以看出，开路电压 V_{oc} 与入射光的光强的对数成正比，与器件的面积无关，与电池片串联的级数有关。

开路电压 V_{oc} 和短路电流 I_{sc} 是光电池的两个重要参数，实验中这两个参数分别为稳定光照下光伏电池 I-V 特性曲线与电压、电流轴的截距。不难理解，在温度一定的情况下，随着光照强度 E_e 增大，光伏电池的短路电流 I_{sc} 和开路电压 V_{oc} 都会增大，但是随光强变化的规律不同，短路电流 I_{sc} 正比于入射光强度 E_e，开路电压 V_{oc} 随入射光强度 E_e 呈对数增加。此外，从光伏电池的工作原理考虑，开路电压 V_{oc} 不会随入射光强度增大而无限增大，它的最大值是使 PN 结势垒高度为零时的电压值。换句话说，光伏电池的最大光生电压为 PN 结的势垒对应的电势差 V_D，是一个与材料带隙、掺杂水平等有关的值。实际情况下，最大开路电压值 V_{oc} 与 E_g/q 相当。

光伏电池从本质上说是一个能量转换器件，它把光能转换为电能。因此，讨论光伏电池的效率是必要和重要的。根据热力学原理，任何的能量转换过程都存在效率问题，实际发生的能量转换效率不可能是 100%，就光伏电池而言，需要知道的是，转换效率与哪些因素有关，以及如何提高光伏电池的转换效率。光伏电池的转换效率 η 定义为最大输出功率 P_m 和入射光的总功率 P_{in} 的比：

$$\eta = \frac{P_m}{P_{in}} \times 100\% = \frac{I_mV_m}{E_e \cdot A} \times 100\% \tag{6-31}$$

式中，I_m、V_m 分别为最大功率点对应的最大工作电流、最大工作电压；E_e 为由光探头测得的光照强度（单位：W/m^2）；A 为太阳能电池片的有效受光面积。

图 6-26 为光伏电池的输出伏安特性曲线，其中 I_m、V_m 在 I-V 关系中构成一个矩形，称为最大功率矩形。如图 6-26 所示，光伏电池输出 I-V 特性曲线与电流、电压轴的交点分别是短路电流和开路电压。最大功率矩形取值点 P_m 的物理含义是光伏电池最大输出功率点，数学上是 I-V 曲线上横纵坐标乘积的最大值点。短路电流和开路电压也形成一个矩形，面积

为 $I_{sc}V_{oc}$。定义为

$$FF = \frac{I_m V_m}{I_{sc} V_{oc}}\qquad(6\text{-}32)$$

式中，FF 为填充因子，图形中它是两个矩形面积的比。填充因子反映了光伏电池可实现功率的度量，通常填充因子为 0.5～0.8，也可用百分数表示。

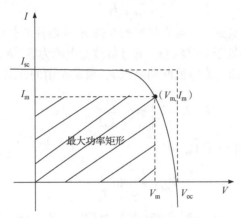

图 6-26   光伏电池输出伏安曲线

　　光伏电池本质上是一个 PN 结，因而具有一个确定的禁带宽度。从原理上得知只有能量大于禁带宽度的入射光子才有可能激发光生载流子并继而发生光电转化。因此，入射到光伏电池的太阳光只有光子能量高于禁带宽度的部分才会实现能量的转化。光伏电池效率损失的原因主要有电池表面的反射、电子和空穴在光敏感层之外由于重组而造成的损失，以及光敏层的厚度不够等。综合来看，单晶硅光伏电池的最大量子效率的理论值大约是 40%。实际上，大规模生产的光伏电池的效率还达不到理论极限的一半，只有百分之十几。对光伏电池效率有影响的还有很多其他因素，如大气对太阳光的吸收、表面保护涂层的吸收、反射、串联电阻热损失等。综合考虑，光伏电池的能量转换效率大致在 10%～15%。

　　3）光谱特性

　　光伏电池的光谱响应描述了光伏电池对不同波长的入射光的敏感程度，又称光谱灵敏度，可分为绝对光谱响应和相对光谱响应。只有能量大于半导体材料禁带宽度的光子才能激发出光生电子-空穴对，而光子的能量与光的波长有关。

　　一般来说，光伏电池的光生电流 I_L 正比于光源的辐射功率 $\Phi(\lambda)$。光伏电池的绝对光谱响应 $R(\lambda)$ 定义为

$$R(\lambda) = \frac{I(\lambda)}{\Phi(\lambda)}\qquad(6\text{-}33)$$

式中，$I(\lambda)$、$\Phi(\lambda)$ 分别为入射光波长为 λ 时光伏电池输出的短路电流和入射到电池上的辐射功率。如果光探测器（经过标定）在某一特定波长 λ 处的光谱响应是 $R'(\lambda)$、短路电流为 $I'(\lambda)$，那么在辐射功率 $\Phi(\lambda)$ 相同时，测量光伏电池输出电流 $I(\lambda)$，则

$$\Phi(\lambda) = \frac{I'(\lambda)}{R'(\lambda)} = \frac{I(\lambda)}{R(\lambda)}\qquad(6\text{-}34)$$

电池的绝对光谱响应可表述为

$$R(\lambda) = \frac{I(\lambda)}{I'(\lambda)} R'(\lambda) \tag{6-35}$$

式中，$R(\lambda)$ 为标准光强探测器的相对光谱响应；$I'(\lambda)$ 为光强探测器在给定的辐照度下的短路电流；$I(\lambda)$ 为待测太阳电池片在相同辐照度下的短路电流。而相对光谱响应等于绝对光谱响应除以绝对光谱响应的最大值。

通过上述比对法可以进行光伏电池绝对光谱响应的测试。在得到绝对光谱响应曲线后，将曲线上的点都除以该曲线最大值，则得到对应的相对光谱响应曲线。

6.8 光催化性能测试方法

光催化在清洁能源的开发和利用过程中起到非常重要的作用。利用光催化分解水是一种低成本、转化效率高且反应规模适用范围广的将太阳能转化为氢能的方法。此外，光催化在抗生素等新型污染物处理方面具有环保高效的优势。本节将介绍光催化效应的基本知识及其测试原理与方法。

6.8.1 光催化效应

1. 光催化物理基础

产生光催化反应的主要对象是半导体，其经典能带理论是需要了解的物理基础。半导体之所以能够有效地进行光能量转换，其关键原因在于半导体固体中电子的离域现象。为了理解离域轨道的由来，需要对半导体晶体内的结合键的特性进行分析。能带理论是目前能够用来成功描述半导体电子结构的基本模型。

从能带理论来看，价带电子由于被束缚，在外电场作用下不会定向运动，从而不能形成电流，对导电没有贡献；由于导带能级是被部分占据的，在外电场作用下，电子可以在不同能级间发生迁移，从而形成电流，能够起到导电作用。对于半导体而言，所有电子都在价带上，其导带上没有电子，只有当受到外界刺激时（如加热或光照），价带上的电子才可能被激发跃迁至导带上，此时在外电场作用下，这些电子就会起到导电作用；同时，由于电子跃迁，会在价带上留下空位，价带上的电子就会利用这些空位发生迁移，从而也会起到导电作用，这些空位常被称为空穴。在半导体中，受激发的电子和对应产生的空穴，成为电子-空穴对，统称为载流子。

光在媒介中传播时具有衰减现象，此现象是介质对光的吸收造成的。半导体材料通常对光有着强烈的吸收作用，其中价带电子跃迁是半导体光吸收的主要过程。此过程主要是指价带电子受到光子能量的激发，由低能带（即价带）跃迁至高能带（即导带）的过程。

当有外部光照时，价带电子会吸收能量跃迁至导带，此过程对应产生一个空穴，形成电子-空穴对，即为本征吸收。对于本征吸收，吸收的光子能量需使价带电子跨过禁带，即光子能量需大于等于禁带宽度 E_g：

$$h\nu \geqslant h\nu_0 = E_g \tag{6-36}$$

式中，h 为普朗克常量；ν 为光子频率；ν_0 为临界频率。由公式可知，只有当光子频率等于或高于 ν_0 时，才能发生本征吸收，其对应的波长限制称为本征吸收限。根据波长与频率的对应关系，本征吸收限简化计算为

$$\lambda_0 = 1240 / E_g \qquad\qquad (6\text{-}37)$$

2. 光催化原理

在光催化反应中，光子能量被转换成化学能（如氢气）。经典能带理论是普遍认同的光催化过程。如图 6-27 所示，光子能量 $h\nu$ 与辐射频率成正比。当能量高于或等于半导体禁带宽度 E_g 的光子撞击半导体光催化剂时，价带上的电子离开价带至导带上，同时在价带上产生一个带正电的空穴，即在半导体内部产生电子-空穴对。这些电子-空穴对在随后分解水的氧化还原反应中起了关键作用。激发生成的电子和空穴会迁移到表面参与反应，而在这期间电子和空穴也会不可避免地发生复合并放出荧光或热量。而能量低于半导体禁带带隙能量的光子则不会激发该半导体。根据光子等价定律，半导体在跃迁时吸收的光子越多，可生成的电子-空穴对就越多，可参与反应的电子-空穴对也会越多，从而促进光催化过程。因此，半导体的光吸收能力直接决定了能量转化效率的上限。为了能够利用太阳光谱中更广泛的太阳光，很多研究人员通过调节半导体的能级结构使该半导体可以吸收可见光甚至红外光。

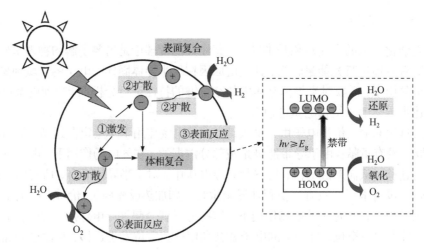

图 6-27　半导体光催化反应的基本过程

在光催化降解反应中，迁移到表面的电子可能会与表面吸附的溶解氧分子生成超氧自由基（$\cdot O_2^-$）或过氧化氢自由基（$HO_2\cdot$），而迁移至表面的空穴可能会与催化剂表面吸附的羟基离子（OH^-）或水分子反应生成羟基自由基（$\cdot OH$）。超氧自由基、过氧化氢自由基和羟基自由基可以氧化大部分有机污染物并最终生成 CO_2 和 H_2O。

在光催化分解水反应中，主要是利用产生的电荷解离水。水生电子将水分子还原为氢气分子，而光生空穴会将水分子氧化为氧气分子。光催化分解水的具体反应如下。

光还原：$2H_2O + 2e^- \xrightarrow{h\nu} H_2 + 2OH^- \qquad E^{\ominus}_{H^+/H_2} = 0V$，标准氢电极电势

光氧化： $2H_2O \xrightarrow{h\nu} O_2 + 4H^+ + 4e^-$ $\qquad E^{\ominus}_{O_2/H_2O} = +1.23V$，标准氧电极电势

光催化分解水反应对半导体的能带结构有一定要求。为了引发氧化还原反应，半导体的价带最高位置应该比水氧化电势（+1.23V）更正，半导体的导带最低位置应该比水还原电势（0V）更负。因此，分解水反应的光催化剂的最小能带间隙为 1.23eV。半导体的禁带宽度、价带位置和导带位置是决定该半导体能否发生光催化反应的先决条件。

然而，即使在有牺牲剂存在的条件下，研究光催化分解水的半反应过程时，光生电子和空穴的快速复合也是限制光催化活性的一大原因。在光催化过程中，电子-空穴对在几飞秒内产生，而它们迁移到反应位点则需要数百皮秒，与表面吸附的反应物发生反应需要几纳秒到几微秒。然而，电子和空穴复合需要几皮秒到几十纳秒，特别是电子和空穴在体相中的复合只需要几皮秒，速度远高于电荷运输过程和表面反应过程。这意味着大部分的光生电子和空穴都在光催化剂的体相中复合了，只有少部分的光生电子和空穴迁移到表面参与后续的反应。因此，高效的光催化剂除了需要合适的禁带宽度、恰当位置的导带和价带用于氧化还原反应外，还需要有较高的电子和空穴的传输和分离效率。

6.8.2 光催化效应测试原理与方法

1. 测试设备

对材料光催化效应测试的分析主要围绕其光催化性能、电化学性能等展开，且表征测试方法繁多，本小节仅对部分方法进行介绍。其他材料性能的表征设备，尤其是光学性能方面，可见其他章节。往往采用紫外可见分光光度计对光催化进行过程态监控，其设备在 6.2 章节中已有介绍。对其电化学性能的分析主要基于电化学工作站。在电化学系列测试中，材料被制成电极，与对电极（如 Pt 电极）、参比电极（如 Ag/AgCl）形成三电极体系。其设备如图 6-28 所示。

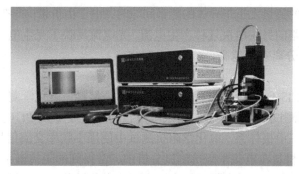

图 6-28　电化学工作站设备图

2. 测试原理与方法

测试原理与方法将围绕光学性质、光催化性能、光电响应及电化学响应展开。

1）光学性质

（1）紫外-可见漫反射光谱（UV-Vis DRS）。紫外-可见漫反射可用于研究固体样品的光吸收性能，催化剂表面过渡金属离子及其配合物的结构、氧化状态、配位状态、配位对称性等。在光催化领域，一般用紫外-可见漫反射探究固体样品的吸光性能。对于不同的光催化

材料，其吸光性能会有很大差异，有的在可见光照射下就可以发生催化反应，有的只能在紫外光照射下才会发生催化反应。通过 UV-Vis DRS 可以知道光催化剂的光吸收范围，并且通过后续公式转换计算可以得到光催化剂的能带间隙。

（2）傅里叶变换红外光谱（FTIR）。红外光谱是一种吸收光谱，来源于分子偶极矩变化。当振动引起偶极矩变化时，变化的偶极矩可能与入射的红外光相互作用，分子吸收光电磁波的能量，发生能级跃迁，在光谱中形成一条红外吸收谱带。红外光谱与物质内部分子结构及运动相关，可以用来鉴定分子中存在的官能团，得到分子的化学键（官能团）信息。FTIR 的优点是扫描速度快，分辨率高；光通量大，灵敏度高；光谱范围宽，测量精度高。样品可以为液体、粉末、固体、薄膜。样品种类可以为无机物、有机物。

2）光催化性能

通常采用紫外-可见分光光度计分析材料的光催化性能。例如，测试光催化材料对有机物降解能力时，将定量的光催化材料与固定浓度的有机物进行混合，黑暗中搅拌均匀等待吸附平衡。随后，在适当光照条件下，开始光催化降解，每隔一段时间（如 5min）收集定量溶液，对其进行吸光度测试。多次取样后，取其固定的特征峰位（该峰为待降解有机物的特征峰位）的吸光度数值。初始未降解吸光度为 $A_{初始}$，特定时间时吸光度为 $A_{终点}$，则某时刻对该有机物的降解率 η 可由下式得到：

$$\eta(\%) = \frac{A_{初始} - A_{终点}}{A_{初始}} \times 100\% \tag{6-38}$$

3）光电响应

光电响应分析属于材料光电化学测量中最基本的一种测试分析，已被广泛用于评估光生载流子的分离能力。用光能激发材料时，价带电子被激发而跃迁至导带，在强电场作用下，导带电子会定向移动而形成电流，即光生电流。所以，一般情况下，当光辐射能量被半导体材料吸收而产生光电流时，较高的光电流响应表明材料具有更好的电荷分离性能。光照射半导体电极，当入射光的能量大于半导体的能带间隙时，电子由价带向导带跃迁产生电子-空穴对，光生电子沿外电路向另一电极迁移产生电流，光电流反映了光生电子和光生空穴的分离效率。光电流越大，分离效率越高。

4）电化学性能

电化学阻抗谱（EIS），也可以称为交流阻抗谱，是材料光电化学测量中的一种基本测试分析。在电化学系列测试中，材料被制备成电极，与对电极（如 Pt 电极）、参比电极（如 Ag/AgCl 电极）形成三电极体系。电化学阻抗测试中使用小频率交流信号作为输入信号，得到阻抗信息。光催化材料在电化学阻抗测试分析中，常得到的阻抗谱是半圆+尾巴形曲线，也就是 Nyquist 图。其中高频低电阻区的半圆主要为电荷转移电阻主导，而低频高电阻区尾巴主要为物质转移电阻，故一般可以通过比较半圆区的半径大小判断电荷转移电阻的大小，即半径越小，电荷转移的阻抗越小，电荷分离度也越高。

本 章 小 结

本章主要讲述了功能材料的各种光学性能表征。首先，介绍了光学功能材料的定义及分类，了解光学功能材料的常规光学参数。其次，介绍了基础的吸收与透射光谱测试，从吸收定律、透过率等基本概念出发，了解吸光度的测试原理与方法，随后基于材料的荧光特性，介绍了荧光的产生机理，阐述了如何表征及分析材料的荧光特性。并从量子产率及荧光寿命的角度，分别对荧光特性进行了深入挖掘，包括测试原理及案例分析。再次，在前述材料基本光学性能研究的基础上，对光学功能材料的器件应用及其性能测试方面进行讲述。介绍了包括白光 LED、光伏电池以及光催化效应在内的应用，从测试参数、特殊效应（如光生伏特等）及相应性能的表征手段等方面展开。对光学功能材料的基础光学性能及应用方面的性能测试进行了较为全面的介绍，有助于实现对光学功能材料的整体、深入了解。

习　　题

1. 光学功能材料有哪些类型？列举出几种典型材料。

2. 哪些材料可以作为发光材料的激发材料？

3. 有机化合物的电子轨道之间有哪几种允许的跃迁形式？它们所需光子能量大小顺序是如何的？

4. 在可见光区，颜色与波长有一定对应关系。如果某溶液能强烈吸收 620～640nm 波长的光，那么溶液会呈现什么颜色？

5. 说明差示法、双波长法和导数光度法的基本原理和特点。

6. 试用能级跃迁理论解释荧光和磷光，并说明它们的差别。

7. 分析荧光量子产率的影响因素。

8. 荧光量子产率是否总小于 1？

9. 说明 TCSPC 时间分辨荧光测试荧光寿命的原理。

10. 说明白光 LED 的色度学参数 CIE、CCT、CRI 的定义。

11. 白光 LED 测试的主要参数有哪些？

12. 说明光伏电池的工作原理。

13. 解释何为 AM1.5 标准太阳光谱。

14. 光催化效应的主要对象是半导体，画图说明半导体光催化反应的基本过程。

15. 电化学阻抗谱的“半圆”和“尾巴”分别说明什么？

16. 在某光催化材料对有机物的分解过程中，对其过程态的吸光度进行了表征，若其 $A_{初始}$ 为 0.5，光催化进行了 10min 后，其吸光度 $A_{终点}$ 为 0.1，则此时对有机物的降解率 η 是多少？

参 考 文 献

国家市场监督管理总局中国国家标准化管理委员会. 2019. 纳米制造 关键控制特性 发光纳米材料 第 1 部分: 量子效率: GB/T 37664.1—2019. 北京: 中国标准出版社.

黄惠良, 萧锡炼, 周明奇, 等. 2012. 太阳能电池: 制备·开发·应用. 北京: 科学出版社.

南瑞华, 武春燕, 刘腾, 等. 2023. 大尺寸高质量 $CH_3NH_3PbCl_3$ 钙钛矿单晶的生长机理、相转变与光学性能. 物理学报, 72(13): 227-235.

牛鑫森. 2023. 钙钛矿的荧光光谱研究进展. 石油化工, 52(10): 1478-1486.

妮萨·卡恩 M. 2017. 精通 LED 照明. 郑晓东, 金如翔, 吕玮阁, 等译. 北京: 机械工业出版社.

普海琦, 万婧, 张茜, 等. 2023. 双钙钛矿 Cs_2NaInF_6:Mn^{4+}荧光材料的发光性质与 LED 应用研究. 云南大学学报(自然科学版), 45(1): 142-149.

田民波, 朱焰焰. 2012. 白光 LED 照明技术. 北京: 科学出版社.

王辉, 郑德旭, 姜箫, 等. 2024. 基于协同钝化策略制备高性能柔性钙钛矿太阳能电池. 物理学报, 73(7): 311-
    319.

王慧英, 陈丁龙, 李邵岩, 等. 2021. 一种简单的高量子产率氮掺杂荧光碳点的光谱研究及量子产率计算. 分
    析科学学报, 37(3): 346-350.

王鑫. 2022. 太阳能电池技术与应用. 北京: 化学工业出版社.

王亚婷. 2023. 光催化基础及应用. 天津: 天津大学出版社.

袁波, 杨青. 2019. 光谱技术及应用. 杭州: 浙江大学出版社.

张立辉. 2017. 近代物理实验. 北京: 科学出版社.

张少锋. 2021. 半导体光催化剂的设计、制备及表征. 北京: 化学工业出版社.

张沅洲. 2022. CsPbI$_3$ 量子点的光电性能调控及其白光 LED/PD 器件构筑. 南京: 南京理工大学.

赵雨, 陈东生. 2013. 太阳能电池技术及应用. 北京: 中国铁道出版社.

周远. 2020. 光电技术实验教程. 长沙: 中南大学出版社.

第7章

功能材料的磁学性能测试方法

功能材料的磁学性能表征是指对功能材料在外界磁场作用下的响应进行量化表征和分析，以揭示材料的磁性质及其与结构、组分等之间的关系，包括测量材料的磁化曲线、磁化强度、磁滞回线、磁导率等参数，以及研究材料的磁各向异性、磁相互作用、磁畴结构等方面的特性。

7.1 静态磁特性的测试方法

静态磁特性指的是材料在静态或恒定外磁场下的磁性质，包括材料在外磁场下的磁化行为、磁化曲线的形状、磁滞回线的特征以及磁性相变和居里温度等。对于特定的软磁或硬磁材料需要根据样品形状特点选择开路测量和闭路测量。闭路测量利用磁材料样品构建闭合磁路以抵消退磁场的影响；对于本身为开路形状的样品，需要利用外部磁轭形成闭合磁路以准确获取其静态磁特性。此外，对于永磁体而言，将其磁性能与标准样做比对进行快速测量在工业生产中更为常见。

7.1.1 铁磁物质的磁化特性

1. 磁化曲线和磁滞回线

磁化曲线和磁滞回线展示了磁感应强度 B 或者磁化强度 M 与磁场强度 H 之间的关系。磁化理论中对磁介质的本征效应更为关注，因而常用 M-H 关系研究问题，工程技术中则更注重 B-H 关系。

B、H、M 之间的关系可以用以下磁介质的性能方程表示：

$$B = \mu_0 (H + M) \tag{7-1}$$

式中，μ_0 为真空磁导率。在各向同性的磁介质中，某一点的磁化强度与磁场强度之间的关系式为

$$M = \chi H \tag{7-2}$$

式中，χ 为磁化率，代表介质的磁化能力。

将式（7-2）代入式（7-1），得

$$B = \mu_0 (1 + \chi) H = \mu_0 \mu_r H = \mu H \tag{7-3}$$

式中，μ 为介质的磁导率，和 χ 同样反映介质的磁化能力；$\mu_r = \mu / \mu_0$ 为介质的相对磁导率。

在非磁材料中介质的磁导率和真空磁导率相差很小，$\mu \approx \mu_0$，或 $\mu_r \approx 1$。

铁磁性材料通常表现出明显的磁滞效应。在磁滞回线上表现为经磁化达到饱和后，退磁化过程中，当磁场变为零时，磁感应强度不为零，这时的磁感应强度称为剩余磁感应强度，用 B_r 表示；然后反方向增加磁场，磁感应强度继续减小，直到为零，这时对应的磁场强度称为矫顽力（矫顽场），用 H_c 表示。

2. 磁能积曲线

磁能积曲线是以永磁体的退磁曲线（磁滞回线第二或第四象限部分曲线）上对应的各点的磁能积值（BH）为横坐标，以对应点的磁感应强度 B 为纵坐标绘制的曲线，通常用于评估磁材料在实际应用中的性能。在磁能积曲线中，通常会存在一个磁能积峰，该峰值对应于最大的磁能积值，用符号（BH）$_{max}$ 表示。这个峰值表示材料在某一外部磁场下达到的最大的磁化程度，并且在此条件下具有最大的磁能量密度，磁路设计上用它确定永磁体的体积。

7.1.2 磁化曲线和磁滞回线的测试方法

1. 磁场的测量

比较成熟的磁场测量方法主要有霍尔效应法、磁力法、电磁感应法、磁共振法、磁光效应法等。下面着重介绍霍尔效应法。

如图 7-1 所示，一块宽为 w，厚度为 t 的导体板，在 z 方向施加恒定的磁场 B，x 方向施加电流 I，在导体板中的电子受到的洛伦兹力 F_m 沿 $-y$ 轴方向：

$$F_m = evB \qquad (7\text{-}4)$$

式中，v 为电子的运动速度，方向与电流方向相反；e 为电子电荷。电子在洛伦兹力作用下沿 $-y$ 轴方向偏转，进而积聚到与 xz 平面平行的一侧，同时在另一侧出现同数量的正电荷，在两侧面间形成一个沿 $-y$ 轴方向的电场 E，该电场对电子产生的沿 $+y$ 轴方向电场力 F_E 为

$$F_E = eE = e\frac{V_H}{w} \qquad (7\text{-}5)$$

达到稳定状态时（受力平衡）有

$$F_m = F_E \qquad (7\text{-}6)$$

将式（7-4）和式（7-5）代入式（7-6），可以得到：

$$V_H = Bwv \qquad (7\text{-}7)$$

根据电流和电子速度的关系式：

$$I = nevS = netvw \qquad (7\text{-}8)$$

式中，n 为电子浓度；S 为电流通过的横截面，则式（7-7）可以改写为

$$V_H = Bwv = \frac{1}{net}IB = R_H\frac{IB}{t} \qquad (7\text{-}9)$$

式中，R_H 为霍尔系数。如果 R_H 已知，则可以通过给定 I 和产生的霍尔电压 V_H 的大小得到磁场大小：$B = \dfrac{V_H t}{R_H I}$。常用的磁场测量仪器高斯计中的霍尔探头就是利用霍尔效应来测量磁

场的大小。

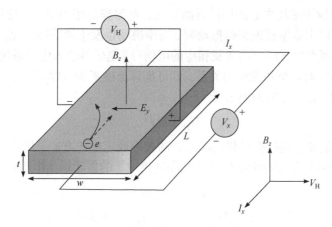

图 7-1 霍尔效应测量磁场示意图

2. 磁矩的测试方法

测量磁矩通常需要使用磁力矩仪或磁感应强度计等仪器。

磁力矩法是将被测物体置于已知磁场中，通过测量物体受到的力矩确定其磁矩。如图 7-2 所示，将待测试样 NS 垂直放置于悬挂磁铁 ns 产生的磁场中，悬挂磁铁置于地磁子午线方向。待测试样中心与悬挂磁铁中心的间距为 r，则在地磁场 H 和试样磁矩 m 的共同作用下，悬挂磁铁发生偏转，偏转角度为 θ，则有

$$m = \frac{r^3 \sin\theta}{2\mu_0 K} H \tag{7-10}$$

式中，μ_0 为真空磁导率；K 为试样的分布系数，取决于试样的形状和尺寸。

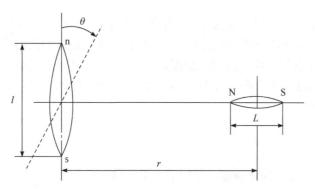

图 7-2 磁力矩法测量磁矩原理

3. 振动/提拉样品法

振动/提拉样品法是基于法拉第电磁感应原理，采用振动样品或者提拉样品的方式获得磁通量的变化。基于振动/提拉样品法的最典型设备为振动样品磁强计，它适用于各种类别、形态的磁性材料静态磁测量，包括磁化曲线、磁滞回线、退磁曲线等。通过分析上述曲线，可以获取一系列材料的重要磁性参数，如饱和磁化强度 M_s、矫顽力 H_c 和剩磁 M_r 等。

振动样品磁强计的主要组成部分包括电磁铁、高斯计、探测线圈、振动杆和电子系统等。具体测试原理为将置于磁场中心的磁性样品磁化，此时样品相当于一个磁矩为 M 的磁偶极子。当磁偶极子在固定点附近做正弦振动时，周围磁场也发生周期性变化，探测线圈也会记录磁通量变化，从而产生感应电动势及相应的电信号。电信号输入电子系统后经过锁相放大器检测，再根据感应电动势和磁矩的关系，即可推算出磁矩 M 的大小。振动样品磁强计中，感应电动势的峰值 U_m 与磁矩 M 成正比：

$$U_\mathrm{m} = kM \tag{7-11}$$

式中，系数 k 的数值通常通过振动样品磁强计的校准或定标的方式采用比较法进行测定。定标时测量已知饱和磁化强度的标准样品（如高纯镍球）的振动输出电压信号 U_0：

$$U_0 = km_0\sigma_0 \tag{7-12}$$

式中，m_0 为标准样品的质量，$\sigma_0 = M / m_0$ 为标样的质量比磁化强度。校准后，将质量为 m_0 的标样替换成质量为 m_x 的待测样品，测量其振动输出电压信号 U_x，即可得到待测样品的质量比磁化强度 σ：

$$\sigma = \frac{U_x}{km_x} = \frac{m_0\sigma_0}{m_xU_0}U_x \tag{7-13}$$

类似地，采用提拉样品的方式也可以在探测线圈中获得磁通量的变化，进而产生感应电动势，此时感应电动势的峰值 U_m 与磁矩 M 的关系式为

$$U_\mathrm{m} = fvM \tag{7-14}$$

式中，f 为与样品位置和线圈结构相关的系数；v 为样品的提拉速度。与振动样品磁强计类似，可以通过测量标准样品的方式获得 f 的数值，进而实现对磁矩的有效测量。

7.1.3 磁性相变温度的测试方法

磁性相变是指在外部条件（如温度、磁场等）改变时，材料的磁性质发生显著变化的现象。例如，当温度升高到某一临界温度时，铁磁材料或亚铁磁材料就由铁磁态或亚铁磁态转变成顺磁状态，这个临界温度就是居里温度，用 T_C 表示。居里温度描述的是磁性材料在温度变化下的二级磁相变（磁有序-磁无序转变）。测量居里温度的方法有 M-T 曲线法、感应法和磁导率-温度曲线法等。

1. M-T 曲线法

根据居里-外斯定律，磁化强度与温度的关系可以表示为 $M = \dfrac{C}{T - T_\mathrm{C}}$，$C$ 为常数。由此式确定居里温度 T_C 的具体方法为将 M-T 曲线对温度 T 求导得到 $\dfrac{\mathrm{d}M}{\mathrm{d}T}$-$T$ 曲线，该曲线上极值对应的点即为 M-T 曲线上斜率最大点；然后在 M-T 曲线上以该点做外切直线并与温度轴相交，交点即为居里温度 T_C。

2. 感应法

感应法是一种工程技术上快速测量磁性材料居里温度的方法，其原理基于法拉第电磁

感应现象，如图 7-3 所示。具体操作中，对环形试样进行测试，环形试样上绕有两个绕组 N_1 和 N_2，其中 N_1 为励磁绕组，N_2 为感应绕组。向 N_1 中施加交变电流，为环形试样提供磁化场。当环形试样中的磁感发生变化时，N_2 会产生感应电动势。将环形试样置于温度可控的加热炉中，并将热电偶置于环形试样中心位置，可用于监测环形试样温度。随着温度的变化，感应电压 U 会随温度 T 变化，对 U-T 曲线做一阶求导得到 $\dfrac{\mathrm{d}U}{\mathrm{d}T}$-$T$ 曲线，$\dfrac{\mathrm{d}U}{\mathrm{d}T}$-$T$ 最小值对应的温度即为环形试样的居里温度。

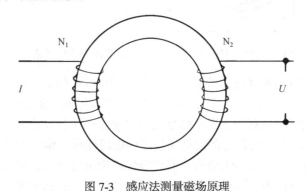

图 7-3　感应法测量磁场原理

3. 磁导率-温度曲线法

磁导率随温度变化。当温度接近居里温度时，磁性材料的初始磁导率 μ_i 达到极大值。利用这一性质，可以通过测量不同温度下的初始磁导率，绘制 μ_i-T 曲线，该曲线峰值对应的温度即为居里温度 T_C。

7.1.4　软磁材料的静态磁性能测试方法

软磁材料是一种具有低矫顽力和高磁导率的铁磁材料，能够迅速响应外磁场的变化，低损耗地获得高磁通密度。软磁材料静态磁性能的测量方法包括闭路和开路样品测量法。

1. 闭路样品测量法

由于退磁场的存在，所有磁性样品的静态磁特性都与其形状直接相关。因此，为了准确测量软磁材料的静态磁特性，需要采用闭路条件进行测量，即利用软磁材料构建闭合磁路。闭合磁路不存在自由磁极，因此可以忽略退磁场的影响。如果样品本身是闭路形状的（如磁环），直接通过励磁线圈就可以非常容易地实现饱和磁化；对于开路形状样品，如棒状或者片状样品，则需要通过外部磁轭形成闭合磁路。

图 7-4 给出了闭路样品（磁环）静态磁特性闭路测量的示意图。先为磁环绕制两组线圈，N_1 为励磁线圈，N_2 为测试线圈，测试时需要为励磁线圈提供电流 I，在磁环的磁路周长 L_e 及励磁线圈匝数 N_1 已知的情况下磁环磁场强度 H 可以根据安培环路定理得到：

$$H = \frac{N_1 I}{L_e} \tag{7-15}$$

测试线圈中的感应电压 $U(t)$ 对时间 t 积分就可以得到磁通 Φ，如果样品的截面积为 S，可以计算得到磁通密度（磁感应强度）：

$$B = \frac{1}{N_2 S} \int U(t) \mathrm{d}t \qquad (7\text{-}16)$$

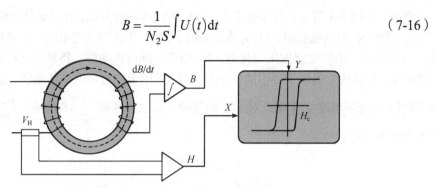

图 7-4　闭路样品（磁环）静态磁特性闭路测量示意图

在此基础上可以得到磁环样品的磁化曲线及磁滞回线。例如，对于磁中性状态的磁环样品，逐渐增大励磁磁场（励磁电流），获得对应的磁感应强度 B，最终得到磁化曲线。磁滞回线一般通过连续测量法获得。先将样品交流退磁至磁中性状态，磁通计调零。在励磁线圈 N_1 中通入足够产生所需要的最大磁场强度的电流使样品饱和磁化，缓慢降低该电流至零，而后电流换向并增加至最大负值，而后缓慢降低电流至零，再次换向电流并逐渐增加到最大正值，在此过程中，同步记录励磁线圈磁场强度和磁通密度，即可获得完整的磁滞回线。

2. 开路样品测量法

对于本身为开路形状的样品，需要利用外部磁轭形成闭合磁路进行直流磁特性测量。直流磁导计是典型的开路样品的测试装置，测试过程中样品夹在两块磁轭中间，两块磁轭为样品提供闭合磁路，进而进行闭路直流磁性测量。

根据励磁线圈缠绕方式的不同，直流磁导计一般可分为 A 型磁导计和 B 型磁导计两类，如图 7-5 所示。A 型磁导计中励磁线圈直接缠绕在样品上，而在 B 型磁导计中励磁线圈缠绕在磁轭上。因为磁路长度无法准确标定，通常通过测量样品表面水平磁场来等效样品内部磁场 H，具体测量方法包括：霍尔效应法、磁电阻效应法、感应线圈法以及 RCP 线圈法。

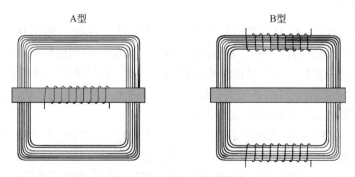

图 7-5　A 型和 B 型磁导计

图 7-6 给出了 A 型磁导计测量磁场强度的方法。将探测线圈与磁通计连接，探测线圈通常包括与样品同轴绕制并反向串联的两个线圈。根据两个线圈测量值的差值结果确定磁场强度 H。B 型磁导计通常采用 RCP 线圈法测量磁场强度 H，如图 7-7 所示。此时磁路的

长度即为线圈端点 AB 的长度，再根据磁通计感应电压积分值，应用安培环路定律就可以得到磁场强度 H。磁感应强度 B 可以采用磁通感应线圈直连磁通计的方式测量得到。

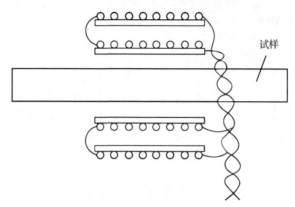

图 7-6　A 型磁导计 H 测量示意图

探测线圈由内外两线圈反向串联组成

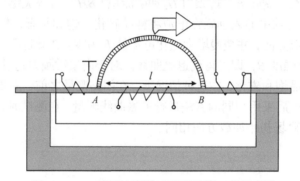

图 7-7　RCP 线圈法测量 B 型磁导计 H 的示意图

7.1.5　永磁材料的静态磁性能测试方法

1. 闭路测试法

与软磁材料类似，永磁材料的静态磁性能测试包含闭路测量和开路测量两种方法。不同的地方在于永磁器件需要通过气隙对外提供磁场和能量，因此永磁样品都是开路的，不存在闭路磁环式的样品。所以永磁样品的闭路测量需要通过磁轭形成闭合测量磁路。

在闭路测量中，由于永磁材料的矫顽力较大，所需磁化场通常为矫顽力的 5 倍以上，常使用电磁铁对永磁材料进行磁化。为了进行闭路测量，采用的电磁铁通常由磁轭、极柱、极头和磁化绕组线圈等部分组成。这些组件与待测的永磁样品一起构成闭合磁路。为了保证永磁样品能够均匀磁化，其尺寸通常要比电磁铁的极头尺寸小得多。同时，为了尽可能形成良好的闭合磁路并消除自由磁极效应，永磁样品的表面应与磁极表面贴合紧密。由于电磁铁的线圈绕组远大于磁导磁性材料的尺寸，磁化电流的增大速度通常较慢，以降低系统的感抗。这种措施有助于确保系统能够产生所需的磁场，并保持稳定性。

如图 7-8 所示，磁场强度 H 采用探测线圈连接适当的积分器测量，或用霍尔探头配合适当的电测仪器测量。为了获得样品内部的磁场强度，磁场探测装置应尽量靠近试样，测量方向与样品磁化方向一致。磁感应强度 B 通过 B 线圈连接磁通计直接测量。

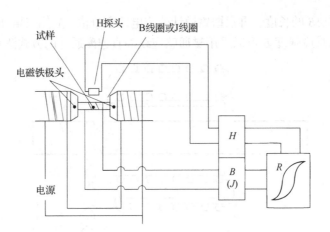

图 7-8　永磁材料闭路测量原理

永磁材料的磁化曲线和磁滞回线的测量方法与软磁材料类似。对于永磁样品，通常只需要测量退磁曲线，以获得剩磁 B_r、矫顽力 H_c 和磁能积（BH）$_{max}$ 等关键磁参数。退磁曲线的测量过程为首先在电磁铁中通入励磁强电流将样品磁化至饱和状态，然后降低励磁电流至零。接着改变励磁电流方向，并缓慢增大磁化电流使 B 为零。在此过程中，同步记录对应的磁场强度 H 和磁感应强度 B，即可得到退磁曲线。对于内禀矫顽力超过 600kA/m 的永磁样品，电磁铁无法将样品饱和磁化，在这种情况下，在闭路测量之前，需要通过脉冲磁场的方式将样品饱和磁化，然后采用相同的方法进行退磁曲线测量。在测试时，确保样品充磁的磁化方向与测量时励磁磁场初始加载方向相同。

2. 开路测试法

对于现今得到广泛应用的高矫顽力永磁材料，尤其是具有高磁晶各向异性场的稀土永磁材料，常规的闭路磁化装置已经无法对其进行准确测量。因为在强电流下，电磁铁极头处于饱和状态，一方面限制了更高磁化场的产生；另一方面还会造成样品处磁场不均匀，最终造成样品的饱和磁化强度、矫顽力、最大磁能积等特性参数测量值较真实值偏低。这个问题可以通过两种方式解决：采用超导磁场和脉冲磁场。超导磁体可以产生很高的准静态磁场，但成本高且需要低温环境，应用受到限制。而脉冲磁场测量由于简单、快速的特性得到迅速而广泛的工业应用。脉冲测量方法的基本原理是利用磁场发生器产生的脉冲磁场将待测样品磁化，同步记录磁场强度和样品的磁化状态，得到样品磁滞回线。

图 7-9 给出了永磁样品脉冲测量示意图。外磁场由电容器组、半导体控制电路、磁化螺线管等组成的脉冲磁场发生电路产生。测试过程中，试样位于测试线圈内，测试线圈位于螺线管内。测试线圈包括 H 线圈和 J 线圈，通过 H 线圈输出电压 $U_H(t)$ 测量磁场强度 H：

$$H = \int U_H(t)\mathrm{d}t \qquad (7-17)$$

J 线圈由反串联的测试线圈和补偿线圈组成，通过 J 线圈输出电压 $U_J(t)$ 测量磁极化强度 J：

$$J = \int U_J(t)\mathrm{d}t \qquad (7-18)$$

样品在脉冲磁场作用下被磁化，同步记录对应的 J 和 H，即获得 $J(H)$ 磁滞回线。

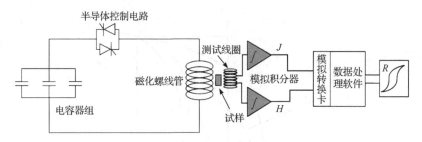

图 7-9 永磁样品脉冲测量原理图

3. 工业快速测试法

实际工业生产中，永磁体元件品种丰富，数量众多。在对永磁体静态磁性能进行检测过程中，不可能对每个磁体都检测出剩磁 B_r、矫顽力 H_c 和最大磁能积（BH）$_{max}$ 三个参数。通常情况下只需要将永磁体的磁性能与标准样做比对，进行快速测试。常用的两种快速比对方法包括磁通计法和霍尔效应法。

磁通计法：采用磁通计法快速测定磁体的性能。根据被测永磁体元件的形状尺寸以及被测试的部位，设计制作合适的测定磁路，绕制适当尺寸和匝数的测试线圈，连接磁通计与测试线圈。校准后在测试磁路中加载被测样品，在磁通表中得出总磁通值，与标样进行对比判定被测样品是否合格或判定样品性能等级。

霍尔效应法：采用霍尔效应法快速测定磁体的性能。根据被测永磁体元件的形状尺寸以及被测试的部位，设计制作合适的测定磁路。将霍尔探头固定在磁轭间隙中，将待测磁体固定在另外一端的磁轭间隙上。将霍尔效应器件测量值与标样进行对比判定被测样品是否合格或判定样品性能等级。

7.2 动态磁特性的测试方法

动态磁特性指磁性材料在不同频率和不同幅度的交流磁场中的磁化特性。磁性材料的动态磁特性测量与静态磁特性的测量有很大不同，不仅与材料本身的磁性和几何形状有关，还与样品的电学性质、磁场的频率、幅度、波形等因素有关。本节将重点介绍交流磁场下磁性材料的磁化曲线、磁导率及磁损耗的测量方法和原理。

7.2.1 交流磁场下的动态磁特性

交流磁场下典型的动态磁参数包括动态磁化曲线、动态磁导率、磁滞损耗、涡流损耗、磁谱、截止频率以及品质因数等。

1. 动态磁化曲线

当磁性样品处在周期性变化的交流磁场中磁化时，磁性样品的磁化状态也周期性地交替变化，构成动态磁滞回线（交流回线）。在同一频率下改变磁场大小进行磁化，可以得到不同的磁滞回线，称为极限磁滞回线。这些动态磁滞回线的顶点（B_m, H_m）的连线即为动态磁化曲线，如图 7-10 中虚线所示。

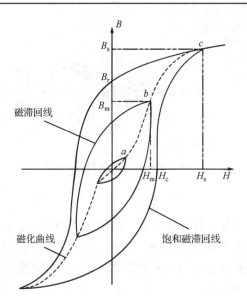

图 7-10   动态磁化曲线

2. 动态磁导率

在交变磁场下，由于磁感应强度 B 落后于磁场强度 H 的变化，即 B 与 H 存在相位差，所以磁导率要用复数表示。复数磁导率可以同时反映 B 和 H 间的振幅和相位关系。

复数形式的磁感应强度和磁场强度可以表示为

$$H = H_m e^{i\omega t} \tag{7-19}$$

$$B = B_m e^{i(\omega t - \delta)} \tag{7-20}$$

式中，ω 为交变磁场的角频率；t 为时间因子；δ 为 B 和 H 间的相位差，称为损耗角。因此，复数磁导率 μ 可以表示为

$$\mu = \frac{B}{\mu_0 H} = \frac{B_m e^{i(\omega t - \delta)}}{\mu_0 H_m e^{i\omega t}} = \frac{B_m e^{-i\delta}}{\mu_0 H_m} \tag{7-21}$$

式（7-21）可以进一步拆成实部和虚部两部分，即：

$$\frac{B_m e^{-i\delta}}{\mu_0 H_m} = \mu' - i\mu'' \tag{7-22}$$

式中，$\mu' = \dfrac{B_m}{\mu_0 H_m} \cos\delta$ 为复数磁导率的实数部分，相当于直流磁场中的磁导率，决定了单位体积铁磁材料中的磁能存储：$\dfrac{1}{2} \mu_0 \mu' H_m^2$，因此又称弹性磁导率。$\mu'' = \dfrac{B_m}{\mu_0 H_m} \sin\delta$ 是复数磁导率的虚数部分，决定了单位体积铁磁材料在交变磁场中每磁化一周的磁能损耗：$\pi\mu_0 \mu'' H_m^2$，因此又称损耗磁导率。

3. 磁滞损耗

铁磁材料反复磁化一周，由于磁滞现象造成的损耗即为磁滞损耗。单位体积磁性材料每经过一次磁滞回线的损耗功率 P_h 为

$$P_{h} = \frac{1}{4\pi} \int H \mathrm{d}B \qquad (7\text{-}23)$$

通常情况下 B 和 H 之间的关系式是非线性的，如在低磁场的瑞利区域有

$$B = \mu_0 H + bH^2 \qquad (7\text{-}24)$$

式中，b 为比例系数。对于磁场在 $\pm H_{m}$ 范围内的磁滞回线，瑞利提出了如下公式：

$$B = (\mu_0 + bH_{m})H \pm \frac{b}{2}\left(H_{m}^{2} - H^{2}\right) \qquad (7\text{-}25)$$

式中，"+"代表回线上支，"−"代表回线下支。将式（7-25）代入式（7-23），可得单位时间单位体积磁性材料经过上述回线的磁滞损耗为

$$W_{h} = fP_{h} \approx \frac{bf}{3\pi} H_{m}^{3} \qquad (7\text{-}26)$$

式中，f 为磁场频率。在外磁场 H 为交变场的情况下：$H = H_{m}\cos\omega t$，则由式（7-25）可得

$$\begin{aligned} B &= (\mu_0 + bH_{m})H_{m}\cos\omega t \pm \frac{b}{2}H_{m}^{2}\sin^2\omega t \\ &= \mu_{n}H_{m}\cos\omega t \pm \frac{b}{2}H_{m}^{2}\left[\left(\frac{8}{3\pi}\sin\omega t - \frac{8}{15\pi}\sin 3\omega t - \cdots\right)\right] \end{aligned} \qquad (7\text{-}27)$$

式中，$\mu_{n} = \mu_0 + bH_{m} = \dfrac{B_{m}}{H_{m}}$，略去高次谐波，只考虑回线上支，可得

$$B = B_{m}\cos\omega t + \frac{4b}{3\pi}H_{m}^{2}\sin\omega t \qquad (7\text{-}28)$$

由式（7-28）可知 B 的相位落后于 H，相位角 δ_{h} 满足如下关系：

$$\tan\delta_{h} = \frac{4b}{3\pi}\frac{H_{m}^{2}}{B_{m}} = \frac{4b}{3\pi}\frac{B_{m}}{\mu_{n}^{2}} \qquad (7\text{-}29)$$

在低频磁场下的磁滞损耗可以根据列格（V. E. Legg）公式计算得到：

$$W_{h} = \frac{2\pi\tan\delta_{h}}{\mu_{n}} = \frac{8b}{3\mu_{n}^{3}}B_{m} \qquad (7\text{-}30)$$

在较高磁场区域，磁导率随频率的变化很剧烈，上述公式不再适用。此时磁滞损耗通常用施泰因梅茨（Steinmetz）的经验公式表示：对于铁样品有 $P_{h} = \eta B_{m}^{1.6}$，η 为比例系数。因此，可得较高磁场下磁滞损耗 W_{h}：

$$W_{h} = fP_{h} = f\eta B_{m}^{1.6} \qquad (7\text{-}31)$$

4. 涡流损耗

铁磁导体在交变磁场中，由于磁通量随时间变化，铁磁导体内将产生环绕磁通量变化方向的感应电流（涡流）。这些感应电流在导体内部形成环路或涡旋状流动，并在导体中消耗电能，形成涡流损耗。涡流损耗与磁场的变化方式、导体的运动、导体的几何形状、导体的磁导率和电导率等因素有关。

5. 磁谱和截止频率

磁谱是指铁磁体在交变磁场中复数磁导率随频率变化的关系曲线。在材料的磁谱曲线上，复数磁导率实部 μ' 下降到初始值的一半或虚部 μ'' 达到极大值时对应的频率称为该材料的截止频率 f_r。图 7-11 给出了磁谱曲线的一般形状以及相应的截止频率 f_r。材料的截止频率 f_r 给出了磁性材料能够正常工作的频率范围。磁性材料的截止频率 f_r 与初始磁导率 μ_i 有密切的关系。一般而言，材料的 μ_i 越低，其 f_r 越高，可以使用的工作频率 f 也相应增大。

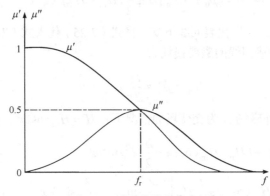

图 7-11　磁谱曲线和截止频率 f_r

6. 品质因数

交变磁场中的软磁材料，可以等效为 RL 电路，因此可以用品质因数（Q）反映软磁材料在交变磁化时能量的储存和损耗的性能（图 7-12）。

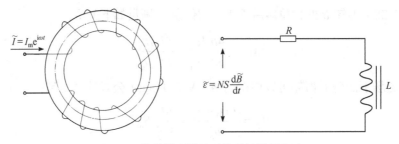

图 7-12　换装铁磁样品及其等效模拟电路

当包裹磁环的线圈中通入电流 $I = I_m e^{i\omega t}$ 时，等效电路中电阻 R 代表样品交流磁化过程中产生磁损耗，电感 L 代表交流磁化过程中的能量存储。单位时间在电感 L 中储存的能量 W_L 为

$$W_L = \frac{1}{2} f L I_m^2 \qquad (7-32)$$

单位时间在电阻 R 中产生的能量损耗为

$$W_R = \frac{1}{2} R I_m^2 \qquad (7-33)$$

Q 为能量的储存和能量的损耗之比，因此有

$$Q = 2\pi \frac{W_L}{W_R} = \frac{\omega L}{R} = \frac{\mu'}{\mu''} \tag{7-34}$$

即软磁材料的 Q 是其复数磁导率的实部 μ' 和虚部 μ'' 之比。

7.2.2　动态磁化曲线的测试方法

动态磁化曲线常用的测试方法包括伏安法和 RC 积分法。

1. 伏安法

以磁环样品为例，图 7-13 给出了测试电路原理。测试电路包括交流电源、频率计、电流表、初级绕组（匝数为 N_1）、次级绕组（匝数为 N_2）、电压表和示波器等。次级绕组上的并联的电压表通常有两个，一个电压表 V_1 测量电压有效值，另一个电压表 V_2 测量整流后的平均值。

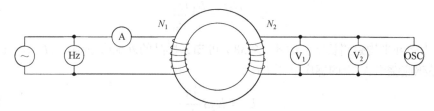

图 7-13　伏安法测量交流磁化曲线示意图

在被测样品磁环绕组上接入交流电源后，在样品中产生均匀的交变磁场。通过有效电流表测出有效电流 I，或通过峰值电流表测出峰值电流 I_m，通常有 $I_m = \sqrt{2}I$。因此，峰值磁场强度 H_m 为

$$H_m = \frac{N_1}{l} I_m \tag{7-35}$$

式中，l 为磁路长度。通过平均值电压表求出次级绕组电压平均值 $\overline{U_2}$，其与磁感应强度峰值 B_m 存在关系：

$$\overline{U_2} = 4fSN_2B_m \tag{7-36}$$

式中，S 为磁环样品横截面积。因此，可以通过测量次级绕组电压平均值的方式直接给出磁感应强度峰值 B_m 的大小。

相对幅值磁导率 μ_a 可以由磁场强度 H_m 和磁感应强度峰值 B_m 的比值得到：

$$\mu_a = \frac{B_m}{H_m} \tag{7-37}$$

进一步地可以通过在交流测试过程中，逐渐增大磁化电流的方式，测出一系列与电流值相对应的磁场强度峰值 H_m 和磁感应强度峰值 B_m，从而实现交流磁化曲线的测量。

2. RC 积分法

图 7-14 给出了用于交流磁滞回线测量的 RC 积分法电路示意图。图中，样品的励磁绕组（匝数为 N_1）通过无感分流电阻 R_H 连接到功率放大器的输出端。测出分流电阻 R_H 上的电压为 U_R，经增益放大后变为 U_H，则样品中的磁场强度 H 为

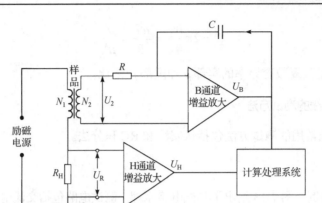

图 7-14　交流磁滞回线 RC 积分法测量电路示意图

$$H = \frac{N_1 I}{l} = \frac{N_1}{l} \frac{U_R}{R_H} \qquad (7\text{-}38)$$

式中，l 为磁环平均磁路长度，由式（7-38）可知，样品的外加磁场强度 H 与电压 U_H 成正比。样品感应绕组 N_2 上的感应电压 U_2 为

$$U_2 = N_2 S \frac{dB}{dt} \qquad (7\text{-}39)$$

式中，S 为磁环样品横截面积。又因为 $U_2 = iR$，i 为感应电流；R 为积分电路电阻，所以有

$$N_2 S \frac{dB}{dt} = iR \qquad (7\text{-}40)$$

至此，可以得到磁感应强度 B 的大小：

$$B = \frac{R}{N_2 S} \int i\,dt = \frac{R}{N_2 S} C U_B \qquad (7\text{-}41)$$

进一步地，通过调整励磁信号大小及频率，同步记录磁场强度 H 和磁感应强度 B，就可以得到磁环样品的交流磁滞回线。

7.2.3　动态磁导率的测试方法

1. 起始磁导率

起始磁导率测量旨在确定材料在低磁场下的初始响应，对于了解材料的磁性行为以及在应用中的性能至关重要。起始磁导率 μ_i 可以通过阻抗分析仪测量磁环样品的电感值 L，再根据以下公式计算得出：

$$\mu_i = \frac{C_1 L}{\mu_0 N^2} \qquad (7\text{-}42)$$

$$C_1 = \frac{2\pi}{h\ln\left(\dfrac{D}{d}\right)} \qquad (7\text{-}43)$$

式中，N 为测量线圈匝数；C_1 为磁心因数；h、D 和 d 分别为样品的高度、外径和内径。

测量时，将样品测量线圈连接到阻抗分析仪，调节频率 f 和电压 U 到规定值，测量出样品的自感L。根据式（7-42）计算出起始磁导率μ_i。

2. 复数磁导率

复数磁导率的测量方法主要有两种：绕线测量法和短路同轴测试法。

绕线测量法：在样品上均匀缠绕测试线圈，采用阻抗分析仪测量样品的自感L和等效电阻R，即可分别计算出复数磁导率μ的实部μ'和虚部μ''：

$$\mu' = \frac{L}{L_0} \tag{7-44}$$

$$\mu'' = \frac{R}{\omega L_0} \tag{7-45}$$

$$L_0 = \frac{N^2 S \mu_0}{l} \tag{7-46}$$

式中，ω为交变电流角频率；$L_0 = N^2 S \mu_0 / l$为环形线圈常数；l为样品有效磁路长度；N为线圈匝数；S为有效横截面积；μ_0为真空磁导率。

短路同轴测试法：该方法同样采用阻抗分析仪进行测试。将待测样品放入短路同轴腔内，测量放入前后的自感差和损耗电阻差，再计算复数磁导率μ的实部μ'和虚部μ''：

$$\mu' = 1 + \frac{\Delta L l}{\mu_0 S} \tag{7-47}$$

$$\mu'' = \frac{\Delta R l}{\omega \mu_0 S} \tag{7-48}$$

式中，ω为交变电流角频率；l为样品有效磁路长度；S为样品有效横截面积；ΔL为样品放入短路同轴腔前后的自感差；ΔR为样品放入短路同轴腔前后的损耗电阻差。

3. 振幅磁导率

振幅磁导率的测量电路原理如图 7-15 所示。图中 V_R 为峰值电压表，用于测量电阻R上的电压，进而判断励磁电流值。V_B 为平均值电压表，用于测量磁通感应线圈的电压 U_B 进而判断磁感应强度值。

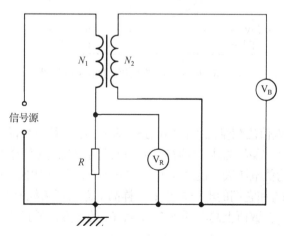

图 7-15　振幅磁导率测量电路示意图

测量时，将样品测量线圈连接到测试仪器上，调节频率 f 和电压 U 到规定值，用峰值电压表读取电阻 R 两端的峰值电压 U_R，则样品的振幅磁导率 μ_a 为

$$\mu_a = \frac{l}{4\mu_0 f N_1 N_2 S}\frac{U_B}{U_R} \qquad (7\text{-}49)$$

式中，N_1，N_2 分别为励磁线圈和感应线圈匝数；f 为交变电流频率；l 为样品有效磁路长度；S 为样品有效横截面积；μ_0 为真空磁导率。

7.2.4 磁损耗的测试方法

磁损耗是指在交变磁场中，磁性材料在磁化和反磁化过程中有一部分能量不可逆地转化成热能的现象。磁损耗通常由磁性材料的磁滞、涡流和分子摩擦等因素引起。常见的磁损耗测量方法有功率表法、有效值法和乘积法。

1. 功率表法

功率表法适用于工频、低频下的磁损耗测量。如图 7-16 所示，测量磁损耗时，缓慢增加电源的输出，直到平均值电压表读数达到预定值 $\overline{U_2}$。根据式（7-50），$\overline{U_2}$ 与样品磁感应强度峰值 B_m 呈线性关系。因此，可根据所需的 B_m 值预设平均值电压表值 $\overline{U_2}$。分别记录两个电压表的测量值，以及功率表的测量值 P_m。功率表测量值 P_m 还包含了次级回路中的仪表损耗，因此试样的磁损耗 P_c 为

$$P_c = \frac{N_1}{N_2}P_m - \frac{(1.111\overline{U})^2}{R} \qquad (7\text{-}50)$$

式中，R 为次级回路仪表的总电阻值；$\dfrac{(1.111\overline{U})^2}{R}$ 为仪表损耗近似值。

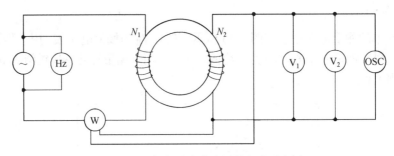

图 7-16 磁损耗功率表法测量电路示意图

2. 有效值法

图 7-17 给出了有效值法测量磁损耗的电路原理示意图。待测样品上绕有三个绕组线圈：励磁线圈（匝数为 N_1）、感应线圈（匝数为 N_2）以及测量绕组（匝数为 N_3）。V_1 和 V_B 分别为有效值电压表和平均值电压表。通过开关 K 在 a 到 b 之间的切换，可测量 N_3 绕组上的电压与电阻上电压之和 U_a 和它们的电压之差 U_b。样品的总功耗为线圈两端电压与通过它的电流乘积的时间平均值，在数值上总功耗 P 与 U_a 和 U_b 的平方差成正比，即

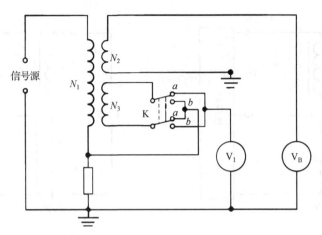

图 7-17　有效值法测量磁损耗的电路原理示意图

$$P = \frac{\left| U_a^2 - U_b^2 \right|}{4\left(\dfrac{N_3}{N_1} \right) R} \tag{7-51}$$

测试步骤与功率表法类似。先根据样品所需的 B_m 值，利用式（7-51）计算并预设平均值电压表值 $\bar{U}_2$，缓慢增加电源的输出，直到平均值电压表读数达到预定值 $\bar{U}_2$，读出此时有效电压表上的 U_a 值。然后切换开关 K，读取有效电压表上的 U_b 值，将读取的 U_a 和 U_b 值代入上述公式即可得到样品的磁损耗功率 P。

3. 乘积法

乘积法测量磁损耗的基本原理是样品功耗等于电压和电流的乘积。图 7-18 给出了乘积法的几种常见基本电路图。图中 N_1 为励磁电流绕组，N_2 为电压测量绕组，N_P 既是励磁电流绕组也是电压测量绕组，CP 为 Rogowski-Chattock 线圈，用来测量电流。U_a 与励磁电流成正比，U_b 与样品的磁感应强度成正比。

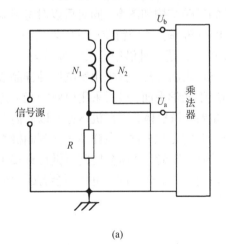

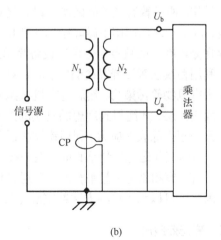

(a)　　　　　　　　　　　　　　　　(b)

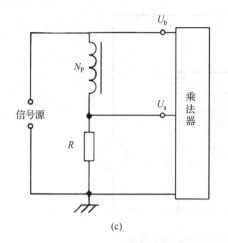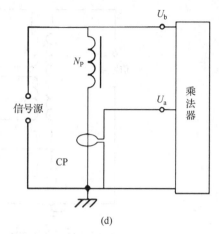

(c)　　　　　　　　　　　　　　　　(d)

图 7-18　有效值法测量磁损耗的电路原理示意图

U_a 和 U_b 的测量通常采用功率表、阻抗分析仪、网络矢量分析仪或者模拟数字转换器通过时域或频域技术的模拟、数字转换或混合的方法实现，在此基础上将 U_a 和 U_b 测量值做乘积处理即可得到磁损耗。

7.3　磁畴结构的测试方法

本节介绍表征材料磁畴形态、分布以及相互作用等的实验和分析方法，包括磁光效应、磁力显微镜及洛伦兹电子显微镜等方法及其原理。

7.3.1　粉纹法

利用粉纹法观测磁畴时，首先将极细的磁性粉末（如 Fe_3O_4 颗粒）加入肥皂液或者其他分散剂中进行稀释，制成磁性颗粒悬浮液。然后将其均匀分散在待测磁性材料表面上。铁磁粉在磁畴结构产生的局部杂散磁场的作用下，分布成一定的图案，而这些图案反映材料的表面磁结构。通过普通光学显微镜可以直接观察样品的磁畴结构和图案。同时可以对材料施加磁场，观察在磁场作用下磁畴结构的变化。粉纹法的分辨率受铁磁粉粒径等因素的限制，因此存在分辨率低的缺点。但该法设备简单，适用范围广，是一种沿用已久的观察法。

利用粉纹法观测样品磁畴时，需要对待测样品进行表面处理。首先用稀酸腐蚀样品表面以除去有机物等污染物，然后进行机械抛光处理到近于光学平面，最后采用电解抛光去除样品表面应力层，才能得到理想的真实的磁畴结构。如果是铁氧体，则在机械抛光以后需要进行回火处理去除表面应力。利用粉纹法还可以确定磁畴的磁化方向。在样品表面刻画极细的纹线，当刻痕和磁化矢量垂直时，在刻痕处会发生磁通量泄漏，从而会使此行微粉聚集于刻痕处。当刻痕和磁化矢量平行时，磁通量仍然在磁畴内部，不会泄漏，也就不会有磁粉的聚集。因此，可以利用这种方法判定磁化矢量的方向。

7.3.2　磁光效应法

磁光效应指处于磁化状态的物质与光之间发生相互作用引起的各种光学现象，包括法拉第效应、磁光克尔效应、塞曼效应等。其中磁光克尔效应和法拉第效应可以用来观察磁畴结构。磁光克尔效应和法拉第效应观察磁畴的原理类似，都是基于光的偏振旋转的方向和大小以及磁畴中磁化矢量的大小和方向有关的机制，通过检测偏振光和磁性样品作用后的偏振旋转角度和方向给出相应的磁畴结构信息。区别在于磁光克尔效应利用的是反射光，因而常用来观察不透明磁性体的表面磁结构，而法拉第效应利用的是透射光，因此常用来观察半透明的磁性体内部的磁畴结构。

以下重点介绍磁光克尔效应检测法。图 7-19 是磁光克尔效应观察磁畴结构的原理示意。光源 1 和光源 2 发出的两束光线先经起偏器变成面偏振光，然后入射到磁性样品表面。由于相邻的两个磁畴内磁化矢量方向相反，两束偏振光的偏振面会产生相反方向的旋转，经过检偏器以后就可以在相机或者底片上对磁畴成像。

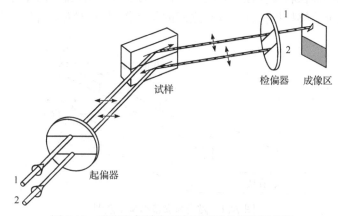

图 7-19 磁光克尔效应观察磁畴结构原理示意图

图 7-20 给出了磁光克尔效应法观测到的 YIG 薄膜的磁畴结构，深色和浅色两个区域代表了不同磁化方向的两个磁畴。磁光克尔效应的磁光转角通常比较小，导致相邻两个磁畴之间的衬度会很弱，因此需要采用高质量的起偏器和检偏器，并对光学系统进行精细调节。此外，为了避免入射光在样品表面产生漫反射影响成像效果，要求样品表面比较光滑，因而通常磁光克尔效应法多适用于薄膜样品。

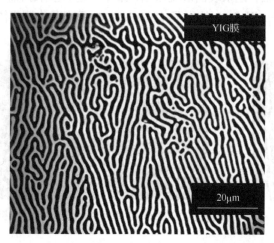

图 7-20 磁光克尔效应法观测到的 YIG 薄膜的磁畴结构

7.3.3　磁力显微镜法

　　磁力显微镜（MFM）是一种专用于磁性材料表征的扫描探针显微技术，磁力显微镜通过磁力探针扫描磁性样品，检测探针和磁性样品表面的相互作用以重构样品表面的磁性结构。磁力显微镜的工作原理是通过磁力探针在磁性材料表面上方以恒定的距离扫描，感受磁性材料表面的杂散磁场的磁作用力。因而探测磁力梯度的分布就能够得到产生杂散磁场的表面磁畴结构、表面磁体、写入的磁斑等表面磁结构的信息。磁力探针的针尖通常在纳米尺度，加上纳米尺度的扫描高度使磁力显微镜对磁性材料的表面磁结构的探测精度达到纳米尺度。

　　图 7-21 为磁力显微镜的结构示意图。磁力显微镜的主体结构包括固定在悬梁壁上的磁性扫描探针、压电扫描仪和反馈控制系统。压电扫描仪可以实现磁力探测在样品表面的三维扫描。反馈控制系统能够根据探针与样品之间的相互作用力调整探针的位置，以保持一定的探测力或距离。

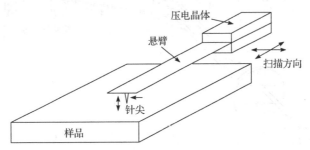

图 7-21　磁力显微镜结构示意图

　　测量时，磁力探针在样品表面扫描，当它们接近样品表面时，样品表面的磁场会影响磁力探针的磁性，从而引起探针的振动。这种振动被转换为电信号，并被放大，最终形成图像。为了提高 MFM 图的分辨率，要求针尖和样品表面距离尽可能小。但是针尖和样品表面距离减小时，会使静电力、范德华力等非磁性力的影响增加，而这些力和样品的表面形貌密切相关。为了克服这个问题，一般采用 tapping/lifting 模式，即在样品的同一个面积上进行两次扫描：第一次是接触扫描，记录表面形貌数据；第二次是非接触扫描，在第一次的轨迹上再次扫描，测出磁力数据。图 7-22 给出了 CoFeB/MgO 垂直磁化薄膜体系在不同外加磁场状态下的 MFM 照片。

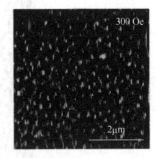

图 7-22　不同外加磁场下 CoFeB/MgO 垂直磁化薄膜的磁力显微镜照片

7.3.4 洛伦兹电子显微镜法

洛伦兹电子显微镜法是一种基于透射电子显微镜的磁表征技术。图 7-23 给出了洛伦兹电子显微镜观测磁结构的工作原理：电子显微镜中的成像电子束穿透磁性样品时，会受到材料中磁矩的洛伦兹力影响。如果样品具有一定尺度的磁畴，则这些畴的磁矩会使电子束路径发生微小偏转。电子束路径偏转的方向和大小与材料局部磁化矢量有关。这种偏转会影响电子束在探测器上的位置或者对比度，从而形成样品中磁性结构的图像。通过对电子束的偏转进行精确的测量和分析，即可获得高分辨率的磁性结构图像。由于透射电子显微镜相对于扫描探针显微镜具有更高的分辨率，与磁力显微镜相比，洛伦兹电子显微镜法具有更高的空间分辨率。

由于在磁畴壁中，磁化矢量在不同位置有不同的取向，在透射电子显微镜中观察的时候，磁畴壁在样品透射像中就会表现为一条线。为了使磁畴壁更加明显，经常适当过焦或者欠焦。洛伦兹电子显微镜可以实现亚纳米级别的空间分辨率，可以观察到磁畴的精细结构，也可以直接观察到磁畴壁和晶体缺陷、晶界之间的相互作用力，特别适合于磁性薄膜材料和可以减薄的块体磁性材料的磁结构观察。如图 7-24 所示为对掺 Cu 的 MnNiGa 样品进行洛伦兹电子显微镜表征得到的磁畴结构照片。

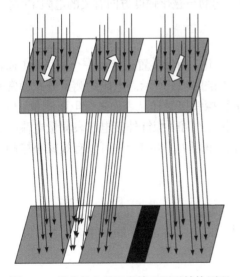

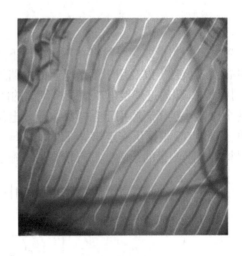

图 7-23　洛伦兹电子显微镜观测磁结构原理示意图

图 7-24　洛伦兹电子显微镜下掺 Cu 的 MnNiGa 样品的磁畴结构照片

7.4　其他磁相关效应的测试方法

本节介绍了一些其他磁性功能材料的测试表征方法和原理，包括磁输运性能表征手段以及磁致伸缩和磁各向异性的测量技术。

7.4.1 磁输运效应的测试方法

磁输运效应通常是指在磁场作用下的电输运行为。典型的磁输运效应包括磁电阻效应和铁磁材料的反常霍尔效应等。此处，重点介绍磁电阻效应及其测量。

1. 磁电阻效应

磁电阻（MR）效应是一种材料在外加磁场下电阻率发生变化的现象，通常用磁阻比（MR ratio）η 衡量磁电阻效应：

$$\eta = \frac{\Delta R}{R(T,0)} = \frac{R(T,H) - R(T,0)}{R(T,0)} \tag{7-52}$$

式中，$R(T,H)$ 和 $R(T,0)$ 分别为温度 T 时，材料在外加磁场 H 和无外加磁场时的电阻。根据 MR 效应的物理起源机制，常见的磁电阻效应有正常磁电阻效应、各向异性磁电阻效应及巨磁电阻效应等。

正常磁电阻效应存在于所有磁性及非磁材料体系中，它是材料中运动载流子在磁场作用下受到洛伦兹力的影响，产生螺旋运动，增加了电子受散射的概率从而导致的电阻增加现象。在低磁场下，正常磁电阻效应的数值一般很小。各向异性磁电阻（AMR）效应常见于具有自发磁化的铁磁体，表现为电阻率随自身磁化强度和电流方向夹角改变而变化的现象。AMR 来源于自旋-轨道的相互作用或 s-d 相互作用引起的与磁化强度方向有关的电阻率变化。

2. 磁电阻的测试方法

磁电阻的测量即测量材料在不同磁场下的电阻变化。测量装置通常由一个磁场源（通常是电磁铁或永磁）以及用于测量电阻的电路组成，如图 7-25 所示。电阻的测量方式通常采用四探针法，即通过外接电压表及横流源的四根平行探针接触样品表面进行电阻测量。最外层两个探针外接横流源用于在样品中输入电流 I，中间的两个探针外接电压表测量电流引起的电压变化 U。根据伏安定律 $R = U/I$ 即可得到样品的电阻 R。四探针法可以有效减小接触电阻对材料电阻测量的影响，具有较高的精确度。

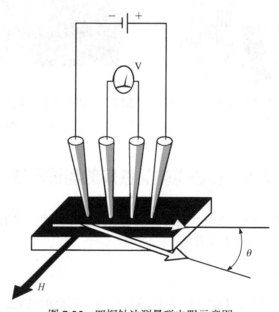

图 7-25　四探针法测量磁电阻示意图

7.4.2 磁致伸缩系数的测试方法

磁致伸缩效应通常用磁致伸缩系数 λ 衡量：

$$\lambda = \frac{l_H - l_0}{l_0} \tag{7-53}$$

式中，l_H 和 l_0 分别为有、无外磁场时磁性材料的尺度；λ 的单位常为 10^{-6} 或 ppm。λ>0 时，为正磁致伸缩，表示磁致伸缩材料沿磁场方向伸长，而垂直于磁场方向缩短；相反，当 λ<0 时，为负磁致伸缩，表示沿磁场方向缩短，而垂直于磁场方向伸长。磁致伸缩的大小与外磁场强度的大小有关，一般随磁场的增加而增加，最后达到饱和，如图 7-26 所示。外磁场达到饱和磁化场时的纵向磁致伸缩系数，称为磁性材料的饱和磁致伸缩系数，用 λ_S 表示。一般铁磁性物质的 λ_S 很小，约在百万分之一数量级，如金属镍（Ni）的 λ_S 约为 -40×10^{-6} 或 -40ppm。影响 λ_S 的因素很多，主要有材料的化学成分和相组成，以及所含的杂质、晶粒结构及晶粒取向等。

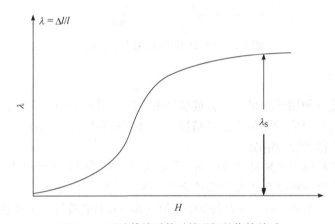

图 7-26 磁致伸缩系数对外磁场的依赖关系

磁致伸缩系数的测量方法主要有光学杠杆法、电阻应变法及光学干涉法等，其中电阻应变法由于简便易行、灵敏度高、测量范围广、频率响应迅速、滞后效应小等特点成为磁致伸缩系数测试最常用的方法。

1. 电阻应变法

电阻应变法是将磁致伸缩形变通过电阻应变片转换为电阻的变化，通过测量电阻的变化对磁致伸缩系数 λ 进行表征。电阻应变片是将应变变化转换为电阻变化的关键元件，可以分为丝式和箔式两种形式。图 7-27 给出了丝状应变片的结构示意图。丝状应变片由基底的塑料薄膜（15～16μm）贴上由薄金属丝材制成的敏感栅（3～6μm），然后再覆盖一层薄膜做成叠层构造而成。金属丝的电阻值除了与材料的性质有关之外，还与金属丝的长度及横截面积有关。当应变片受力产生 $\Delta l/l$ 的形变时，金属丝的长度和横截面积也随着一起变化，进而发生电阻变化 $\Delta R/R$，两者的关系为

$$\frac{\Delta R}{R} = K \frac{\Delta l}{l} = K\lambda \tag{7-54}$$

式中，K 为应变片的灵敏系数，通常是已知的常数，因而可以通过测量金属丝电阻的变化计算出应变片的形变。

进行磁滞伸缩系数测量时，将样品用黏结剂粘在电阻应变片上。样品磁化时产生的形变会完全传递到应变片上，从而使应变片产生与样品相同的形变，引起金属丝电阻变化。再通过惠斯通电桥测出应变片电阻的变化，并根据已知的灵敏系数 K，计算出磁致伸缩系数 λ。

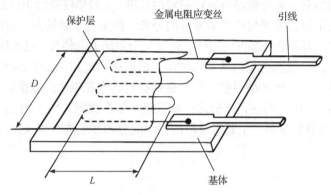

图 7-27　丝状电阻应变片结构示意图

2. 光学杠杆法

光学杠杆法是一种用于测量微小力或位移的方法，通常应用于实验物体尺寸较小或受到干扰时难以使用传统力学测量方法的情况。这种方法利用光学原理和杠杆效应来放大被测量物体的微小位移或受力情况。

光学杠杆法是最早用来测量磁致伸缩系数的方法，主要用来测量线状样品。其主要原理是将样品长度的改变量转换为放大了的光学点的移动。图 7-28 给出了光杠杆法测量磁致伸缩系数的典型装置示意图。采用激光器提供入射光源，入射光线通过聚焦透镜将准直的光束

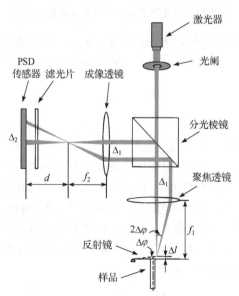

图 7-28　磁致伸缩光学杠杆法测量光路示意图

Δ_1 为平行光线之间的距离；Δ_2 为传感器上的光斑位置之间的距离

聚焦到反射镜上，反射镜位于透镜的焦距处。当反射镜受样品伸缩量的变化导致角度偏转时，经光路系统传导在光电位置传感器上的光斑位置发生改变。通过一定的矫正运算，样品尺寸的微小伸缩可以转换为光电位置传感器（PSD 传感器）上较大的位置信号，实现了对伸缩应变量的放大。伸缩量 Δl 放大的倍数可以由图中的 $\Delta \varphi$、f_1、f_2、d 等参数计算得到。

3. 光学干涉法

光学干涉法是一种利用光的波动性质测量物体表面形貌、薄膜厚度或其他物理量的方法。它基于干涉现象，即光波相遇时相位差造成的波的叠加干涉，通过分析干涉图案获取所需测量的信息。

迈克耳孙干涉仪是最典型的光学干涉测量装置。图 7-29 为迈克尔孙干涉仪测量磁致伸缩系数示意图。测试前将待测样品末端固定在可移动反光镜上。激光器发射出来的激光经过分光镜分为两束。两束光分别经固定反射镜及可移动反光镜反射后汇集到光电计数器上。因为这两束光来自同一光源，具有相同的频率和偏振方向，所以满足干涉条件。当样品因磁滞伸缩效应产生形变时，会改变其中一束光的光程，从而形成不同的干涉图样，通过分析干涉图样，即可得出样品长度的变化量，从而测得磁致伸缩系数。

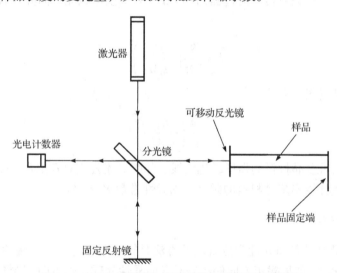

图 7-29 迈克尔孙干涉仪测量磁致伸缩系数示意图

7.4.3 磁各向异性常数的测试方法

磁性材料中常见的各向异性一般包括磁晶各向异性、感生各向异性、磁弹性各向异性、表（界）面各向异性及形状各向异性。磁各向异性常见测量方法如下。

1. 单晶体磁化曲线法

单晶体磁化曲线法是通过测量单晶体不同晶轴方向的磁化曲线，计算得到不同晶轴方向的磁化功 W 及相应的磁晶各向异性能的方法。磁化时磁场 H 所做的磁化功 W 可以表示为

$$W = -\int_0^{M_S} \mu_0 H \cdot dM \tag{7-55}$$

式中，M 为磁场 H 作用下铁磁体中的磁矩。磁化功在数值上等于磁化曲线与 M 轴间所围的面积。忽略不可逆磁化及磁致伸缩等因素的影响，假定该磁化功全部用来克服材料的磁晶各向异性能，那么所计算的磁化功等于铁磁体的磁晶各向异性能。

在测量时，沿不同晶轴方向测量材料的磁化曲线，分别计算出不同晶轴磁化功，然后根据磁晶各向异性公式即可求出磁晶各向异性常数。

2. 多晶磁化曲线法

多晶材料的磁晶各向异性可以通过测量多晶材料的强场磁化曲线得到。在强磁场下，铁磁性材料的磁化行为可以用趋近饱和定律描述：

$$M_H = M_S\left(1 - \frac{a}{H} - \frac{b}{H^2} - \cdots\right) + \chi_p H \tag{7-56}$$

式中，M_H 和 M_S 分别为铁磁体在外磁场 H 和饱和磁场状态下的磁化强度；χ_p 为顺磁磁化率，式中第二项代表顺磁磁化过程；a 和 b 是与技术磁化过程相关的常数。磁化过程是外磁场克服磁晶各向异性使磁化矢量转动的过程，所以 a 和 b 直接与磁晶各向异性有关。对于立方各向异性材料，有

$$b = \frac{8}{105}\left(\frac{K_1}{\mu_0 M_S}\right)^2 \tag{7-57}$$

对于单轴各向异性材料，有

$$b = \frac{4}{15}\left(\frac{K_U}{\mu_0 M_S}\right)^2 \tag{7-58}$$

因此，通过测量多晶材料的强场磁化曲线，并用上述公式对其拟合，即可标定出常数 b 的值，进而可直接计算出多晶材料的磁晶各向异性常数 K_1 和 K_U。

3. 转矩磁强计法

实验室中测量磁晶各向异性常数常用的方法是转矩磁强计法。当磁性单晶样品在外磁场中达到饱和磁化时，如果磁矩方向偏离磁晶各向异性易磁化轴方向，则样品会在磁晶各向异性的作用下旋转以使易轴与磁化强度方向平行，从而产生转矩。转矩磁强计法通过将片状或球状铁磁样品放置在合适的强磁场中使其达到磁化饱和，然后在一平面内改变外磁场方向，测量转矩与外磁场面内转角之间的关系得到转矩曲线，进而求得磁晶各向异性常数。

假设磁场沿某一平面转动角度为 $\partial\theta$，磁晶各向异性能增加 $\partial E(\theta)$，则作用在样品上的转矩 $L(\theta)$ 为

$$L(\theta) = -\frac{\partial E(\theta)}{\partial \theta} \tag{7-59}$$

例如，对于晶体结构为立方晶体的旋转椭球体磁性样品，考虑赤道平面即外加磁场旋转平面为（100）晶面，且外磁场足够大的情形，此时 M_S 取外磁场 H 方向，磁体磁晶各向异性能 E_K 为

$$E_K = K_1\cos^2\theta\sin^2\theta \qquad (7\text{-}60)$$

式中，K_1 为立方磁晶各向异性常数，则此时作用在样品上的转矩 $L_{100}(\theta)$ 为

$$L_{100}(\theta) = -\frac{\partial E_K}{\partial\theta} = -\frac{1}{2}K_1\sin4\theta \qquad (7\text{-}61)$$

通过上述公式拟合实验测得的转矩曲线[图 7-30（a）]，即可求得立方磁晶各向异性常数 K_1。

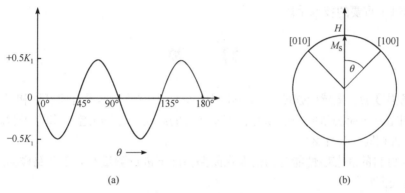

图 7-30　（a）立方晶格（100）晶面内的转矩曲线和（b）外磁场转角示意图

对于晶体结构为六角晶体的片状单晶，且 c 轴方向在盘片内的磁性单晶样品，外加磁场旋转平面在包含 c 轴的盘面内，此时晶体的磁晶各向异性能 E_{U1} 为（只考虑一阶磁晶各向异性）

$$E_{U1} = K_{U1}\cos^2\theta\sin^2\theta \qquad (7\text{-}62)$$

K_{U1} 为一阶六角磁晶各向异性常数，则此时作用在样品上的转矩 L 为

$$L_{100}(\theta) = -\frac{\partial E_K}{\partial\theta} = -K_{U1}\sin2\theta \qquad (7\text{-}63)$$

通过上述公式拟合实验测到的转矩曲线[图 7-31（a）]，即可求得六角磁晶各向异性常数 K_{U1}。

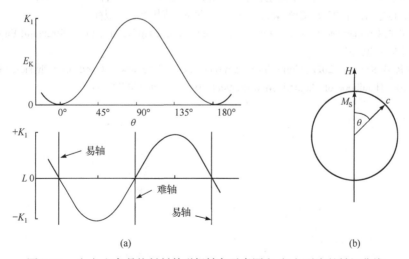

图 7-31　（a）六角晶格材料外磁场转角示意图和（b）对应的转矩曲线

本 章 小 结

　　磁测量是对材料或空间中磁场强度、磁场分布以及磁性物质的性质进行的测量和分析。本章重点阐述了静态和动态磁场下磁特性的测量方法及其原理，以及具有特殊功能的材料磁特性的测试原理及其适用范围。这些测试方法为磁性材料的工程应用和新型磁性功能材料的开发提供了重要的技术手段。

习 题

　　1. 磁场强度 H、磁感应强度 B 和磁化强度 M 三个磁学基本量有何区别和联系？
　　2. 利用霍尔效应测量同一磁场时，霍尔元件的载流子分别为空穴和电子状态下测得的霍尔电压是否相同，为什么？
　　3. 磁性材料的静态磁性能为何需要在闭路情况下进行测量？对于开路样品应如何进行静态磁性能表征？
　　4. 如何通过磁化曲线得到磁性材料的基本磁参数 B_s、B_r 及 H_c？
　　5. 磁畴有哪些观测手段？
　　6. 简述磁性材料在动态磁化过程中产生损耗的机理。
　　7. 简述磁各向异性的种类和测量方法。

参 考 文 献

陈笃行. 1985. 电磁测量与仪表丛书: 磁测量基础. 北京: 机械工业出版社.

冯端, 师昌绪, 刘治国. 2002. 材料科学导论. 北京: 化学工业出版社.

郭贻诚. 2014. 铁磁学. 北京: 北京大学出版社.

彭晓领, 葛洪良, 王新庆. 2020. 磁性材料与磁测量. 北京: 化学工业出版社.

王德芳, 叶妙元. 1990. 磁测量. 北京: 机械工业出版社.

许启明, 张振彬, 杨永明. 2010. 磁畴观测方法现状与展望. 磁性材料与器件, 41(4): 1-4+13.

叶朝锋, 徐云, 迟忠君, 等. 2018. 磁测量原理及技术. 北京: 清华大学出版社.

Dapino M J. 2004. On magnetostrictive materials and their use in adaptive structures. Structural Engineering and Mechanics, 17(3): 303-329.

Dohi T, Reeve R M, Kläui M. 2022. Thin Film Skyrmionics. Annual Review of Condensed Physics, 13: 73-95.

Tumanski S. 2011. Handbook of Magnetic Measurements. Boca Raton: CRC Press.

第8章

功能材料的热学性能测试方法

8.1 热学性能

热学性能是指材料在热力学和热传导方面的性质和行为。这些性能对于材料的设计、制备和应用至关重要。常见的功能材料热学性能主要包括以下几种。

（1）热导率：材料的热导率是指单位温度梯度下单位厚度材料的热量传导速率，常用单位为 W/(m·K)。高热导率的材料在热传导方面具有较好的性能，如金属、导热塑料等。

（2）热膨胀系数：材料在温度变化时，单位温度变化引起的长度、面积或体积的变化比例，通常以每摄氏度温度变化引起的长度、面积或体积的增加或减少百分比表示，单位为 1/K。热膨胀系数影响材料的热膨胀性能。

（3）比热容：单位质量材料升高 1℃所需要的热量，通常以 J/(kg·K)表示。比热容决定了材料在吸热或释热过程中的温度变化程度。

（4）热稳定性：材料在高温条件下的稳定性，包括其热分解温度、热氧化性等。

功能材料热学性能的测试方法主要包括热重分析法、差热分析法、差示扫描量热法、热传导法、横向热导率法、热阻法、激光闪烁法、膨胀仪法和热流量计法。

8.2 热分析方法

热分析是指在特定环境氛围和设定温度下，测定材料的物理性质与温度或时间依赖关系的技术。温度通常设置为（非）线性升温、（非）线性降温、恒温、热循环；材料的物理性质主要包括质量、尺寸、能量、电、光、声、磁等，不同的物理性质对应不同的热分析方法。

常见的热分析方法包括热重分析法、差热分析法、差示扫描量热分析法等，用于研究材料的热稳定性、相变特性、反应动力学等信息。

8.2.1 热重分析法

材料在加热过程中，会产生水分蒸发、失去结晶水、物质逸出、分解和氧化等变化，从而减小质量。热重分析法是根据此特性，测试材料在特定气氛下由于温度变化引起的质量变化，从而分析材料的热稳定性、成分分析、吸附脱附行为等的一种方法。

热重分析仪主要由程序控制系统、气氛控制系统、天平、加热炉和记录系统等组成，图 8-1 为热重分析仪的结构示意图。

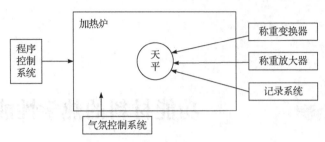

图 8-1　热重分析仪结构示意图

通过精确测量材料在不同温度下的质量,可以得到材料的质量与温度的关系曲线,即热重曲线(TG 曲线)。热重曲线以质量(质量分数)为纵坐标,温度或时间为横坐标,反映材料在不同温度下或恒温加热不同时间下的热稳定性、热分解情况以及生成的产物等信息。微商热重法(DTG)是将 TG 曲线对温度或时间一阶微分的方法,从而获得材料的质量变化速率。热重分析法具有操作简单、准确度高、定量性强等特点,可以准确测量材料的质量变化和变化速率,被广泛应用于功能材料的制备及性能表征。

对于生物质样品,将动力学模型与热重分析结果相结合,有助于简化其特征指标的计算,有利于确定生物质原料的热特性。图 8-2 展示了生物质样品的 TG 和 DTG 曲线,图中标示了热解峰值温度(T_p)、热解指数(P_i)、热解燃尽指数(B_i)、热解特征峰值指数(S)和综合热解指数(CPI)的计算方法,均可通过 TG 和 DTG 曲线得到。

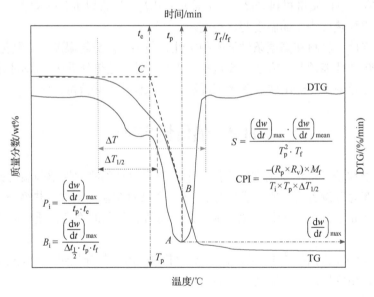

$$S = \frac{\left(\frac{dw}{dt}\right)_{max} \cdot \left(\frac{dw}{dt}\right)_{mean}}{T_p^2 \cdot T_f}$$

$$CPI = \frac{-(R_p \times R_v) \times M_f}{T_i \times T_p \times \Delta T_{1/2}}$$

$$P_i = \frac{\left(\frac{dw}{dt}\right)_{max}}{t_p \cdot t_e}$$

$$B_i = \frac{\left(\frac{dw}{dt}\right)_{max}}{\Delta t_{\frac{1}{2}} \cdot t_p \cdot t_f}$$

图 8-2　生物质样品的 TG 和 DTG 曲线

8.2.2　差热分析法

许多物质在加热或冷却时会发生相变、分解、化合等反应,同时伴随着吸热或放热现象。差热分析法是将热稳定物质作为参考物,研究在特定气氛和控制温度下,样品与参考物之间的温度差与温度或时间的关系,从而获得样品的相变、热反应等信息的一种方法。

差热分析仪主要由气氛控制系统、程序控制系统、加热炉、温度敏感器和记录系统等组成，如图 8-3 所示。

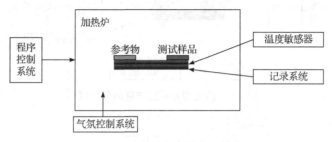

图 8-3 差热分析仪结构示意图

差热分析曲线（DTA 曲线）是描述测试材料与参考物之间的温度差（ΔT）随温度或时间变化的曲线，可以对材料受热过程中发生的各种物理化学现象做出精确的测定和记录，被广泛应用于化工、石油、冶金生产等领域。

一种典型的差热分析曲线如图 8-4 所示，纵坐标为温差 ΔT，横坐标为温度 T，放热峰向上（峰 A），吸热峰向下（峰 B），测试样品与参考物温差为零的水平直线为基线（直线 oa）。

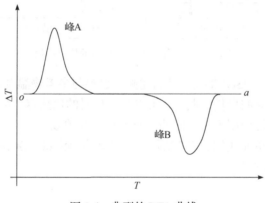

图 8-4 典型的 DTA 曲线

8.2.3 差示扫描量热分析法

差示扫描量热分析法是在特定气氛下和控制温度下，将热稳定物质作为参考物，测定通过样品和参考物之间的热流量或热流速度随温度或时间的变化关系，研究样品在加热或冷却过程中的热响应，从而获得样品的相变温度、熔点、结晶度等信息的一种方法。

差示扫描量热分析仪可分为热流型和功率补偿型。图 8-5 展示了热流型差示扫描量热分析仪的测试原理：样品和参考物共用一个热源，通过测量相同功率下两种物质的温度差 ΔT 得到热焓 ΔH，根据热流方程换算得到热量差。图 8-6 展示了功率补偿型差示扫描量热分析仪的测试原理：样品和参考物分别使用不同热源，在程序控制温度下，系统确保样品和参考物处于相同温度，从而测量输入样品和参考物的热流差。这种系统包含两个独立的控制回路，分别用于平均温度控制和差示温度补偿，以补偿样品和参考物之间的温差。

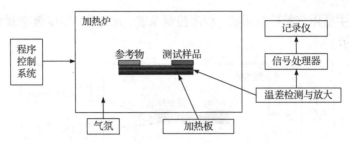

图 8-5 热流型差示扫描量热分析仪

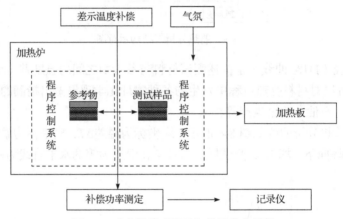

图 8-6 功率补偿型差示扫描量热分析仪

差示扫描量热曲线（DSC 曲线）是描述测试材料与参考物温度保持一致时所需的热流量或热流速度随温度或时间变化的曲线，可以测定材料的比热容、相图、反应速率、结晶速率等热化学参数，被广泛应用于生物医药、石油化工等领域。

一种典型的差热分析曲线如图 8-7 所示，纵坐标为热流量，横坐标为温度，通过积分面积可获得样品吸、放热的量。

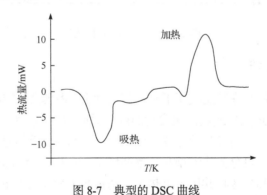

图 8-7 典型的 DSC 曲线

8.2.4 热分析测量的影响因素

在实际测试分析中，热分析测量结果受到许多因素的影响，主要包括以下几个方面。

1）样品性质

样品的形状、尺寸、含水量、纯度、制备方式等因素会直接影响热分析的结果。不同形式的样品（固体、液体、气体），不同制备方法（压片、粉末、溶液）可能导致不同的实验结果。

2）实验条件

实验条件如升温速率、气氛、采用的参考物等也会对热分析结果产生影响。不同的实验条件下，可能观察到不同的热性质和反应行为。

3）仪器性能

热分析仪器的性能、灵敏度、稳定性等也会对测量结果造成影响。如果仪器操作不当或者仪器本身存在问题，可能会导致误差。

4）数据分析

数据处理和分析方法的选择和准确性对最终的热分析结果具有重要影响。不同的数据处理方法可能得出不同的结论，因此在进行数据解释时需要谨慎。

5）环境因素

环境温度、湿度等外部因素也可能对热分析结果产生影响。实验室的环境条件应该控制在稳定的范围内，以保证实验结果的准确性和可靠性。

总之，在进行热分析实验时，需要充分考虑上述因素，并严格控制实验条件，以确保获得准确、可靠的实验结果。

8.3　导热系数的测试方法

8.3.1　导热系数及其影响因素

导热系数又称热导率，是一个描述物质传热性能的物理量，通常用符号 κ 表示，单位为 W/(m·K)。热导率反映了材料单位时间内单位面积上的热量传导的快慢程度，即单位温度梯度下单位厚度内热量的传递速率，可以用下列公式表示：

$$\kappa = q \bigg/ \left(-\frac{\mathrm{d}T}{\mathrm{d}x} \right) \tag{8-1}$$

式中，q 表示热流密度（W/m²）；$\dfrac{\mathrm{d}T}{\mathrm{d}x}$ 表示温度梯度（K/m）。根据导热系数的大小，可将材料分为热的良导体、热的不良导体和绝热材料三类。热的良导体是指热量传导能力非常强的材料，热量在这些材料中可以很快地传递。常见的热的良导体有金属材料、合金材料等，纯金属的导热性能最好。热的不良导体是指热量传导能力较差的材料，热量在这些材料中传递速度较慢，包括一些电绝缘材料，如木材、塑料、泡沫等。这些材料具有较大的隔热性能，在工程上常用于保温和隔热。绝热材料是指具有极好隔热性能的材料，能够有效阻止热量传导，包括玻璃棉、岩棉、聚苯乙烯泡沫等。这些材料可以有效减少热量的流失和传导，起到保温和节能的作用。

在实际测试分析中，材料的导热系数主要受以下因素影响。

（1）物质的类型：不同的材料具有不同的原子或分子结构，从而具备不同的导热能力。

（2）温度：大部分材料的导热系数随温度变化而变化，对金属来说通常温度升高导热系数下降，对于非金属则可能上升或下降。

（3）相态：固体、液体和气体的导热系数差别很大，其中固体一般最高，气体最低。

（4）杂质和缺陷：材料中的杂质和缺陷会散射传导电子或声子，降低导热性能。

（5）湿度：对于多孔或纤维材料，吸湿后导热系数通常会增加，因为水比空气的导热系数高。

（6）压力：在气体中尤其明显，提高压力会增加气体分子间的碰撞，从而提高导热系数。

8.3.2 导热系数的测试原理与方法

不同材料的导热系数各不相同，同种材料受不同因素影响下的导热系数也不同。因此，若要考虑不同因素对导热系数的影响，需要用不同测试设备进行测试。常用的测定原理和方法主要包括以下几种：

（1）热传导法。一种直接测量材料导热性能的方法。该方法利用热量传导方程，通过测量材料之间温度梯度和传热面积，以及施加的热功率，计算得出导热系数。这种方法通常需要精确控制温度、时间等参数，适用于固体材料。

（2）横向热导率法。一种通过在材料两侧设置不同温度的热源，测定热场中的温度分布情况计算导热系数的方法。该方法适用于薄膜、液体等样品。

（3）热阻法。一种通过测量材料厚度、面积、温度差等参数，计算出材料的热阻值，再根据热阻与导热系数的关系求解导热系数的方法。这种方法适用于各种形式和状态的材料。

（4）悬臂梁法。利用悬挂在加热或冷却环境中的材料悬臂梁，在悬挂的过程中测量材料的温度变化，通过分析热传导过程，计算出导热系数的方法。

（5）雷诺法。一种通过将材料置于两个恒温热源之间，在热平衡时测量温度变化速率，推导出导热系数的方法。

以上是一些常见的导热系数测定方法和原理，测试方法的选择取决于样品的性质、形态和实验条件。在进行导热系数的测定时，重要的是准确控制实验参数、仪器精度和数据处理方法，以确保获得准确可靠的导热系数数值。

8.4 综合传热性能的测试方法

8.4.1 传热原理

传热是热量从一个物体传递到另一个物体的过程，主要通过以下三种基本方式进行：传导、对流和辐射。

传导是在没有整体物质移动情况下，在物质内部进行热量传递的过程。能量通过微观粒子（如分子、原子、电子等）碰撞或介质波动进行传递，当一端的粒子受热后，它们会传递能量给相邻的粒子，使热量在物质内部传导。固体中主要通过传导方式传递热量。材料的热传导性能与导热系数成正比。可以用下列公式计算材料热传导的速率：

$$q_x = -\kappa \frac{dT}{dx}$$

（8-2）

式中，q_x 为与传输方向相垂直的单位面积上的热流速（W/m²）；$\dfrac{\mathrm{d}T}{\mathrm{d}x}$ 为温度梯度（K/m）。

对流是在流体（气体或液体）中，由于温度不均引起流体微观运动，使热量随流体宏观运动而传递的现象。对流可以是自然的（由密度差异引起的流体运动）或强制的（外力，如风扇，促使流体运动）。对流常见于液体和气体的传热中，如水循环散热器中的冷却过程。对流热流密度计算公式又称牛顿冷却公式：

$$q^{\mathrm{n}} = h\left(T_{\mathrm{s}} - T_{\infty}\right) \tag{8-3}$$

式中，q^{n} 为热流密度（W/m²）；T_{s} 为固体壁面温度；T_{∞} 为壁面接触流体的温度；h 为对流换热系数[W/（m²·K）]。h 与边界层中的条件有关，边界层又取决于表面的几何形状、流体的运动特性及流体的众多热力学性质和输运性质。

辐射是一种通过电磁波形式传递能量的方式，不需要物质媒介，即可在真空中进行。所有物体都能发射和吸收辐射能，其能量与物体表面的热力学温度的四次方成正比。黑体是理想的辐射体，其辐射率为 1。辐射传热不需要介质，因此在真空中也能传递热量。太阳向地球传递热量就是通过辐射传热完成的。

实际传热过程一般都不是单一的传热方式，而是传导、对流和辐射的综合，而不同的传热方式遵循不同的传热规律。为了分析方便，在传热研究中需要把三种传热方式分解开，然后再加以综合。

8.4.2 综合传热性能的测试原理与方法

综合传热性能评估是指评估材料或系统在传导、对流和辐射等多种传热机制共同作用下的热传递能力。这对于热交换器、建筑保温材料、电子散热设备等应用非常关键。

1. 测定原理

综合传热性能通常依赖于整体热阻或热传递系数，其计算综合考虑了导热、对流和辐射等多种传热方式的影响。

整体热阻是指热量通过一个系统时遇到的总阻力，包括内部导热阻抗、界面热阻以及因对流和辐射导致的阻抗。

热传递系数是指单位面积、单位时间内通过系统的热量，通常用来描述热交换器等设备的传热性能。

2. 测试方法

稳态法：通过建立稳定的温度梯度，测量通过特定区域的热流量，可以综合评估导热和辐射的效应。如果控制流体流动，还能评估对流效应。

非稳态法：如瞬态热线法、激光闪光法等，通过对热量短时间脉冲输入后系统响应的测量，评估材料的热扩散率，进一步推算出综合传热性能。

仿真模拟：利用计算流体动力学等仿真软件，可以在考虑复杂边界条件和详细物理模型的前提下，对综合传热性能进行预测和分析。

8.5 材料熔体物理性质的测试方法

8.5.1 熔体的物理性质

1. 黏度

黏度是描述流体内部阻力的物理量，也可以理解为液体或气体对于流动的抵抗力。在一般情况下，黏度越大，流体的黏稠度就越高，即流动时分子间作用力越强，流体呈现出越大的黏性。

具体而言，黏度可以定义为单位面积上两个相对运动平行层之间的内摩擦阻力，或者是单位切变速率下物质的应力（剪切力）与单位时间内的速度梯度之比。常用的国际单位制中，黏度（η）的单位是帕斯卡·秒（Pa·s），另外还有毫帕·秒（mPa·s）等单位，1帕斯卡·秒等于1千克每米每秒[kg/（m·s）]。黏度的倒数称为液体流动度ϕ，即$\phi = 1/\eta$。

总而言之，黏度是衡量流体内部分子间互相作用力的物理量，它在流体力学、化学工程、生物学等领域中都有着重要的应用。通过测定黏度，可以了解流体的性质和特性，并指导实际工程和实验操作。

影响熔体黏度的主要因素是温度和化学成分。例如，硅酸盐熔体在不同温度下的黏度相差很大，可以从10^{-2}Pa·s变化至10^{15}Pa·s。在同一温度下，成分不同的熔体的黏度也有很大差别。

2. 表面张力

通常将熔体与另一相接触的相分界面上（一般另一相指空气）恒温、恒容的条件下增加一个单位新表面积时所做的功，称为比表面能，简称表面能，单位为J/m^2，简化后其因次为N/m。熔体的表面能和表面张力的数值相同（但物理意义不同），熔体表面能往往用表面张力代替。表面张力以σ表示。

水的表面张力约为70×10^{-3}N/m，熔融盐类为100N/m左右，硅酸盐熔体的表面张力通常波动在$220 \times 10^{-3} \sim 380 \times 10^{-3}$N/m，与熔融金属的表面张力数值相近，并随成分与温度而变化。表8-1为常见熔体的表面张力σ。

表8-1 常见熔体的表面张力σ

熔体	温度/℃	$\sigma/(\times 10^{-3}\text{N/m})$	熔体	温度/℃	$\sigma/(\times 10^{-3}\text{N/m})$
H_2O	25	72	Na_2O	1300	290
NaCl	1080	95	Li_2O	1300	450
B_2O_3	900	80	Al_2O_3	2150	550
P_2O_5	1000	60	ZrO_2	1300	350
PbO	1000	128	GeO_2	1150	250
SiO_2	1800	307	钠硼硅酸盐熔体（wt%） （$Na_2O : B_2O_3 : SiO_2 = 20 : 10 : 70$）	1000	265
	1300	290	瓷器中玻璃相瓷釉	1000	320

续表

熔体	温度/℃	$\sigma/(\times 10^{-3}\mathrm{N/m})$	熔体	温度/℃	$\sigma/(\times 10^{-3}\mathrm{N/m})$
FeO	1420	585	瓷器中玻璃相瓷釉	1000	250~280
钠钙硅酸盐熔体（wt%） （$Na_2O : CaO : SiO_2 = 16 : 10 : 74$）	1000	316			

8.5.2 熔体的物理性质测试原理与方法

1. 黏度及其测试方法

黏度是用来描述流体内部分子间相互作用强度的物理量。在流体中，分子间的相互作用会阻碍流体分子流动，从而产生黏滞阻力。黏度的测定方法基于施加外部力推动流体，并根据流体受到的阻力和流动速度之间的关系计算黏度值。硅酸盐熔体的黏度相差很大，为 $10^{-2} \sim 10^{15}\mathrm{Pa \cdot s}$，因此不同范围的黏度用不同方法测定。

（1）拉丝法：用于 $10^7 \sim 10^{15}\mathrm{Pa \cdot s}$ 范围的黏度测定。根据玻璃丝受力作用的伸长速度确定。

（2）转筒法：用于 $10 \sim 10^7\mathrm{Pa \cdot s}$ 范围的黏度测定。利用细铂丝悬挂的转筒浸在熔体内转动，悬丝受熔体黏度的阻力作用扭成一定角度，根据扭转角确定黏度。

（3）落球法：用于 $10^{0.5} \sim 1.3 \times 10^5\mathrm{Pa \cdot s}$ 范围的黏度测定。根据斯托克斯沉降原理，测定铂球在熔体中下落速度求出黏度。

（4）振荡阻滞法：用于小于 $10^{-2}\mathrm{Pa \cdot s}$ 范围的黏度测定。根据铂摆在熔体中振荡时，振幅受阻滞逐渐衰减的原理测定。

2. 表面张力及其测试方法

表面张力是液体表层分子受到内部吸引力的结果，表面张力会使表层的分子聚集在一起形成一个具有较高能量的表面。这种特殊结构会导致表面变化为一种类似弹簧的状态。测定表面张力通常是通过施加外部作用力克服表面张力，并根据施加力和液体表面积之间的关系计算表面张力值。

（1）Wilhelmy 板法。该方法使用铂金板或云母片作为测量工具。在铂金板底部涂上一层薄薄的液体，然后将铂金板浸入液体中，使其底边与液面接触。通过测量铂金板与液面分离时的最大拉力，计算出表面张力。

（2）气泡压力法。该方法通过测量气泡在液体中的形成和破裂过程测定表面张力。当液体中的空气通过毛细管进入液体并形成气泡时，气泡的半径会减小，其内部压力随之增大。通过测量这种压力变化，可以计算出表面张力。

（3）悬滴法。该方法使用注射器将液体悬吊在针尖上，通过调整液滴的高度和速度，可以观察到液滴在重力作用下的稳定状态。通过分析液滴的形状和体积，可以测定表面张力。

（4）最大气泡压力法。该方法通过测量气泡在液体中的形成和破裂过程测定表面张力。通过测量气泡半径减小到最小值时的压力，可以计算出表面张力。

8.6 热膨胀系数的测试方法

8.6.1 热膨胀系数

众所周知，自然界大部分固体材料都遵循热胀冷缩规律，即材料的体积随着温度的升高而增加，随温度的降低而收缩。这一现象在日常生活中随处可见，如夏季的电线比冬天垂得更低，马路上的路面砖铺设时会留一些间隙，在冬季，这些间隙会变得更宽等。热胀冷缩特性引起的体积变化或者不同材料经历同一温度变化过程产生的体积变化的不同会导致材料之间产生一定的应力，该应力一般会对精密仪器的性能产生一定程度的影响，甚至热应力超出材料的承受能力时会导致器件损坏。材料的这种体积或长度随温度的升高而增大的现象称为热膨胀。热膨胀系数常被用来表征升温过程中，材料的线变化或体积变化程度，是材料的重要热学性能之一。热膨胀系数又分为线膨胀系数和体积膨胀系数。

1. 体积膨胀系数

体积膨胀系数相当于温度升高 1℃ 时物体体积的相对增大值。由于内能的存在，物质的每个粒子都在振动。当物质受热时，由于温度升高，每个粒子的热能增大，振幅也随之增大，由（非简谐）力相互结合的两个原子之间的距离也随之增大，物质就发生膨胀。物质的热膨胀是由非简谐（非线性）振动引起的。设试体为一立方体，边长为 L，其线膨胀系数为 α。当温度从 T_1 上升到 T_2 时，体积也从 V_1 上升到 V_2，体积膨胀系数 β 可表示为

$$\beta = \frac{v_2 - v_1}{V(T_2 - T_1)}$$

$$= \frac{[L_2 + \alpha L_1(T_2 - T_1)]^3 - L_1^3}{L_1^3(T_2 - T_1)}$$

$$= 3\alpha + 3\alpha \times \Delta T + 3\alpha^2 \times \Delta T^2 + \alpha^3 \times \Delta T^3 \tag{8-4}$$

由于膨胀系数一般比较小，可忽略高阶无穷小。取一级近似：

$$\beta = 3\alpha \tag{8-5}$$

在测量技术上，体积膨胀比较难测，通常应用以上关系估算材料的体积膨胀系数 β，已足够精确。

2. 线膨胀系数

线膨胀系数（α）表示长度为 l 的材料在温度变化达到 ΔT 时长度的变化。设试体在一个方向的长度为 L。当温度从 T_1 上升到 T_2 时，长度也从 L_1 上升到 L_2，则平均线膨胀系数可表示为

$$\alpha = \frac{L_2 - L_1}{L_1(T_2 - T_1)} = \frac{\Delta L}{L\Delta T} \tag{8-6}$$

实际上，无机非金属材料的体积膨胀系数 α_v、线膨胀系数 α 并不是一个常数，而是随温度变化的，通常随温度升高而增大。

线膨胀系数定义为

$$\alpha = \frac{1}{l} \times \frac{\Delta l}{\Delta T} \qquad\qquad (8\text{-}7)$$

8.6.2 热膨胀系数的测试原理与方法

1. 测定原理

固体热膨胀的测定可以追溯到 18 世纪。当时的测定装置较为简单：水平放置约 15cm 长的试样，下面点燃几支蜡烛加热，通过齿轮机构放大确定试样长度的变化。19 世纪到现在，人们创造了许多测定方法。20 世纪 60 年代，出现了激光法，以及用计算机控制或记录处理测定数据的测量仪器。

热膨胀系数的测定原理基于热膨胀现象，当物体受热时，其内部分子振动增强导致间隙变大，从而使整体尺寸发生变化。根据线膨胀系数定义：

$$\Delta L/L_0 = \alpha l \Delta t \qquad\qquad (8\text{-}8)$$

通过测量温度变化引起的长度变化，再结合原始长度和温度变化量，就可以计算出热膨胀系数。

2. 测定方法

（1）杠杆法。利用一个有固定端点和活动端点的杠杆，在活动端点附近放置待测样品。随着温度升高，杠杆会发生位移，通过测量位移和伸长距离，可以计算出样品的热膨胀系数。

（2）差示扫描量热法。可以测量材料在升温或降温过程中吸收或释放的热量，通过对比不同材料的热膨胀特性，可以得到相对的热膨胀系数。

（3）光学干涉法。利用光学干涉技术，通过测量样品在不同温度下的干涉条纹移动情况测量物体的长度变化。当物体受热膨胀时，其长度会增加，导致光干涉条纹移动。通过测量条纹移动距离和温度变化，可以计算出物体的热膨胀系数。

（4）静态热机械分析。这是一种以一定的加热速率加热试样，使试样在恒定的较小负荷下随温度升高发生形变，测量试样温度-形变曲线的方法。

（5）光学显微镜法。通过观察显微镜下物体尺寸的变化测量热膨胀系数。将待测物体放置在加热炉中，随着温度的升高，物体会发生膨胀。通过显微镜观察并记录物体尺寸的变化，同时监测温度的变化，可以计算出物体的热膨胀系数。

（6）线性热膨胀测量仪法。线性热膨胀测量仪是一种专门用于测量物体线性热膨胀系数的仪器。该仪器将待测物体放置在加热炉中，测量物体的长度变化。通过记录温度和长度的变化，可以直接计算出物体的热膨胀系数。

8.7 热电性能的测试方法

8.7.1 热电特性

材料中电能和热能相互转换现象统称为热电效应，包括热电第一效应，又称泽贝克效应；热电第二效应，又称佩尔捷效应；热电第三效应，又称汤姆孙效应，三者一起构筑了完整的热电效应体系。

1. 泽贝克效应

1821 年，德国物理学家泽贝克在实验中发现了一种热能直接转换为电能的现象，即泽贝克效应。将两种不同的导体两端相连，组成一个闭合回路。此时，当两个节点处存在温差（ΔT）时，闭合回路中会产生电流，产生电流的电动势 V_{AB} 与两端结点处的温差 ΔT 成正比。泽贝克效应定义公式为

$$S = \frac{V_{AB}}{\Delta T} \tag{8-9}$$

式中，S 为 A、B 之间相对的泽贝克系数。泽贝克系数只与材料本身的性能有关。其数值的正负取决于温度梯度的方向以及组成回路的两种导体自身的物理特性。当 $\Delta T > 0$ 时，对于 N 型材料，在闭合回路中电流由高温端流向低温端，此时该热电材料的泽贝克系数为负。图 8-8 为 N 型热电材料泽贝克效应示意图。反之，对于 P 型材料，在闭合回路中电流方向由低温端流向高温端，此时该热电材料的泽贝克系数为正，图 8-9 为 P 型热电材料泽贝克效应示意图。

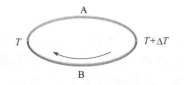
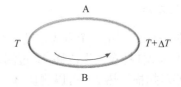

图 8-8   N 型热电材料泽贝克效应示意图   图 8-9   P 型热电材料泽贝克效应示意图

2. 佩尔捷效应

1834 年，法国物理学家佩尔捷发现了一种电能直接转换成热能的现象，即泽贝克效应的逆效应——佩尔捷效应。佩尔捷效应是指在两种不同导体连接组成的闭合回路中施加电流，在两端结点处出现一端放热，一端吸热的现象。图 8-10 为佩尔捷效应的示意图。两端结点处吸热和放热速率与闭合回路中的通过的电流 I 成正比，佩尔捷效应定义公式为

$$\frac{\mathrm{d}Q}{\mathrm{d}t} = I\pi_{AB} \tag{8-10}$$

式中，Q 为放出或吸收的热量；t 为回路中施加电流的时间；I 为闭合回路中通过的电流；π_{AB} 为佩尔捷系数，佩尔捷系数与材料本身的性质有关。

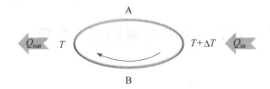

图 8-10   佩尔捷效应示意图

3. 汤姆孙效应

1850 年，爱尔兰物理学家汤姆逊发现了泽贝克效应与佩尔捷效应之间的联系，并因此预测存在第三种热电效应。即在均匀导体组成的回路中，若两节点处存在温差 ΔT，当电流通过该回路时，回路中会产生除焦耳热外的放热和吸热现象——汤姆孙效应。此过程产生的热量称为汤姆孙热量。图 8-11 为汤姆孙效应示意图。汤姆孙效应定义公式为

$$\frac{\mathrm{d}Q}{\mathrm{d}t} = I\delta\Delta T \tag{8-11}$$

式中，Q 为吸收或放出的热量；I 为回路中通过的电流；δ 为汤姆孙系数，其值与材料本身的性质及温度梯度方向有关。

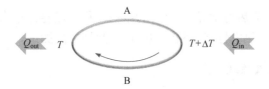

图 8-11　汤姆孙效应示意图

8.7.2　热电性能的测试原理与方法

1. 热电性能的测试原理

热电材料的性能通常由无量纲热电优值（ZT）衡量，ZT 值越高，材料的热电性能越好。其公式为

$$ZT = \frac{S^2\sigma T}{\kappa} \tag{8-12}$$

式中，S 为材料的泽贝克系数；σ 为电导率；T 为热力学温度；κ 为热导率。$S^2\sigma$ 称为材料的功率因子（PF），PF 也常被用来衡量材料的热电性能。

根据 ZT 值的公式，提升材料的热电性能，需要提高材料的电导率、泽贝克系数，并降低材料的热导率，然而这几个参数之间的相互耦合制约，限制了对其中某一参数的单独调控。如何协调各参数之间的耦合关系，从而进一步提升材料的热电性能，成为热电领域研究的重点。

电导率的公式为

$$\sigma = ne\mu \tag{8-13}$$

式中，σ 为电导率；n 为载流子浓度；e 为载流子电荷量；μ 为载流子迁移率。材料的电导率主要与载流子浓度及载流子迁移率有关。由式（8-13）可知，当载流子浓度 n 增大时，材料的电导率 σ 随之提高。

对于金属和简并半导体，泽贝克系数可表述为

$$S = \frac{8p^2k_0^2}{3eh^2}m^*T\left(\frac{p}{3n}\right)^{\frac{2}{3}} \tag{8-14}$$

式中，k_0 为玻尔兹曼常量；e 为载流子电荷；h 是普朗克常量；m^* 为载流子的有效质量；n 为载流子浓度。由式（8-14）可知，载流子浓度 n 增大，材料的泽贝克系数随之降低。

热导率由电子热导率和晶格热导率两部分组成，可表示为

$$\kappa = \kappa_e + \kappa_1 \tag{8-15}$$

式中，κ_e 为载流子的电子热导率；κ_1 为晶格热导率。电子热导率 κ_e 和晶格热导率 κ_1 又分别表示为

$$\kappa_e = L\sigma T = Lne\mu T \tag{8-16}$$

$$\kappa_1 = \frac{1}{3}C_{ve}V_e l_e \tag{8-17}$$

式中，L 为洛伦兹数；T 为热力学温度。C_{ve} 为单位体积的热容；V_e 为声子的平均传输速度；l_e 为声子的平均自由程。热电性能的测试包括电、热性能的测试。

2. 电性能测试方法及原理

四探针法是一种常用的半导体电阻率的测量方法，测量时需按照不同仪器要求制样。四探针法测量半导体电阻率的原理如图 8-12 所示，当 1、2、3、4 四根金属探针排成一直线，

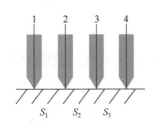

图 8-12　四探针法测量原理

并以一定的压力压在半导体材料上时，在 1、4 两处探针间通过电流 I，则 2、3 探针间产生电势差 V。材料电阻率 $\rho = \frac{V}{I}C$，$C = \dfrac{20\pi}{\dfrac{1}{S_1}+\dfrac{1}{S_2}-\dfrac{1}{S_1+S_2}-\dfrac{1}{S_2+S_3}}$，其中 C 为探针系数，由制造厂对探针间距进行测定后确定，并提供给用户。每个探针都有自己的系数，参数 C 的数值可以约等于 6.28 ± 0.05，其计算单位为 cm。当 $S_1 = S_2 = S_3 = 1\text{mm}$ 时，$C = 2\pi$。若电流取 $I = C$，则 $\rho = V$ 可由数字电压表直接读出。若 S_1、S_2、S_3 不取 1mm，则用公式代入计算。

泽贝克效应是热能转化为电能的现象。当两种不同的导体串联构成回路时，如果导体的两个接触点存在温差 ΔT，则在导体的两端会有电势差 ΔV，称为泽贝克电动势。温差和电势差存在如下关系：$S = \dfrac{\Delta V}{\Delta T}$，$S$ 为常数，该常数定义了两种导体的相对泽贝克系数。泽贝克系数的常用单位是 mV/K。泽贝克系数有正负之分，从而定义了两种不同的材料类型。

目前，泽贝克系数的测量一般采用直接测量法、静态法和动态法。直接测量法使用 LRS 系列测试系统根据定义式直接测量，但测量精度在 7% 以内；静态法测量效率低，但是精度最高；动态法测量效率高，但是测量精度低于静态法，也是目前主要采用的检测方法。

设材料两端温度分别为 T_2、T_1（$T_2 > T_1$），存在微小温差 ΔT，便会产生泽贝克电动势 ΔU，根据定义式泽贝克系数为 $S = \dfrac{\Delta U}{\Delta T}$。当样品两端施加一微小温差 ΔT 时，可测出样品在 ΔT 下的泽贝克电势，从而可以求出在 T_0 温度下的泽贝克系数。泽贝克系数测量原理如图 8-13 所示。用动态法测量泽贝克系数，即测定一系列在相同平均温度、不同温差时（温

差通过加热器对样品的一端加热获得）的电势，通过求泽贝克电势与温差的关系曲线（温差较小时一般为直线）的斜率，得到此温度下的泽贝克系数。

热电材料的电性能测量通常使用专用设备进行测量，如 ZEM-3、Linseis、MRS-3L 等。以 Ulvac-Riko 公司生产的 ZEM-3 系统[图 8-14（a）]为例，该设备能够同时测量样品的电阻率及泽贝克系数，测量误差在 5% 以内。测量时将炉腔先抽真空，

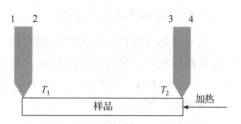

图 8-13 动态法测量泽贝克系数原理

随后充入少量惰性气体氦气以保持低压状态。氦气的导热性能优异，可以减小温度波动并防止样品氧化。泽贝克系数和电阻率的测量分别使用了静态直流电法和四端法，测量过程如图 8-14（b）所示。将待测样品固定于上下两个电极之间，侧面与两个热电偶探头接通，将样品加热到设定的测试温度。此时下电极的温差加热体开始加热并通过动态控温将上下电极的温差稳定在设定值，测量两个热电偶探针的温度 T_1、T_2 以及两接触点之间的电势差 dE，完成泽贝克系数的测量。随后在上下电极之间分别通正向和反向的电流，由两个热电偶探针测量两接触点之间的电压，完成电阻率 ρ 的测量，再通过 $\sigma = 1/\rho$ 的关系计算得到电导率 σ。

(a)

(b)

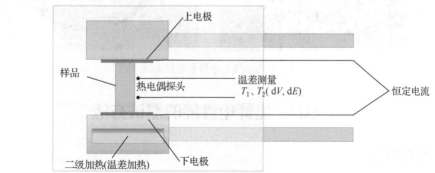

图 8-14 （a）ZEM-3 型电性能测试系统；（b）电性能测量示意图

3. 热性能测试原理及方法

热导率是反应材料热传导性质的物理量，表示材料导热能力的高低。热导率越大，材料的导热性能越好。热导率的测量和计算主要是以热传导的基本定律也称傅里叶定律为依据，即 $Q=-\lambda A \cdot dT/dx$，其中 Q、λ、A 分别为导热速率、导热率及导热面积，负号表示热流方向与温度梯度的方向相反。

固体材料热导率的测量方法主要分为两大类，稳态法及瞬态法。稳态法具有原理清晰，可以准确、直接地获得热导率绝对值，以及适于进行宽温区测量等优点。缺点则是比较原始、费时，并且对测量环境如测量系统的绝热条件、测量过程中的温度控制、样品的形状尺寸等要求苛刻。相比之下，瞬态法的优点主要是测量迅速、对环境要求低、能在计算机的帮助下实现全自动化。但缺点是没有稳态法可靠，且受到测量方法的限制，多用于比热容基本趋于常数的材料在中、高温区内的热导率的测量。

纵向热流稳态法是一种常用的方法，其主要原理是将一支粗细均匀的棒状样品置于绝热容器中，使样品的一端与冷源保持良好的热接触，同时在样品的另一端利用一热源对其加热，使一个稳定的热流仅沿样品的轴向（假设为 z 轴正向）通过样品。当传热过程达到稳态时，沿样品轴向可以建立起一个稳定的温度梯度。由傅里叶定律简化可得 $\lambda=-q\,dz/dT$，当热导率 λ 可以看作常数时，可进一步简化为 $\lambda=-P/S \cdot \Delta z/\Delta T$，以上两式中，$P$ 为单位时间内通过样品横截面的热量，单位是 W；S 为垂直于热流方向的样品横截面，单位是 m^2。

热导率 κ_T 的计算公式为 $\kappa_T=D \cdot C_p \cdot \rho$，其中 D 是样品的热扩散系数；C_p 是比热容；ρ 是块体密度。热扩散系数 D 通常使用激光热导仪进行测量。本文以 Netzsch 公司生产的型号为 LFA-457 的激光导热仪为例进行说明（图 8-15）。测试在氩气氛围中进行，以防止高温样品的氧化。测量时样品下表面的温度由于激光脉冲入射而升高，并向上表面传递，通过红外温度探测器实时获取样品上表面温度信号与时间的关系曲线即可得到热扩散系数。比热容 C_p 的数值可利用差示扫描热量法测量获得，密度 ρ 可利用阿基米德法测量。

图 8-15   激光导热系数仪 LFA-457

8.8   热释电性能的测试方法

8.8.1   热释电性能

热释电材料首先是一种电介质，是绝缘体，它是一种对称性很差的压电晶体。热释电效应是某些电介质的自发极化随温度变化产生的。热释电效应只对温度的变化率有响应。对于各向异性晶体，晶体存在固有的自发电极化。当热量传递到晶片上时，热胀冷缩效应会导致晶体沿生长方向出现一定的形变量。这个形变会使晶片内部原本重合的正、负电荷中心分离，使原本对外呈电中性的材料内部产生一个有方向的电场。分离过程中移动的电荷就是由于热量变化诱导产生的极化电荷，材料内部产生的有方向的电场就是极化电场。而这种由于热量变化而在材料中产生极化电荷累积形成极化电场的特性就是热释电效应。材料的热释电性能主要受以下参数影响：

$$\Delta P = P\Delta T \tag{8-18}$$

电压响应优值：

$$F_{\mathrm{v}} = \frac{p}{C_{\mathrm{V}}\varepsilon_{\mathrm{r}}\varepsilon_0} \tag{8-19}$$

电流响应优值：

$$F_{\mathrm{i}} = \frac{p}{C_{\mathrm{V}}} \tag{8-20}$$

探测度优值：

$$F_{\mathrm{d}} = \frac{p}{C_{\mathrm{V}}\left(\varepsilon_0\varepsilon_{\mathrm{r}}\tan\delta\right)^{1/2}} \tag{8-21}$$

式中，p 为热释电系数；C_{V} 为材料体积热容；ΔP 为极化强度变化量；ΔT 为温度变化量；ε_{r} 为材料的相对介电常数；$\varepsilon_0 = 8.85 \times 10^{-12}\,\mathrm{F/m}$ 为真空电容率；$\tan\delta$ 为介电损耗。

由上述公式可看出，选择制作热释电的材料时，要求材料具有较大的热释电系数、较低的介电常数、介电损耗和热容。

热释电材料的发现较早，可追溯到 2300 年前，但最近 20 年来它们才被广泛应用。一些与热释电探测器应用相关的重要特性如下：

（1）热释电材料对其温度变化响应，而不是对温度本身响应；

（2）它们几乎可探测任何波长的辐射，包括软性 X 射线、远红外及粒子；

（3）用光学滤波器可设计不同工作波长的探测器；

（4）材料呈电容性，热损极小，不需制冷；

（5）介质本身的热噪声占主导地位，因此有些热释电材料的信噪比较低。

目前，热释电材料主要可分为单晶材料和金属氧化物陶瓷及薄膜材料。晶体的自发极化随温度发生的变化是其热释电效应的来源。

具有热释电效应的晶体一定是具有自发极化（固有极化）的晶体，在结构上应具有极轴。极轴两端具有不同性质，且采用对称操作不能与其他晶向重合的方向。同时，具有对称中心的晶体不可能有热释电效应，具有压电性的晶体不一定有热释电性。

8.8.2　热释电性能的测试原理与方法

热释电性能的测试包括介电常数和介电损耗的测量。

1. 介电常数的测量方法

介电常数是电介质中电场强度和电位移的比值。在测量过程中，可以通过施加电场或电磁波，观察电介质的响应，从而得到介电常数。不同的测量方法利用了不同的原理，但核心思想都是基于电场对电荷分布的影响。

（1）平行板电容法。平行板电容法是最常用的测量介电常数的方法之一。它通过测量电容器中电容的变化确定介电常数。具体步骤是：首先将待测介质填充在电容器的两个平行金属板之间，然后将电容器连接电源，施加电压使电容器充电，测量电容器的电容值。接着将待测介质更换为真空，再次测量电容值。由于真空的介电常数为 1，通过比较两次测量结果，即可得到待测介质的介电常数。

（2）微波谐振法。微波谐振法适用于介电常数较高的样品测量。它利用谐振腔中的电磁波传播特性测量介电常数。谐振腔是一个封闭的金属腔体，内部有一个微波源和一个探测器。首先将待测样品放入谐振腔中，调节微波源的频率使谐振腔中的电磁波与样品发生共振，然后测量共振频率和带宽，通过计算可以得到样品的介电常数。

（3）椭圆偏振法。椭圆偏振法适用于测量透明介质的介电常数。它通过测量透射光的偏振状态确定介电常数。实验装置由光源、偏振片、样品和偏振分析器组成。光源发出的光通过偏振片偏振，然后透过待测样品，最后通过偏振分析器测量透射光的偏振状态。根据透射光的偏振状态的变化，可以求得样品的介电常数。

2. 介电损耗的测量方法

介电损耗指电介质材料在外电场作用下发热而损耗的能量。在直流电场作用下，介质没有周期性损耗，基本上是稳态电流造成的损耗；在交流电场作用下，介质损耗除了稳态电流损耗外，还有各种交流损耗。由于电场的频繁转向，电介质中的损耗要比直流电场作用时大许多（有时达到几千），因此介质损耗通常是指交流损耗。

在工程中，常将介电损耗用介质损耗角正切 $\tan\delta$ 表示。$\tan\delta$ 是绝缘体的无效消耗的能量与有效输入的比例，它表示材料在一周期内热功率损耗与储存之比，是衡量材料损耗程度的物理量。可用以下公式表示：

$$\tan\delta = \frac{1}{\omega RC} \tag{8-22}$$

式中，ω 为电源角频率；R 为并联等效交流电阻；C 为并联等效交流电容器。

体积电阻率小的材料，其介电损耗就大。介质损耗对于用在高压装置、高频设备中，特别是用在高压、高频等条件下的材料和器件具有特别重要的意义。介质损耗过大，不仅降低整机的性能，甚至会造成绝缘材料的热击穿。

其中 $\tan\delta$ 的倒数称为品质因素，或称 Q 值。Q 值大，介电损失小，说明品质好。所以在选用电介质前，必须首先测定它们的 ε_r 和 $\tan\delta$，而这两者的测定是分不开的。

陶瓷介质损耗角正切及介电常数测试仪由稳压电源、高频信号发生器、定位电压表 CB_1、Q 值电压表 CB_2、宽频低阻分压器以及标准可调电容器等组成（图 8-16）。工作原理如下：高频信号发生器的输出信号，通过低阻抗耦合线圈将信号输送至宽频低阻分压器。输出信号幅度的调节是通过控制振荡器的帘栅极电压实现的。当调节定位电压表 CB_1 至定位线上时，

R_i 两端得到约 10mV 的电压（V_i）。当 V_i 调节至一定数值（10mV）后，可以使测量 V_c 的电压表 CB$_2$ 直接为 Q 值刻度，即可直接读出 Q 值，而不必计算。另外，电路中采用宽频低阻分压器的原因是如果直接测量 V_i 必须增加大量电子组件才能测量出高频低电压信号，成本较高，使用宽频低阻分压器后则可用普通电压表达到同样的目的。

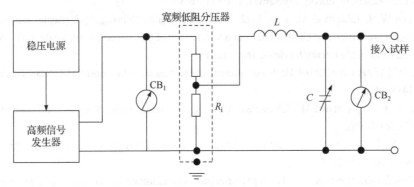

图 8-16　Q 值测量电路图

本 章 小 结

本章详细探讨了功能材料的热学性能表征，包括热学性能的分类和常用的测试方法。功能材料的热学性能主要包括热导率、热膨胀系数、比热容、热稳定性、综合传热性能等，涉及的测试方法包括横向热导率法、热重分析法、差示扫描量热法等。通过这些内容的学习，可以更好地理解功能材料在各种应用中的热力学行为和特性，这对于材料科学和工程领域的研究和实际应用具有重要意义。同时，也讨论了熔体的物理性质、热膨胀系数的表征，并对常见功能材料的性能测试方法及原理进行了阐述，包括热电性能、热释电性能。

习 题

1. 热学功能材料主要分为哪几类？它们各自都有什么样的特点？
2. 列出三种常见的热分析方法，并说明其测试原理。
3. 什么是导热系数？
4. 说明传热的三种基本方式。
5. 熔体的物理性质有哪几种？
6. 给出热膨胀系数的计算公式，并列出几种常见的测试方法。
7. 说出热电性能的衡量标准。
8. 什么是热释电效应？简单概括该效应产生的条件。

参 考 文 献

弗兰克 P. 英克鲁佩勒, 大卫 P. 德维特, 狄奥多尔 L. 伯格曼, 等. 2007. 传热和传质基本原理. 葛新石, 叶宏, 译. 北京: 化学工业出版社.

王培吉, 范素华. 2001. 光声法测量材料热膨胀系数的实验研究. 实验力学, 1: 56-60.

袁蝴蝶, 汤云, 任小虎. 2021. 功能材料实验教程. 北京: 冶金工业出版社.

Chang C, Wu M H, He D S, et al. 2018. 3D charge and 2D phonon transports leading to high out-of-plane ZT in n-type SnSe crystals. Science, 360(6390): 778-783.

Dresselhaus M. 2013. Overview of thermoelectrics for thermal to electrical energy conversion. AIP Nobel Symposium 153: Nanoscale Energy Converters, 1519(1): 36-39.

Escalante J, Chen W H, Tabatabaei M, et al. 2022. Pyrolysis of lignocellulosic, algal, plastic, and other biomass wastes for biofuel production and circular bioeconomy: A review of thermogravimetric analysis (TGA) approach. Renewable and Sustainable Energy Reviews, 169: 112914.

He W K, Wang D Y, Wu H J, et al. 2019. High thermoelectric performance in low-cost $SnS_{0.91}Se_{0.09}$ crystals. Science, 365(6460): 1418-1424.

Kim H S, Gibbs Z M, Tang Y, et al. 2015. Characterization of Lorenz number with Seebeck coefficient measurement. APL Materials, 3: 041506.

Park J G, Lee Y H. 2016. High thermoelectric performance of Bi-Te alloy: Defect engineering strategy. Current Applied Physics, 16: 1202-1215.

Pei Y, Lensch Falk J, Toberer E S, et al. 2011. High thermoelectric performance in PbTe due to large nanoscale Ag_2Te precipitates and La doping. Advanced Functional Materials, 21: 241-249.

Shi X L, Zou J, Chen Z G. 2020. Advanced thermoelectric design: From materials and structures to devices. Chemical Reviews, 120: 7399.

Su L Z, Wang D Y, Wang S N, et al. 2022. High thermoelectric performance realized through manipulating layered phonon-electron decoupling. Science, 375(6587): 1385-1389.

Zhang X, Zhao L D. 2015. Thermoelectric materials: Energy conversion between heat and electricity. Journal of Materiomics, 1: 92-105.

Zhao L D, Tan G J, Hao S Q, et al. 2016. Ultrahigh power factor and thermoelectric performance in hole-doped single-crystal SnSe. Science, 351(6269): 141-144.

第9章 功能材料的电化学性能测试方法

功能材料的电化学性能是评估其在能源存储、转换及电催化等领域中的应用效果的关键指标，对于新型电化学材料和器件的开发与应用至关重要。因此，对功能材料的电化学性能进行恰当的表征与分析，以更全面地了解电化学功能材料或器件的性能特点具有重要意义。本章将首先介绍功能材料的电化学性能关键指标等基本知识，然后逐一介绍最常用的几种电化学性能表征的基本原理、测试方法和实例，包括电极电势和电池电动势的测试、电极的极化曲线、阻抗测试以及线性电势扫描测试等。

9.1 电化学性能

功能材料的电化学性能是指材料在发生电化学现象或电化学反应时展现出来的特性和表现，涉及一系列与电化学反应相关的参数和性质。功能材料常见的电化学性能包括电导率、电阻率、离子迁移率、离子扩散系数和电化学活性等，这些参数和性质共同描述了功能材料在电化学环境中的行为和表现。此外，对于电池、电容器等电化学器件，电化学性能还包括电压、内阻、容量、倍率性能、能量密度、功率密度、效率和循环寿命等一系列指标，具体如下。

（1）电导率和电阻率：电导率（conductivity）是指电流通过电介质时的导电能力，是衡量功能材料导电性能的重要指标。电导率的倒数为电阻率（resistivity），电阻率是表示材料电阻特性的物理量。

（2）离子迁移率：离子迁移率（ionic mobility）是指材料中的离子在外加电场作用下的移动速率，是描述电极材料中离子传输性能的重要参数。

（3）离子扩散系数：离子扩散系数（ionic diffusion coefficient）是描述离子在介质中扩散快慢的物理量，是在没有外力作用的情况下，热运动导致的离子在单位时间内随机移动的平均距离。

（4）电化学活性：电化学活性是指材料在电化学过程中发生氧化还原反应的能力，电化学活性材料可以是电极材料、电解质或电极/电解质界面处的任何其他组分。此外，电催化剂的电化学活性是指其在电化学反应中的催化效率，包括促进电子转移和降低反应活化能的能力，而本身在反应过程中不被消耗。

（5）电压：电压（voltage）是电化学器件中正负极之间的电势差，也可以理解为单位电荷通过器件时产生的电势差。电压是电化学器件存储能量或进行能量转换的重要参数之一，不仅影响能量存储密度和输出功率，还直接影响器件的安全性、效率和应用范围。

（6）内阻：电池或电容器在工作时，电流通过电池或电容器内部受到阻力，使电池或电容器的电压降低，此阻力称为内阻（internal resistance）。

（7）容量：电池在一定的放电条件下能给出的电量称为容量（capacity），能反映电池或电容器可持续供应电流的时间长度，是衡量电池或电容器储能能力的重要性能指标之一。对于电化学电容器，其容量一般用电容表示。

（8）倍率性能：倍率性能（rate performance）是电池或电容器在特定电流下放电或充电时的容量表现。倍率性能可以反映电池或电容器在短时间内快速充放电时的能力，是衡量电池或电容器在瞬态工作状态下的性能指标。

（9）能量密度：单位质量或单位体积的电池或电容器能输出的能量，相应地称为质量能量密度（energy density）或体积能量密度，也称为比能量，是衡量电池或电容器储能能力的重要性能指标之一。

（10）功率密度：单位质量或单位体积电池或电容器在某一充放电制度下，在单位时间内输出的能量称为功率密度（power density），也称为比功率，是衡量电池或电容器输出功率强度的重要参数之一。

（11）效率：电池或电容器释放的容量或能量与相应地充入的容量或能量的比值，相应地称为库仑效率（Coulombic efficiency）或能量效率（energy efficiency），能反映电池或电容器在充、放电时容量、能量的损失。

（12）循环寿命：循环寿命（cycle life）是指电池或电容器在某一充放电制度下，容量下降到某一规定的值时，经历的充放电循环次数，也称循环性能，是衡量电池或电容器寿命长短的重要指标之一。

其中，电压或者电势可以利用电势计或恒电势仪等仪器直接测量得到；电导率、电阻率和内阻等性能参数通常可以利用电化学阻抗测试得到，内阻也可以利用极化曲线测试得到；容量、倍率性能、能量密度、功率密度、效率和循环寿命等性能参数可以利用恒电流充放电测试获得；离子迁移率可以利用恒电势极化法测量分析获得；电化学活性、离子扩散系数等性能参数可以利用线性电势扫描测试法测量分析获得。本章将主要介绍电极电势和电池电动势的测试、极化曲线测试、线性电势扫描测试以及电化学阻抗法测试四种最常用的电化学性能表征方法。

9.2 电极电势和电池电动势的测试方法

电化学性能表征的基本思路是通过研究电极或电池在各种激励信号下电势、电流两个基本物理量及其变化的关系，从而分析电极或电池的各个基本过程与性能指标。因此，正确测量电极或电池的电势是电化学性能表征的基础。

9.2.1 电极电势和电池电动势

1. 电极电势

电极电势（electrode potential）是指电化学体系中电极表面与电解质溶液之间的电势差，也可以理解为电极上发生氧化还原反应产生的电动势。在电化学反应中，电极电势是一个重要的参数，当电极电势高于标准电极电势时，表示反应有利进行；当电极电势低于标准电极电势时，表示反应不利进行。因此，测量电极电势对于研究电化学反应的进行方向、速率以及优化电池性能等方面至关重要。

2. 电池电动势

电池电动势（electromotive force）的定义是将单位正电荷从电池负极通过电源内部移动到正极时由非静电力做的功，其数值也可以描述为电池内各相界面上电势差的代数和。在理想情况下，电池的电动势为正极和负极之间的电势差。电池电动势是描述电池性能优劣的重要参数之一，它影响电池的输出电压、能量密度和功率密度。此外，电池的电动势还可以分为开路电压、工作电压和额定电压等。

（1）开路电压：电池的开路电压（open-circuit voltage）是指电池在开路状态下（不进行电流输出时），电池两极之间的电势差。开路电压取决于电池内部发生的化学反应类型、电极材料以及电解质等因素，是电池性能的一个重要指标，它可以反映电池的理论最大电压，即在无损耗和无内阻的情况下可输出的最大电压。

（2）工作电压：当电池外接负载后，由于内阻、外部负载、温度等因素，电池的输出电压会有所下降，此时显示的电压称为工作电压（operating voltage）。

（3）额定电压：额定电压（rated voltage）是指电池在正常工作情况下设计、规定的标准电压，通常用来表示保证设备正常运行时所需的电压。不同系列电池的额定电压不同，如铅酸蓄电池的额定电压通常为 2.0V，锌锰干电池的额定电压通常为 1.5V。

9.2.2　电极电势和电池电动势的测试原理与方法

1. 电极电势和电池电动势的测试

由于单一的电极电势是不可测量的，无法确定具体数值，必须至少再引入另一个电极/溶液界面，因此需引入相对电极电势的概念。如图 9-1 所示，在测量电极 W 的电极电势时，可以引入某个具有稳定电势的标准电极 R 形成电池，并取标准电极的电势为 0。将电势差计（也称电位计）接在电极 W 和标准电极 R 之间，当测量电路中没有电流流过，所测得的电压则为电池的电动势（开路电压），也为该电极 W 的电极电势。由此可见，电极电势的测定，实质上是电池电动势的测量。如此测量的电极电势称为相对电极电势，简称电极电势，通常用符号 φ 表示。

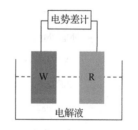

图 9-1　电极电势的
测量示意图

为了统一标准，国际纯粹与应用化学联合会规定，电势测量的相对基准电极为标准氢电极（standard hydrogen electrode，SHE），并规定标准氢电极的电极电势在任意温度下都为 0。标准氢电极通常由镀有一层铂黑的铂电极浸入 H^+ 浓度为 1mol/L 的酸溶液中，不断通入压力为 100kPa 的纯氢气组成。电极在标准状态（浓度为 1mol/L、压力为 1 大气压、温度为 25℃）下与标准氢电极之间的电势差则称为标准电极电势（$\varphi^{\ominus}$，standard electrode potential）。例如，测量标准状态下铜电极的电极电势时，若采用标准氢电极作为参比电极，其构成的电池可以写作：$Pt\,|\,H_2\,(a=1)\,|\,H^+\,(a=1)\,\|\,Cu^{2+}$ $(a=1)\,|\,Cu$，此时利用电势差计测得的相对电极电势为+0.34V *vs.* SHE，那么 Cu 电极的标

准电极电势 $\varphi^{\ominus}_{Cu^{2+}/Cu}$ 为 0.34V。

标准电极电势是研究电极电化学反应性质、计算电池电动势等的重要参数之一，$\varphi^{\ominus}$ 值越正说明电极越易得到电子，$\varphi^{\ominus}$ 值越负说明电极越易失去电子。各种材料的标准电极电势已经通过实验测定并列入标准电极电势表（表 9-1），可以通过查阅手册获得。此外，对于一般的电极反应：

$$\text{氧化态} + ne^- \rightleftharpoons \text{还原态} \tag{9-1}$$

其在平衡状态下的电极电势可以用能斯特（Nernst）方程表示：

$$\varphi = \varphi^{\ominus} + \frac{RT}{nF}\ln\frac{a_{\text{氧化态}}}{a_{\text{还原态}}} \tag{9-2}$$

式中，$\varphi^{\ominus}$ 为电极中氧化态和还原态物质处于平衡状态的电极电势；R 为摩尔气体常量 [8.3145J/(mol·K)]；T 为热力学温度；n 为电极反应的得失电子数；F 为法拉第常量（96485C/mol）；$a_{\text{氧化态}}$ 和 $a_{\text{还原态}}$ 分别为氧化态和还原态离子的活度。基于能斯特方程，通过测量电极所处的温度以及相应的氧化态和还原态离子的活度，也可以计算得到电极电势。例如，在 298.15K 下，Cu 电极在 0.1mol/L CuSO$_4$ 中，其电极电势为

$$\varphi_{(Cu^{2+}/Cu)} = \varphi^{\ominus}_{(Cu^{2+}/Cu)} + \frac{RT}{nF}\ln\frac{a_{\text{氧化态}}}{a_{\text{还原态}}} = 0.34\text{V} + \frac{8.3145\times298.15}{2\times96485}\ln\frac{0.1}{1}\text{V} = 0.3104\text{V}$$

表 9-1 一些常见的电极在 25℃时的标准电极电势

电对	电极反应	标准电极电势/V
Li$^+$/Li	Li$^+$ + e$^-$ ⟶ Li	−3.04
K$^+$/K	K$^+$ + e$^-$ ⟶ K	−2.93
Ca^{2+}/Ca	Ca^{2+} + 2e$^-$ ⟶ Ca	−2.84
Na$^+$/Na	Na$^+$ + e$^-$ ⟶ Na	−2.71
Mg^{2+}/Mg	Mg^{2+} + 2e$^-$ ⟶ Mg	−2.36
Al^{3+}/Al	Al^{3+} + 3e$^-$ ⟶ Al	−1.68
Zn^{2+}/Zn	Zn^{2+} + 2e$^-$ ⟶ Zn	−0.76
Fe^{2+}/Fe	Fe^{2+} + 2e$^-$ ⟶ Fe	−0.44
Ni^{2+}/Ni	Ni^{2+} + 2e$^-$ ⟶ Ni	−0.26
Sn^{2+}/Sn	Sn^{2+} + 2e$^-$ ⟶ Sn	−0.14
Pb^{2+}/Pb	Pb^{2+} + 2e$^-$ ⟶ Pb	−0.13
H$^+$/H$_2$	2H$^+$ + 2e$^-$ ⟶ H$_2$	0.00
Cu^{2+}/Cu	Cu^{2+} + 2e$^-$ ⟶ Cu	0.34
O$_2$/OH$^-$	0.5O$_2$ + H$_2$O + 2e$^-$ ⟶ 2OH$^-$	0.40
Fe^{3+}/Fe^{2+}	Fe^{3+} + e$^-$ ⟶ Fe^{2+}	0.77
Ag$^+$/Ag	Ag$^+$ + e$^-$ ⟶ Ag	0.80

续表

电对	电极反应	标准电极电势/V
Hg^{2+}/Hg	$Hg^{2+} + 2e^- \longrightarrow Hg$	0.85
MnO_2/Mn^{2+}	$MnO_2 + 4H^+ + 2e^- \longrightarrow Mn^{2+} + 2H_2O$	1.23

在电化学测量时，除采用标准氢电极作为电极电势的比较标准外，还常使用具有稳定的电极电势的电极作为参比电极。因此，在提到电极电势时，必须说明是相对于哪一种参比电极的电极电势，通常需要在电极电势的表示式中予以标明。例如，在测量铜电极的电极电势时，若采用饱和甘汞电极[Hg(l)|Hg$_2$Cl$_2$，saturated calomel electrode，SCE]作为参比电极，其构成的电池可以写作 $Hg\,|\,Hg_2Cl_2\,|\,Cl^-\,(a=1)\,||Cu^{2+}\,(a=1)\,|\,Cu$，由于饱和甘汞电极标准电极电势为 0.2412V，此时利用电势差计测得 Cu 电极的相对电极电势可以表示为+0.0988V *vs.* SCE。

测量电极电势时，电路中的电流通常难以完全为零，实际测得的电压 V 是路端电压，并不等于研究电极的电极电势 E，此时有

$$V = V_{开} - i_{测}R_{池} = i_{测}R_{仪器} \neq E \tag{9-3}$$

式中，$V_{开}$ 为测量电池的开路电压；$i_{测}$ 为测量电路中流过的电流；$R_{池}$ 为测量电池的内阻；$R_{仪器}$ 为测量仪器的输入电阻。因此，要实现电极电势的准确测量，对测量仪器有以下要求：

（1）仪器需具有足够大的输入电阻：

由式（9-3）可得 $E = V_{开} = V + i_{测}R_{池} = i_{测}(R_{仪器} + R_{池})$，

则有 $i_{测} = E / (R_{仪器} + R_{池})$，

那么仪器测量或控制的误差为

$$E - V = ER_{池} / (R_{仪器} + R_{池}) \tag{9-4}$$

若要使电极电势测量结果尽可能准确，则需保证仪器测量或控制的误差不超过 1mV，则需保证仪器需具有足够大的输入电阻，即

$$R_{仪器} \geqslant (1000E - 1)R_{池} \tag{9-5}$$

仪器需具有足够大的输入内阻以保证测量电路中的电流足够小，使电池的开路电压绝大部分都分配在仪器上。同时，测量电路中足够小的电流还不会引起被测电极的状态变化。因此，一般的伏特计或万用表由于其输入电阻低，通常不能用于测量电池的电动势。

（2）对于暂态测量，要求仪器有足够快的响应速度，能记录电势随时间的变化。

（3）要求有适当的精度、量程，一般要求能准确测量或控制到 1mV。

2. 极化条件下电极电势和电池电动势的测试方法

电极或者电池在工作时，有电流流经电极，由于选用的标准电极 R 本身也可能发生电极电势的变化，此时无法作为电势比较的基准。此外，由于极化电流的存在，在工作电极和标准电极之间的溶液电阻引起的欧姆电压降也将附加在被测的电极电势中，造成测量误差。因此，极化条件下要准确测定电极的电势，必须想办法消除标准电极的极化、克服欧姆电压降。通常的做法是引入第三个电极作为辅助电极，构成三电极体系，如图 9-2 所示。三电

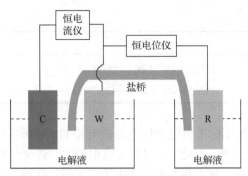

图 9-2   三电极体系示意图

体系中，被测试的电极称为研究电极或者工作电极（working electrode，WE）；为了形成极化电流回路而引入的电极，称为辅助电极或者对电极（counter electrode，CE）；为测量工作电极的电势，引入的电势稳定且已知的电极作为电势测量的基准，称为参比电极（reference electrode，RE）。其中，工作电极和对电极构成极化回路，用于实现极化电流的控制与测量；工作电极和参比电极构成测量回路，用于测量和控制工作电极在通电时的电势。由于测量回路中的电流很小或者不存在（$\leqslant 10^{-7}A$），测量回路中由溶液电阻造成的欧姆电压降很小，完全可以忽略不计。因此，在进行电化学性能表征时采用三电极体系，可以在利用恒电流仪施加电流的同时，采用恒电势仪测量工作电极的电势。

参比电极作为电化学测量中的标准参照，其性能直接影响电极电势测量或控制的稳定性、重现性和准确性，因此参比电极的选择存在以下要求：①应具有良好的稳定性，即其电势随时间变化和温度变化要小；②应不易极化，即有电流通过时，其电极电势变化很小；③参比电极的电极反应应尽可能接近可逆反应，可以通过 Nernst 方程计算不同浓度时的电势值；④具有良好的恢复特性，发生电流或者温度变化后，当电流或者温度恢复至原值后，参比电极的电极电势能迅速恢复至原电势值；⑤具有良好的重现性，不同批次的电极或者不同次数下使用的电极，其电势应相同；⑥快速的暂态测量时要具有低电阻，以减小干扰，避免振荡，提高系统的响应速率；⑦对待测电极无影响，参比电极的电极反应不应影响待测电极的反应以及电解液。满足上述要求的参比电极主要包括可逆氢电极、甘汞电极、银-氯化银电极和汞-氧化汞电极等，但实际使用时应考虑使用的电解液体系的影响，如在碱性溶液中应采用汞-氧化汞电极，酸性条件下一般使用甘汞电极作为参比电极。

此外，为了进一步消除或者降低测量回路中的溶液电阻引起的电压降，提高极化条件下电势测量和控制的精度，可以采用以下措施：①使用卢金（Luggin）毛细管。将参比电极溶液端的玻璃管拉成毛细管，即卢金毛细管，并使之尽量靠近工作电极，缩短参比电极与工作电极之间溶液的距离，从而降低溶液电阻和所引起的电压降。②改善溶液的导电性。在不影响电池工作特性的情况下，加入支持电解质以改善溶液的导电性，从而降低欧姆电压降。③采用桥式补偿电路或者运算补偿电路，实现对欧姆电压降的补偿。

9.3   电池电极的极化曲线测试方法

电池电极的极化曲线测试是一种基础而关键的电化学测试方法，通过测量电压与电流之间的关系，可以了解电极材料在通电过程中的极化情况，进而分析电池的内部阻抗、极化损失等参数，同时可以用来评估电池的容量、效率、循环稳定性、能量密度、功率密度等诸多性能参数，为电池研究和开发提供重要参考依据。

9.3.1 电池电极的极化

1. 极化

电池电极上无电流通过时，电极处于平衡状态，与之对应的电势称为平衡电势 φ_e（equilibrium potential）。电池电极在工作时，有电流流经电极，电极的电势 φ 会偏离平衡值 φ_e，这种现象称为电极的极化（polarization）。极化的大小称为超电势或者过电势（overpotential），用 η 表示，其数值为

$$\eta = |\varphi - \varphi_e| \tag{9-6}$$

电池在工作时，发生氧化反应的为阳极，反应过程中电极失去电子，电子流向外电路，使电极电势向正的方向变化，电极电势 $\varphi_{阳}$ 与其超电势 $\eta_{阳}$ 的关系为

$$\varphi_{阳} = \varphi_e + \eta_{阳} \tag{9-7}$$

电池在工作时，发生还原反应的为阴极，反应过程中电极得到电子，电子从外电路流向电极，使电极电势向负的方向变化，电极电势 $\varphi_{阴}$ 与其超电势 $\eta_{阴}$ 的关系为

$$\varphi_{阴} = \varphi_e - \eta_{阴} \tag{9-8}$$

因此，电池在放电工作时，负极为阳极，正极为阴极，其端电压为

$$E = \varphi_+ - \varphi_- = \varphi_{e(+)} - \eta_{阴} - \varphi_{e(-)} - \eta_{阳} = E_e - (\eta_{阳} + \eta_{阴}) \tag{9-9}$$

电池在充电工作时，正极为阳极，负极为阴极，其端电压为

$$E = \varphi_+ - \varphi_- = \varphi_{e(+)} + \eta_{阳} - (\varphi_{e(-)} - \eta_{阴}) = E_e + (\eta_{阳} + \eta_{阴}) \tag{9-10}$$

可以看出，由于电极的极化，电池放电时其端电压低于开路电压，电池充电时其端电压高于开路电压。电池放电时的端电压低于开路电压，表明有一部分输出电压发生了损失；而电池端电压高于开路电压，表明需要更大的输入电压使电池完成充电，需要多消耗能量。由此可见，电极极化是电池发生电化学反应时的阻力。

2. 极化的分类及特点

对于简单的电极反应，具有溶液离子导电、双电层充放电、电化学反应以及传质等基本过程，相应地主要存在三种类型的极化：欧姆极化（也称电阻极化）、电化学极化（也称电荷传递极化或活化极化）、浓差极化。如果电极过程中还包含其他电极基本过程，如匀相或多相化学反应过程、电结晶过程，那么就可能存在化学反应极化、电结晶极化等。

1）欧姆极化

欧姆极化（Ohmic polarization）指的是电极材料、活性物质与导电材料的接触电阻以及电解液的离子迁移电阻等造成的电压降。欧姆极化可以通过欧姆定律描述，即电流密度与电压降之间成正比。

2）电化学极化

电化学极化（electrochemical polarization）是由于电极上电化学反应的速度落后于电极上电子转移的速度，从而引起电极电势偏离平衡电势的现象。例如，电池处于开路状态时，其正极表面带有正电荷，正极表面附近的溶液带有负电荷，形成了平衡状态，电池放电时，正极作为阴极发生还原反应，由于正极发生还原反应的速率不够快，电流流过并到达阴极的电子无法及时消耗掉，使其将比平衡状态情况下带有更多的负电，从而使其电极电势变得更低。这一较低的电势能促使反应物活化，即加速正极还原反应的进行。同理，电池放电时，电化学极化会使负极表面的负电荷数目减少，电极电势变得更高。

电化学极化的大小是由电化学反应速率决定的，其与电化学反应本质有关。提高电化学反应的温度、增大电极真实表面积（如采用多孔电极）、提高催化剂的活性等都能提高电化学反应速率，降低电化学极化。

3）浓差极化

由于液相传质步骤的迟缓，电极表面反应离子的浓度偏离溶液本体浓度，造成电极电势偏离平衡电势的现象称为浓差极化（concentration polarization）。例如，当电池放电时，正极作为阴极发生还原反应，正极表面的阳离子被消耗，而远处的阳离子扩散速度较慢，来不及扩散到正极附近，使正极附近的阳离子浓度比本体溶液中的浓度要小，出现了梯度浓度。其结果好像是把正极放在浓度较小的溶液中一样，其电极电势偏离了平衡电势。

浓差极化的大小主要取决于离子的扩散快慢，影响因素包括离子的扩散系数、扩散介质的种类及其温度以及扩散的路径。降低浓差极化的主要方法有增加搅拌速度或气体流动速度，提高电解质中反应物与电极表面的传质速率；调节电解质的浓度，增加反应物浓度；设计合适的电极结构，提高电解质与电极的接触面积，促进反应物的传输。

电池在发生电化学反应时往往是复杂、多步骤的过程，各个单元的步骤所起的作用是不同的，其中占据主导地位的控制步骤主要决定了电极过程中的极化类型。电化学反应过程中，电极极化建立的顺序通常是欧姆极化、电化学极化、浓差极化。

9.3.2 电池电极极化曲线的测试原理、方法与应用

极化曲线是表示电极电势与极化电流或极化电流密度之间的关系曲线。极化曲线可以反映电极在不同工作条件下的电化学行为，揭示电化学过程中各种极化现象（如欧姆极化、浓差极化、活化极化等）对电极反应速率的影响。通过极化曲线的测试与分析，可以深入了解电化学系统的特性和极化现象，有利于优化电化学系统的设计和操作条件。

电化学测试方法按照电极所处的状态，可总体上分为两大类：一类是电极过程处于稳态时进行的测量，称为稳态测量方法；另一类是电极过程处于暂态时进行的测量，称为暂态测量方法。对于实际的电化学系统，当电极的电化学参量（极化电流、极化电势、电极表面处的反应物的浓度等）不变或基本不变时，可以认为处于稳态。稳态并不等于平衡态，平衡态只是稳态的一个特例（极化电流为0）。而在暂态时，电极的电化学参量（极化电流、极化电势、电极表面处的反应物的浓度等）都可能随时间发生变化，因此暂态过程十分复杂。需要注意的是，稳态和暂态系统服从不同的规律，在测定电池的极化曲线时，需要根据体系的状态和需要测量的参量选择测量方法，并分情况讨论，以利于问题的简化。

极化曲线的测试按照控制的自变量可分为控制电势法和控制电流法。本质上控制电势

法和控制电流法在极化曲线的测量方面具有相同的功能，但实际测试时各有特点，需要根据具体情况选用。选用时，基本要求每一个自变量下只有一个函数值，即如果电化学体系中，存在电流极大值时应选择控制电势法；存在电势极大值时应选择控制电流法；对于单调函数的极化曲线，控制电势法和控制电流法皆可。

1. 控制电势法

控制电势法是利用恒电势仪，控制电极的电势按照一定的规律变化，同时测量响应电流随电势变化的函数关系的方法。在每一个测量点和每一个瞬间，电势被恒定在规定的数值，故又称恒电势法或恒电位法。由此法测定得到的极化曲线称为恒电势极化曲线。控制电势法按其自变量的变化特征或者信号波形又可分为电势阶跃法、方波电势阶跃法、双电势阶跃法、系列实验中的电势阶跃法、电势扫描法等（图 9-3）。

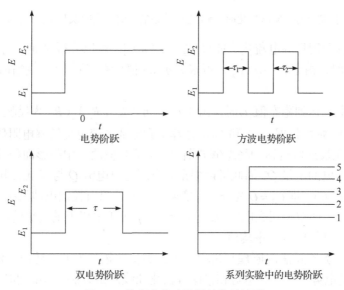

图 9-3　控制电势法阶跃的信号波形

下面以电势阶跃法为例，介绍具有欧姆极化、电化学极化和浓差极化特征的电极在控制电势阶跃测试时发生的电化学过程。

在 $t=0$ 时，对电极体系施加小幅度的电势差 η（ η 为负值，$|\eta| \leqslant 10\mathrm{mV}$ ），同时记录电流随时间的变化，就得到电流响应曲线[图 9-4（a）]。结合电极体系的等效电路图[图 9-4（b）]可以分析其电流变化情况。在 $t=0$ 时，电势瞬间加到电极上后，尽管施加了一个 η 的电势差于电极体系，但双电层电势差（电极与溶液界面的电势差）并未突然变化。由于存在欧姆电阻 R_{Ω} 和恒定电势仪的输出电流限制，在电势瞬间变化时，双电层充电电流 i_{c} 不可能迅速达到无限大，这意味着界面电势差的改变需要一段时间来进行。换言之，尽管电压瞬间发生了改变，但能够影响反应速率的界面电势差（电化学极化的超电势）尚未发生改变。电势瞬间的变化并非双电层电势差的跃变，而是欧姆电阻的电势跃变。此时，电流瞬间数值为 $-\eta/R_{\Omega}$，双电层便开始按此电流进行充电。随着双电层的持续充电，双电层电势差的变化增大，即电化学极化超电势的绝对值增大，导致电极反应速率增大，从而使电化学反应电流 i_{f} 增大；随着时间的延长还可能逐步建立浓差极化超电势。由于总超电势保持在恒定值 η，电

化学超电势$-\eta_f$的绝对值不断增大，而溶液中的欧姆降$-\eta_o$的绝对值则不断减小。由系统总电流$i = -\eta_o/R_o$可知，系统的总电流在不断减小。由于$i = i_c + i_f$，且i_f增大、i减小，因此双电层充电电流i_c也在减小。直至i_c减小至零，双电层充电过程结束，电化学极化超电势达到稳定值，电化学反应达到稳定状态，反应电流i_f达到稳定值i_∞。

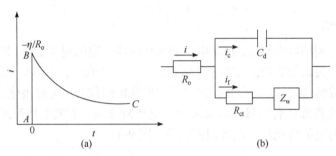

图9-4　控制电势法阶跃极化时（a）电极体系的电流响应曲线和（b）等效电路图

基于上述过程和测得的电流响应曲线[图9-4（a）]，可以分析电池系统的电化学参量：

（1）在$t = 0$时，由于$i = -\eta/R_o$，可根据η和i值计算得到电池系统在该状态下的欧姆电阻值。

（2）在反应电流达到稳态值i_∞时，由于$i_\infty = -\eta/(R_o + R_{ct})$（$R_{ct}$为反映电化学极化特征的电荷转移电阻），则可根据$\eta$、$i_\infty$和$R_o$值计算得到电池系统电荷转移电阻值$R_{ct}$。

（3）从$t = 0$至反应电流达到稳态值i_∞期间，电流响应曲线中阴影面积ABC所围的面积表示的是双电层充电的电量Q，因此可以根据双电层充电电流Q与双电层电势$-\eta_c$之比计算得到双电层电容值C_d，即$C_d = Q/(-\eta_c)$。实际测试时，只有控制电池系统的欧姆电阻很小或者进行电阻补偿，使双电层充电结束时的电势差η_c等于电极上的电势阶跃值η，才能根据公式$C_d = Q/(-\eta_c)$计算电容的平均值。

基于上述的电势阶跃法的原理与过程，可以类似地拓展方波电势阶跃法、双电势阶跃法、系列实验中的电势阶跃法和电势扫描法等极化曲线测试方法，测量功能材料电极在不同应用场景和状态下的电化学参量。

上述的电势阶跃法测试时间较短时，各电化学参量处于变化中，通常认为是暂态测量中的一种。若控制恒电流仪（或恒电势仪）在电池系统上施加一定的电势（或电流）后，等一定时间响应的电流（或电势）达到稳态后，再阶跃至另一电势值（或电流），再如此往复测量相应的稳定的响应电流（电势），则可以测得电极的稳态极化曲线，该种方法称为阶梯波法。阶梯波阶跃幅值的大小及时间间隔的长短应根据实验要求而定。当阶跃幅值足够小而阶梯波数足够多时，测得的极化曲线接近慢扫描极化曲线。慢扫描法测定极化曲线就是利用恒电势仪控制扫描信号，使极化测量的自变量连续线性变化，同时用仪器自动测定电流信号的方法。电极要达到稳态需要一定的时间，因而慢扫描法测试时选用的扫描速度不同，其获得的测量结果也有所不同。

2. 控制电势法的应用

控制电势法已被广泛应用于电池材料、电催化材料、电传感材料以及腐蚀控制等方面的研究中，是现代电化学研究中的一种重要测试方法。以下将以控制电势法中的计时电流法和塔费尔曲线为例，具体介绍其应用。

1）计时电流法

在控制电势阶跃测试中，通常记录响应电流同时间的关系曲线，该方法称为计时安培法或计时电流法（chronoamperometry）；但有时也记录电流对时间的积分随时间变化的关系曲线，由于该积分表示通过的电量，故称为库仑法（coulometry）。计时电流法通常用于研究电极界面上的反应动力学过程、扩散控制过程、催化剂活性和稳定性等。

（1）电化学催化剂：在电流-时间曲线中，电极在达到稳态时的电流密度大小可以反映电催化反应的快慢，对比不同电极在同一电势下的电流密度大小，可以评价催化剂的活性；对比同一电极在长时间工作下的电流密度变化情况，可以评价催化剂的稳定性以及寿命。

（2）电化学传感器：在一定电势下，电化学传感材料的稳态电流密度与检测目标分子或离子的浓度可以在一定范围内建立线性关系。因此，基于计时电流法，可以分析电化学传感材料的检测灵敏度以及检测限，用于检测目标分子或离子的浓度。

（3）电解质材料：在计时电流法测试时，开始施加电势后，电解质中的离子在电场作用下从正电势侧向负电势侧迁移，电子在电场作用下向反方向迁移，此时总电流为离子电流与电子电流之和。达到稳态时，电解质中的离子不再迁移，根据稳态时电流-时间曲线中的电流数值可计算电解质的电子电阻，进而计算电子电导率；进而可以求出施加电势时的离子电流大小及其占整体电流的比值，计算离子迁移数。

（4）此外，还可以利用库仑法测得的极化曲线研究多步骤的复杂反应，研究吸附和表面覆盖等过程。

2）塔费尔曲线

塔费尔（Tafel）曲线是描述电极在电化学反应中的电流密度与超电势之间关系的曲线。塔费尔曲线是利用线性慢扫描法，通过连续改变电势的方式从低电势向高电势或从高电势向低电势扫描，并记录下对应的电流值。再根据实验得到的数据，绘制电流密度的对数值（lg$j$）与电势的关系曲线，即为塔费尔曲线，如图9-5（a）所示。其中，AB 段为线性区，BC 段为弱极化区，CD 段为强极化区。

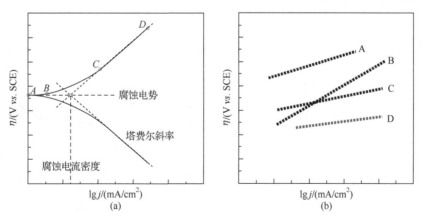

图 9-5 （a）典型的金属腐蚀的塔费尔曲线；（b）电催化材料的塔费尔曲线

在塔费尔曲线中，在强极化区 CD 段（过电势较大的区间），电流密度的对数值（lg$j$）与电势（η）之间呈现出线性关系，满足塔费尔公式：

$$\eta = a + b\lg j \qquad\qquad (9\text{-}11)$$

式中，a 和 b 是根据塔费尔曲线数据拟合得到的常数。b 值是曲线的斜率，反映了电化学反应速率的相关性，可以用来评估电极反应的动力学特性；a 值是曲线的截距，表示电流密度为单位数值时的超电势值，与电极材料的性质、电极表面状态、溶液组成及温度等因素有关。

电催化材料的塔费尔曲线斜率 b 越小，说明其可以在越低的超电势下达到一定电流（或在一定超电势下获得更大的电流），表示其具有更快的动力学过程和更好的催化活性。如图 9-5（b）所示，在四种材料中，D 材料构成的电催化电极具有最小的塔费尔曲线斜率，表明其具有最高的催化活性。

基于塔费尔曲线，对强极化区进行直线外推法，还可以获得金属电极的腐蚀电势和交换电流密度信息。如图 9-5（a）所示，直线外推法可以通过软件或者电化学工作站自带软件完成，即将阳极和阴极强极化区的直线外推延长，两者的交点对应的电流和电势值即为腐蚀电势（corrosion potential）和交换电流密度（exchange current density，腐蚀电流密度）。腐蚀电势越高、交换电流密度越小，代表电极的抗腐蚀性越大和腐蚀速率越慢。因此，塔费尔曲线对研究金属腐蚀行为和防腐蚀功能材料也有重要作用。

3. 控制电流法

控制电流法也称恒电流法，是利用恒电流仪控制通过电极的电流按照一定的规律变化，同时测量相应的响应电势的方法。控制电流法按其自变量的变化特征又可分为单电流阶跃法、断电流法、方波电流法以及双脉冲电流法。控制电流法的实质是，电流在某一时刻发生突跃，然后在一定时间内恒定在规定的数值，故又称恒电流法。由此法测得的极化曲线称为恒电流极化曲线（galvanostatic polarization curve）。

下面以单电流阶跃法为例，介绍具有欧姆极化、电化学极化和浓差极化特征的电极在控制电流测试时的过程。

当电极上流过单阶跃电流 i 时，电流-时间曲线以及测得的电势-时间响应曲线如图 9-6所示，电极电势随时间变化的原因可分析如下：

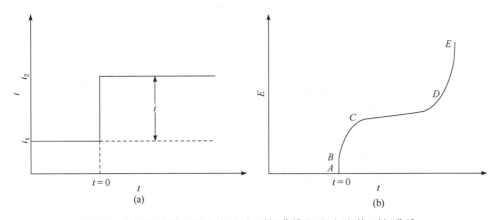

图 9-6　单电流阶跃法的（a）电流-时间曲线和（b）电势-时间曲线

（1）AB 段。在 $t=0$ 时，电流施加的瞬间，电极上流过的电量极小，不足以改变界面的荷电状态，因此界面电势差无法瞬间产生变化。或者可以认为，电流施加瞬间伴随发生的是电池系统的导电过程，此时电阻导致的电压降在电流突跃后即可产生，而电极/溶液界面的双电层电容不响应电流信号，因此电极等效电路可认为只有一个欧姆电阻。那么，$t = 0$ 时，电势-时间响应曲线上出现的电势突跃是由电池系统的欧姆电阻引起的，该电势突跃值即为欧姆电压降 $\eta_{t=0} = -iR_o$。

（2）BC 段。当电流通过电极/溶液界面后，电极开始发生电化学反应。电荷转移的缓慢特性导致双电层开始充电，进而导致电极的电势发生改变。在这个阶段，电势的持续变化主要是由电化学极化引起的。这时电极的等效电路模型应包含欧姆电阻、界面上的双电层电容和电荷转移电阻。

（3）CD 段。随着电化学反应的推进，电极表面的反应物粒子逐渐被消耗，同时不断生成产物粒子。由于液相中物质扩散得缓慢，电极表面的可用反应物浓度降低，而产物浓度相对升高，从而引发浓差极化现象。这种极化现象会随着时间的推移，从电极表面逐渐向溶液内部扩展，导致电极表面粒子浓度持续变动。因此，这一阶段电势-时间响应曲线上的电势变化主要归因于浓差极化。此时相应的电极等效电路还包括电极界面附近的扩散阻抗。

（4）DE 段。随着电极反应的进行，电极表面上的反应物浓度逐渐减少。经过一定时间后，反应物浓度降至最低点，达到了完全浓差极化状态。此时，电极表面不再有剩余的反应物粒子可供反应。由于恒电流的持续作用，到达电极界面的电荷无法通过电极反应消耗，从而引起电极界面的电荷分布状态的改变，使双电层迅速充电，引起电极电势的急剧变化，直至达到另一个传荷过程发生的电势为止。

上述的单电流阶跃法测试时间较短时，各电化学参量处于变化中，通常认为是暂态测量中的一种。基于上述的原理与过程，可以进行电路的极限简化，计算电池系统的欧姆电阻、双电层电容和电荷转移电阻：

（1）在 AB 段，根据电势-时间曲线上的欧姆电压降 $\eta_{t=0}$ 值，可以计算系统的欧姆电阻，即 $R = \eta_{t=0} / (-i)$。

（2）在 BC 段，电流施加的极短时间内，电荷传递过程的迟缓性，引起双电层充电，全部电流用于双电层充电，即双电层电流 i_c 等于施加的电流。根据 $i_c = -C_d \dfrac{\mathrm{d}E}{\mathrm{d}t} = -C_d \left(\dfrac{\mathrm{d}E}{\mathrm{d}t} \right)_{t=0}$ 可以计算双电层电容 C_d 值。此公式表明，双电层电容 C_d 值等于 $t = 0$ 时电势-时间曲线的切线斜率。

（3）在 CD 段，若测量条件满足施加电流时间较短，过电势 η 不大于 10mV，可以认为电池体系中双电层充电已完成，电化学反应达到稳态。此时，过电势值 $\eta = -i(R_o + R_{ct})$。因此，可以计算得到电荷转移电阻值 R_{ct}，即 $R_{ct} = -\eta / i - R_o$。

基于单电流阶跃法的原理与过程，也可以拓展断电流法、方波电流法以及双脉冲电流法，对电池系统的欧姆电阻、双电层电容和电荷转移电阻进行测量。

4. 控制电流法的应用

利用控制电流法可以对电池或电容器进行充放电测试，获得容量、工作电压、库仑效率、倍率性能、循环寿命、能量密度和功率密度等丰富的电化学性能参数。其中，恒电流充放电法（galvanostatic charge/discharge measurement）是最常见的电池或电容器性能测试方法。下面介绍恒电流充放电法的测量过程及可获得的参量。

利用电池充放电测试仪或者电化学工作站在电池两端规定的截止电压内施加方波电流[图9-7（a）]，同时记录电池电压随时间的变化，即可获得恒电流充、放电曲线[图9-7（b）]。恒电流充电或者放电的发生过程与上述的单电流阶跃过程类似，一个恒电流充电和放电周期称为一个循环。从恒电流充、放电曲线可以获得以下信息。

（1）容量：根据电池在规定的电压区间内的充电（放电）时间 t 以及恒电流 i 值，可以直接计算得到电池的容量 C，即 $C=it$。若知道电极材料的质量 m_e，则材料的比容量为 it/m_e。图9-7（b）中的 $LiCoO_2$ 正极在 i_1 电流下的比容量即为 126mAh/g。

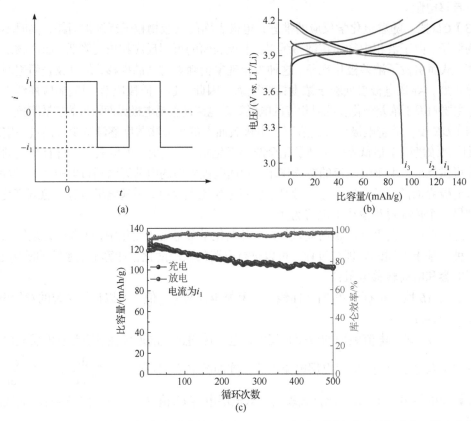

图9-7   （a）恒流充、放电测试的电流信号；（b）$LiCoO_2$ 正极在不同电流下的恒流充、放电曲线；
（c）$LiCoO_2$ 正极的循环性能

（2）电压：充、放电曲线中电压呈现缓慢变化的值称为平台电压，根据平台电压的大小和长短可以分析电极材料的种类、结构以及颗粒大小。例如，不同的电极材料由于其电极电势不同而具有不同的平台电压，$LiCoO_2$ 正极的平台电压约为3.9V[图9-7（b）]，$LiFePO_4$ 正极的平台电压约为3.4V。此外，根据充、放电曲线还可以计算电池的平均工作电压 $\bar{E}$。

（3）能量密度：电池的放电总能量 $W=i\int E\mathrm{d}t=i\bar{E}t$。若知道电池的质量 m_c 和体积 V，则电池的质量能量密度为 $\dfrac{W}{m_c}$，电池的体积能量密度为 $\dfrac{W}{V}$。

（4）效率：计算放电容量与充电容量的比值可得电池的库仑效率；计算放电能量与充电能量的比值可得电池的充、放电能量效率。$LiCoO_2$ 正极在电流 i_1 下的充、放电库仑效率可以从图 9-7（c）看出，其在前 100 圈充放电循环内的库仑效率低于 100%，在 100 圈之后的库仑效率接近 100%。

（5）功率密度：电池的放电输出功率 $P = \int E \mathrm{d}t / t = i\bar{E}$。若知道电池的质量 m_c 和体积 V，则电池的质量功率密度为 $\dfrac{P}{m_c}$，电池的体积功率密度为 $\dfrac{P}{V}$。

（6）倍率性能：利用不同的恒电流 i_1、i_2、i_3……对电池进行充放电，可测得电池在不同电流下的充、放电曲线，通过对比对应电流下的电池容量 i_1t_1、i_2t_2、i_3t_3……可以分析电池的快充和快放能力。电池在大电流下表现的容量与小电流下的容量的比值越大，说明电池倍率性能越好。

（7）循环寿命：在某一恒电流下，对电池进行多个恒电流充电和放电周期的测试，可以获得不同循环次数下的比容量变化曲线[图 9-7（c）]。电池比容量下降到某一规定值时，电池经历的充、放电次数即为电池的循环寿命。此外，也可以计算第 n 次循环时的比容量 C_n 与第 1 次循环时的比容量 C_1 的比值，获得电池在循环 n 次时的比容量保持率。比容量保持率数值越大，电池的循环性能越好。如图 9-7（c）所示，$LiCoO_2$ 正极在 i_1 电流下循环 500 次后具有 81.3%的比容量保持率。

9.4 电池的阻抗测试方法

阻抗测试是最常用的电化学测试技术之一，可以获得电池内部电阻、容性和极化特性的信息，有助于分析电池的动态响应和稳定性。通过阻抗测试，可以检测电池的状态和健康状况，评估其循环寿命、充放电效率以及电化学活性，为优化电化学器件设计提供重要参考依据。

9.4.1 电池的阻抗

电流通过电池内部时受到的阻力称为电池的阻抗（impedance），是电池内部各种电阻、电容和电感等元件构成的复杂网络导致的总体阻碍效果，主要由电解质、电极材料、电解质/电极界面、零件之间的接触电阻等因素共同决定。电池的阻抗主要包括欧姆电阻和电极在电化学反应时表现出的电化学极化以及浓差极化内阻，直接影响电池的工作电压、工作电流、输出能量与功率，是决定电池性能的一个重要指标。

电池的阻抗在电池充、放电过程中是随时间不断变化的，不是一个常数，这是因为活性物质的组成、电解液浓度和温度都在不断地改变。因此，电池的阻抗是一个复杂且动态的概念，通常可以利用交流阻抗法进行测试，通过频率响应或时间响应描述。

9.4.2 电化学阻抗测试原理与方法

交流阻抗法（AC impedance）即通常所说的电化学阻抗谱（electrochemical impedance spectroscopy，EIS）测试方法，使电池系统处于平衡状态下（开路状态）或者在某一稳定的直流极化条件下，施加小幅度的正弦波交流电信号（电压或电流），同时测量系统的电流（或电势）随时间的变化情况，进而研究电池系统的交流阻抗随频率的变化关系。

使用小幅度的电信号，一方面可以使电极在平衡状态附近发生极化，避免对电池系统产生大的影响；另一方面可以使扰动和响应之间形成线性关系，从而简化各种参数的数学处理

过程。在小幅度的正弦波交流电信号的作用下，电池系统中的欧姆电阻会使电信号的幅度发生变化，而电容会使电信号的相位角发生变化。因此，电化学阻抗谱包括许多不同的种类，其中最常用的是阻抗复平面图和阻抗伯德图。阻抗复平面图是以阻抗的实部为横轴，以阻抗的虚部为纵轴绘制的曲线，通常称为奈奎斯特图（Nyquist plot），如图 9-8（a）所示。阻抗伯德图（Bode plot）由两条曲线组成[图 9-8（b）]，一条曲线描述阻抗的模$|Z|$随频率 f 的变化关系，即 $\lg|Z|$-$\lg f$ 曲线，称为 Bode 模图；另一条曲线描述阻抗的相位角 φ 随频率 f 的变化关系，即中 φ-$\lg f$ 曲线，称为 Bode 相图。通常，Bode 模图和 Bode 相图要同时给出，才能完整描述阻抗的特征。

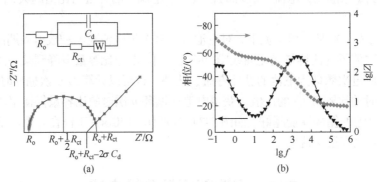

图 9-8　（a）Nyquist 图和相应的等效电路图；（b）Bode 图

下面以同时存在欧姆极化、电化学极化和浓差极化的简单电池系统为例，介绍交流阻抗法的原理和分析过程：

该简单电池系统的等效电路图如图 9-8（a）所示。其中，R_o 表示电池系统的欧姆电阻，其阻抗值为 R_o；C_d 表示电极/溶液界面的双电层电容，其阻抗值为 $-j\dfrac{1}{\omega C_w}$；R_{ct} 表示电荷转移电阻，其阻抗值为 R_{ct}；W 表示由浓差极化产生的复合电阻，其可视为由一个电容和阻抗串联而成，阻抗值为 $R_w - j\dfrac{1}{\omega C_w}$，$R_w$ 数值为 $\dfrac{\sigma}{\sqrt{\omega}}$，$C_w$ 数值为 $\dfrac{1}{\sigma\sqrt{\omega}}$；$\sigma$ 为电解液中传递电荷的 Warburg 系数。那么，电池系统的总阻抗 Z 为

$$
\begin{aligned}
Z &= R_o + \cfrac{1}{j\omega C_d + \cfrac{1}{R_{ct} + R_w - j\dfrac{1}{\omega C_w}}} \\
&= R_o + \cfrac{R_{ct} + R_w - j\dfrac{1}{\omega C_w}}{1 + \dfrac{C_d}{C_w} + j\omega C_d R_w + j\omega C_d R_{ct}} \\
&= R_o + \cfrac{R_{ct} + R_w - j\left[\dfrac{1}{\omega C_w}\left(1 + \dfrac{C_d}{C_w}\right) + \omega C_d(R_{ct} + R_w)^2\right]}{\left(1 + \dfrac{C_d}{C_w}\right) + (\omega C_d R_{ct} + \omega C_d R_w)^2}
\end{aligned}
\tag{9-12}
$$

那么，阻抗的实部 Z' 为

$$R_{\mathrm{o}} + \frac{R_{\mathrm{ct}} + R_{\mathrm{w}}}{\left(1 + \dfrac{C_{\mathrm{d}}}{C_{\mathrm{w}}}\right)^2 + (\omega C_{\mathrm{d}} R_{\mathrm{ct}} + \omega C_{\mathrm{d}} R_{\mathrm{w}})^2} = R_{\mathrm{o}} + \frac{R_{\mathrm{ct}} + \dfrac{\sigma}{\sqrt{\omega}}}{\left(1 + \sigma\sqrt{\omega}\, C_{\mathrm{w}}\right)^2 + \omega^2 C_{\mathrm{d}}^{\ 2}\left(R_{\mathrm{ct}} + \dfrac{\sigma}{\sqrt{\omega}}\right)^2} \tag{9-13}$$

阻抗的虚部 Z'' 为

$$\frac{\dfrac{1}{\omega C_{\mathrm{w}}}\left(1 + \dfrac{C_{\mathrm{d}}}{C_{\mathrm{w}}}\right) + \omega C_{\mathrm{d}}\left(R_{\mathrm{ct}} + R_{\mathrm{w}}\right)^2}{\left(1 + \dfrac{C_{\mathrm{d}}}{C_{\mathrm{w}}}\right)^2 + (\omega C_{\mathrm{d}} R_{\mathrm{ct}} + \omega C_{\mathrm{d}} R_{\mathrm{w}})^2} = \frac{\dfrac{\sigma}{\sqrt{\omega}}\left(1 + \sigma\sqrt{\omega}\, C_{\mathrm{w}}\right) + \omega C_{\mathrm{d}}\left(R_{\mathrm{ct}} + \dfrac{\sigma}{\sqrt{\omega}}\right)^2}{\left(1 + \sigma\sqrt{\omega}\, C_{\mathrm{w}}\right)^2 + \omega^2 C_{\mathrm{d}}^{\ 2}\left(R_{\mathrm{ct}} + \dfrac{\sigma}{\sqrt{\omega}}\right)^2} \tag{9-14}$$

（1）当 ω 足够高时，即频率比较高时，浓差极化还没出现，含 $\sqrt{\omega}$ 的部分可去除，因此总阻抗可简化为

$$Z = R_{\mathrm{o}} + \frac{1}{\mathrm{j}\omega C_{\mathrm{d}} + \dfrac{1}{R_{\mathrm{ct}}}} = R_{\mathrm{o}} + \frac{R_{\mathrm{ct}} - \mathrm{j}\omega C_{\mathrm{d}} R_{\mathrm{ct}}^{\ 2}}{1 + (\omega C_{\mathrm{d}} R_{\mathrm{ct}})^2} \tag{9-15}$$

$$Z' = R_{\mathrm{o}} + \frac{R_{\mathrm{ct}}}{1 + (\omega C_{\mathrm{d}} R_{\mathrm{ct}})^2} \tag{9-16}$$

$$Z'' = \frac{\omega C_{\mathrm{d}} R_{\mathrm{ct}}^{\ 2}}{1 + (\omega C_{\mathrm{d}} R_{\mathrm{ct}})^2} \tag{9-17}$$

那么，有 $\left(Z' - R_{\mathrm{o}} - \dfrac{R_{\mathrm{ct}}}{2}\right)^2 + Z''^2 = \left(\dfrac{R_{\mathrm{ct}}}{2}\right)^2$，这是一个圆形方程。因此，在 Nyquist 图上为以 R_{ct} 为直径的半圆，半圆与 Z' 的第一个交点的截距为 R_{o}。

（2）当 ω 比较低，即频率比较低时，实部和虚部简化为

$$Z' = R_{\mathrm{o}} + R_{\mathrm{ct}} + \frac{\sigma}{\sqrt{\omega}} \tag{9-18}$$

$$Z'' = \frac{\sigma}{\sqrt{\omega}} + 2\sigma^2 C_{\mathrm{d}} \tag{9-19}$$

消去 ω，则可得 $Z'' = Z' - R_{\mathrm{o}} - R_{\mathrm{ct}} + 2\sigma^2 C_{\mathrm{d}}$，显然这是一个直线方程。因此，在 Nyquist 图上为倾斜角 45°的直线。

基于以上关系式，在测得的交流阻抗谱的 Nyquist 图的基础上，分别对照半圆和直线的分析方法，可以从阻抗半圆上分析得出等效电路元件的 R_{o} 和 R_{ct} 值。此外，可以根据 Nyquist 图中每个频率点的 ω 值以及相应的 Z' 值，通过公式求出 C_{d} 值。通常，半圆顶点的圆频率值（即特征频率 ω^*）的表达式为 $\omega^* = 1/C_{\mathrm{d}} R_{\mathrm{p}}$，据此可确定 C_{d} 值。确定 C_{d} 值之后，可以根据 Nyquist 图中直线延长线与 Z' 轴的交点，即可求出 σ 值，从而确定材料的离子扩散系数。对于复杂或特殊的电化学体系，Nyquist 图的形状将更加复杂多样，如有可能出现两个或多个半圆弧，此时应根据实际的电池系统的元件以及电极/电解液界面的情况，确定最优的等效

电路，结合分析软件，进行等效电路曲线拟合，从而确定各元件的数值。

对于 Bode 图中的 $\lg|Z|$-$\lg f$ 曲线，有以下关系：

（1）当 ω 足够高，即频率比较高时，浓差极化还没出现，含 $\sqrt{\omega}$ 的部分可去除，因此有

$$\lg|Z| = \lg\sqrt{(Z')^2 + (Z'')^2} = \lg(R_o + R_{ct}) + \lg\left|1 + j\omega\frac{C_d R_o R_{ct}}{R_o + R_{ct}}\right| - \lg\left|1 + j\omega R_{ct} C_d\right| \quad （9-20）$$

ω 趋于无穷大时，有 $\lg\left|1 + j\omega\dfrac{C_d R_o R_{ct}}{R_o + R_{ct}}\right| \approx \lg\left|\omega\dfrac{C_d R_o R_{ct}}{R_o + R_{ct}}\right|$，即 $\lg\left|1 + j\omega R_{ct} C_d\right| \approx \lg\left|\omega R_{ct} C_d\right|$，则可得 $\lg|Z| = \lg|R_o|$，在曲线上表现为较短的平行于 $\lg|Z|$ 轴的直线。这也反映了在高频下，最先响应的是欧姆电阻。根据 $\lg|Z| - \lg f$ 曲线在高频处的直线值，可以求出 R_o 值。

（2）当 ω 足够低时，$\lg|Z|$ 满足以下关系：

$$\lg|Z| = \lg\sqrt{(Z')^2 + (Z'')^2} \approx \lg\sqrt{\left(\frac{\sigma}{\sqrt{\omega}}\right)^2 + \left(\frac{\sigma}{\sqrt{\omega}}\right)^2} = \lg\sqrt{2}\sigma - \frac{1}{2}\lg\omega \quad （9-21）$$

在曲线上表现为斜率为 $-\dfrac{1}{2}$ 的直线，根据直线的延长线与 $\lg|Z|$ 轴的交点可以相应地求出 σ 值。

对于 Bode 图中的 φ-$\lg f$ 曲线，有以下关系：

（1）当 ω 足够高，即频率比较高时，浓差极化还没出现，最先响应的是欧姆电阻，φ 值约等于 0，在曲线上表现为较短的与 $\lg f$ 轴重合的直线。

（2）当 ω 足够低时，

$$\varphi = \arctan\frac{Z''}{Z'} = \arctan\frac{\dfrac{\sigma}{\sqrt{\omega}} + 2\sigma^2 C_d}{R_o + R_{ct} + \dfrac{\sigma}{\sqrt{\omega}}} \approx \arctan\frac{\dfrac{\sigma}{\sqrt{\omega}}}{\dfrac{\sigma}{\sqrt{\omega}}} = \frac{\pi}{4} \quad （9-22）$$

其在曲线上表现为与 φ 轴平行的直线。

（3）当处于中频时，会出现一个极大值。

9.4.3 电化学阻抗测试的应用

电化学阻抗测试与分析可以提供电池内部结构、界面反应、扩散过程等重要信息，在电化学功能材料与器件研究和开发领域具有重要作用，电化学阻抗测试在电池、电容器、电催化材料、腐蚀和涂层研究、传感器开发、生物医学领域等多个领域中有着广泛的应用。

以锂离子电池研究为例，交流阻抗法通常可以用来获得电池内组分或者电极/电解液界面对电池性能的影响信息。例如，图 9-9 中的 A 和 B 分别是纯相 $LiMn_2O_4$ 正极和 Ti 掺杂 $LiMn_2O_4$ 正极在开路电压、5mV 的交流电压幅值下，100kHz～10Hz 频率范围内测试得到的 Nyquist 图和相应的等效电路图。其中 R_o 表示的是电解液、隔膜和电极的系统电阻，对应的是高频部分的半圆与 Z' 轴的截距；R_{ct} 代表的是电极的电荷转移电阻，对应的是中高频部分呈现的半圆的直径；W 表示 Li 离子扩散到活性材料内的 Warburg 阻抗，对应的是低频部分的直线的斜率。可以看出，纯相 $LiMn_2O_4$ 正极和 Ti 掺杂的 $LiMn_2O_4$ 正极的欧姆电阻 R_o 分别

约为 7Ω 和 4Ω、电荷转移电阻 R_{ct} 分别约为 152Ω 和 101Ω，表明 Ti 掺杂的 $LiMn_2O_4$ 正极具有更小的欧姆阻抗和电荷转移电阻。此外，Ti 掺杂的 $LiMn_2O_4$ 正极的 Nyquist 图谱中的直线的斜率大于纯相 $LiMn_2O_4$ 正极的，表明其具有更大的锂离子扩散系数。因此，交流阻抗测试可以反映出 Ti 掺杂能提升 $LiMn_2O_4$ 正极的电子电导率、锂离子扩散系数和电化学反应动力学，这可以用来说明 $LiMn_2O_4$ 正极电化学性能提升的原因。

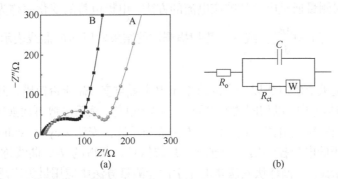

图 9-9　纯相 $LiMn_2O_4$ 和 Ti 掺杂的 $LiMn_2O_4$ 正极的（a）Nyquist 图和（b）相应的等效电路图

图 9-10 中的 A 和 B 分别是 $LiMn_2O_4$ 液态半电池和 $LiMn_2O_4$/LiPON/Li 固态电池在开路电压、5mV 的交流电压幅值下，100kHz～10Hz 频率范围内测试得到的 Nyquist 图和相应的等效电路图。可以看出，虽然两种电池体系使用的正极相同，但由于使用的电解质不同，其 Nyquist 图和等效电路图也有所不同。相比于液态电池，$LiMn_2O_4$/LiPON/Li 固态电池的 Nyquist 图多了与 LiPON 电解质相关的半圆（第一个半圆），并且第二半圆反映出的正极/电解质界面的电荷转移电阻 R_{ct} 明显高于液态电池的电荷转移电阻。固态电池的 $LiMn_2O_4$/LiPON 界面较大的电阻是阻碍其电化学性能提升的重要原因。

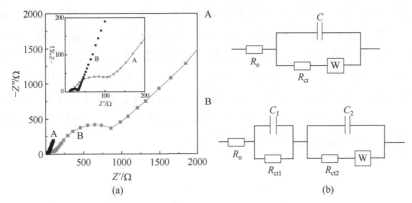

图 9-10　基于 $LiMn_2O_4$ 正极的液态电池和 $LiMn_2O_4$/LiPON/Li 固态电池的（a）Nyquist 图和
（b）相应的等效电路图

9.5　电池的线性电势扫描测试方法

电池的线性电势扫描测试是 9.3 节中所述的暂态测量方法的一种，并且属于控制电势的暂态测量方法。这种方法能够提供电极发生氧化还原反应的动力学信息，包括反应的峰电流、峰电势以及反应的可逆性等，是研究电催化剂、电池电极材料以及腐蚀过程的重要方法。

9.5.1 线性电势扫描测试

线性电势扫描法（linear sweep voltammetry）是控制电极电势以恒定的速率变化，即连续线性变化，同时测量通过电极的响应电流的方法。电极电势的变化率称为扫描速率（scan rate），为一常数，即 $v = \left| \dfrac{dE}{dt} \right|$。线性电势扫描测试的结果常以 $i\text{-}E$ 曲线表示，称为伏安曲线（voltammogram）。

若控制工作电极上的电势以一定的速率 v 从起始电势 E_0 开始扫描，到时间 t（电势为 E_1）时改变电势扫描方向，以相同的速率回扫至起始电势，然后电势再次换向进行反复扫描，同时测量通过电极的响应电流，这一测量方法称为循环伏安法（cyclic voltammetry，CV）。这一过程中，采用的电势控制信号为连续三角波信号，获得的 $i\text{-}E$ 曲线称为循环伏安曲线（cyclic voltammogram）。循环伏安法是电化学性能测量方法中应用最为广泛的一种。

9.5.2 线性电势扫描测试的原理与方法

下面以循环伏安法为例，对于一个电池系统，利用电化学工作站或者恒电势仪，通过在系统上施加线性变化的三角波电势信号，同时记录响应电流信号则可以获得循环伏安曲线。

对于具有四个基本过程的简单电极反应 $O + e^- \rightleftharpoons R$，若反应前溶液中只含有反应粒子 O，且反应粒子 O、生成粒子 R 在溶液中均可溶，控制扫描起始电势从比体系标准平衡电势（$E_{\text{平}}$）正得多的起始电势（E_i）处开始作正向电势扫描，获得的电流响应曲线则如图 9-11 所示。其发生的具体过程为当电极电势逐渐负移到 $E_{\text{平}}$ 附近时，O 开始在电极上还原，并有法拉第电流 i 产生。由于电势越来越负，电极表面反应物 O 的浓度逐渐下降，因此向电极表面的扩散流量和扩散电流增加。当电极表面反应物 O 的浓度下降到近于零，电流也增加到最大值 i_{pc}，然后电流逐渐下降。当电势达到 E_r 后，改为反向扫描。随着电极电势逐渐变正，电极附近可氧化的 R 粒子的浓度较大，在电势接近并通过 $E_{\text{平}}$ 时，电极表面的电化学平衡应当向着越来越有利于生成 R 的方向发展。于是 R 开始被氧化，并且电流增大到峰值氧化电流 i_{pa}，随后又由于 R 的显著消耗而引起电流衰降。

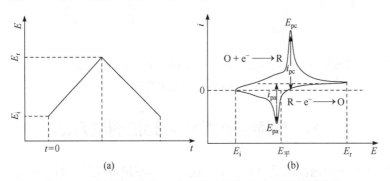

图 9-11　循环伏安法的（a）信号波形和（b）循环伏安曲线

在线性电势扫描测试过程中，响应电流 i 通常是电化学反应电流 i_t 和双电层充电电流 i_c 之和。对于双电层充电电流 i_c，其有

$$i_c = \left| \frac{dQ}{dt} \right| = \frac{dC_d(E-E_z)}{dt} = C_d\frac{dE}{dt} + (E-E_z)\frac{dC_d}{dt} = C_dv + (E-E_z)\frac{dC_d}{dt} \quad （9\text{-}23）$$

式中，C_d 为双电层的电容值；E 为电极的电势；E_z 为双电层的零电荷电势。可以看出，双电层充电电流包括两部分：一部分是电势扫描时引起双电层界面的荷电状态改变而产生的双电层充电电流，即 C_dv；另一部分是双电层电容值改变时引起的双电层充电电流，即 $(E-E_z)\frac{dC_d}{dt}$。当电极表面不存在活性物质的吸脱附，并且进行小幅度电势扫描时，双电层的电容 C_d 不变，那么 C_dv 值为一常数，$(E-E_z)\frac{dC_d}{dt}$ 值可以忽略不计，双电层的充电电流则为一恒定值。而当电极表面发生活性物质的吸脱附或者表面重构时，双电层电容值 C_d 会发生改变，$(E-E_z)\frac{dC_d}{dt}$ 的数值很大，会在伏安曲线上出现吸脱附电流峰。

对于电化学反应电流 i_t，以正向扫描时为例，在没有电化学反应的电势区间，i_t 值为 0 时，测得的总电流 i 即为用于电极双电层充电的电流；当电势变化至电极开始发生电化学反应的电势区间时，由于加入了电化学反应电流 i_t，通过电极的电流 i 则会明显增大；当电势继续正移（对于氧化反应）或负移（对于还原反应）时，尽管电化学反应速率常数增大，但电极表面反应物的消耗导致反应物表面浓度降低，有可能使电化学反应电流 i_t 减小，因而在伏安曲线上形成电流峰 i_{pc}，此时对应的电势称为峰电势 E_{pc}。在出峰前，对电流变化起主导作用的是电极超电势的变化；而在出峰后，对电流变化起主导作用的则是电极表面反应物扩散流量的变化。

通过一圈的循环电势扫描，可从测得的循环伏安曲线上获得以下重要的参量：①阴极峰电流 i_{pc}、阳极峰电流 i_{pa} 以及阴、阳极峰电流的比值 $|i_{pc}/i_{pa}|$；②阴极峰电势 E_{pc}、阳极峰电势 E_{pa} 以及阴、阳极峰电势的差值 $|E_{pc}-E_{pa}|$。需要指出的是，测得的循环伏安曲线出峰与否以及峰电流、峰电势、峰形等，不仅受反应体系的可逆性、电化学反应的动力学性质及反应物、产物的扩散性质影响，还与电势扫描速率有关。下面主要介绍反应体系的可逆性对循环伏安曲线的影响。

1）可逆体系

对于可逆的反应体系，循环伏安曲线上重要的参量通常符合以下特征：

（1）阴、阳极峰电流 $|i_{pc}| = |i_{pa}|$，并且与扫描速率 v、换向电势 E_r 以及离子扩散系数 D 无关。

（2）阴、阳极峰电势差 $|E_{pc} - E_{pa}| \approx \frac{2.3RT}{nF}$，在室温 25℃ 下约为 $\frac{59}{n}$ mV。峰电势差受到换向电势 E_r 的影响，但基本可以认为是常数，并且与扫描速率 v 无关。

2）准可逆体系

对于准可逆的反应体系，循环伏安曲线上重要的参量通常符合以下特征：

（1）阴、阳极峰电流 $|i_{pc}| \neq |i_{pa}|$。

（2）阴、阳极峰电势差$|E_{pc} - E_{pa}| > \dfrac{2.3RT}{nF}$。峰电势差受到扫描速率$v$、换向电势$E_r$以及反应表观传递系数等影响。通常，随着扫描速率$v$的增大，峰电势会向扫描的方向移动，因而阴、阳极的峰电势差随扫速增大而增大。

3）完全不可逆体系

由于完全不可逆反应体系的逆反应非常迟缓，电势向正向扫描时的产物来不及反应就已扩散到本体溶液中或相互结合生成稳定的第二相，因此回扫时在循环伏安曲线上观察不到反向扫描的电流峰。

基于上述特征，通过对测得的循环伏安曲线的峰电流、峰电势、峰形等进行分析可判断电极材料的电化学反应的可逆性。典型的可逆体系、准可逆体系和完全不可逆体系的循环伏安曲线对比图如图9-12所示。

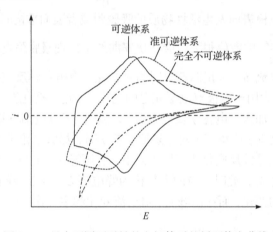

图9-12　具有不同可逆性的电极体系的循环伏安曲线

对于多组分反应体系或者多步骤电荷传递体系而言，其循环伏安曲线测试过程与上述的简单电极反应体系相同，但在峰形和峰位上会有一定差异。

（1）对于平行的多组分电极反应体系（$O_1 + n_1 e^- \rightleftharpoons R_1$，$O_2 + n_2 e^- \rightleftharpoons R_2$），如果反应物及产物的扩散过程是独立的，即互不影响，则它们的流量是可加和的，因此体系的循环伏安曲线为上述的各独立反应体系循环伏安曲线的加和，表观上可能出现多个电流峰。需要注意的是，此时峰电流的测量须扣除其他峰的影响。以两个峰的情形为例，电势扫描方向的第二个峰的峰电流须以第一个峰的衰退电流作为基线。

（2）对于连串的分步电荷传递反应体系[$O_1 + n_1 e^- \rightleftharpoons R_1$（电极电势为$E_1^{\ominus}$），$R_1 + n_2 e^- \rightleftharpoons R_2$（电极电势为$E_2^{\ominus}$）]，其循环伏安曲线上电流峰与分步电荷传递反应的特征电极电势差$\Delta E^{\ominus}$有关。当$E_2^{\ominus}$比$E_1^{\ominus}$足够负时，曲线上产生两个分离的电流峰；当$\Delta E^{\ominus}$为$0 \sim 100\text{mV}$时，两个独立的电流峰合并为一个宽峰，外形上很像单步骤的准可逆电流峰，但是其峰值电势与扫描速率无关，因而可与单步骤的准可逆体系区分开；当$\Delta E^{\ominus} = 0$时，曲线上只有一个电流峰，其峰高比单步骤单电子可逆反应的电流峰更高，比单步骤两电子可逆反应的电流峰更低，$\Delta E_p = E_{pa} - E_{pc}$为$42\text{mV}$；若第二步比第一步更容易还原，即$\Delta E^{\ominus} > 0$时，曲线上也只有一个电流峰，峰高更高，峰形更窄，与单步骤两电子可逆反应的情况相同。

9.5.3 线性电势扫描测试的应用

线性电势扫描测试是最常用的电化学性能测试技术之一，因其操作简便、信息量大、灵敏度高，在各个领域得到了广泛的应用。通过分析测得的伏安曲线上电流峰的形状、峰值大小及其所处的电势，可以获得以下信息：

（1）电化学反应机理：通过循环伏安法可以获得化学物质的氧化还原电势、电荷传递速率和反应机理等重要电化学参数，有助于理解化合物或元素的电化学反应机理。

（2）判断电极反应的可逆性：利用阴、阳极峰电流的比值以及阴、阳极峰电势差可以判断电极反应的可逆性。

（3）确定电化学活性：循环伏安曲线上峰电流与反应速率和电极表面积有关，可以用于判断电极材料发生氧化还原反应的活性程度。

（4）评估电化学稳定性：通过反复的循环伏安测试，可以观察材料在多次氧化还原过程中是否发生退化或损伤。稳定的材料应该在多个循环中保持相似的电化学行为，而不稳定的材料可能会表现出逐渐减弱的电流响应或较大峰电势差。

（5）获取动力学信息：当改变扫描速率时，循环伏安曲线上峰电流的变化可以提供关于反应动力学和扩散过程的信息。对于扩散控制的过程，峰电流将与扫描速率的平方根成正比。还可以进一步利用峰电流的数值计算离子扩散系数。

（6）电化学反应的类型：通过分析循环伏安曲线的形状和特征，可以推断出参与反应的电化学过程类型，如单电子转移、多电子转移或者催化过程。

（7）电极表面过程：循环伏安法还可以用于研究电极表面的吸附、脱附过程。这些过程会在循环伏安曲线上表现出特殊的峰或特征变化，有助于理解材料表面的化学和电化学性质。

下面以线性电势扫描测试在锂离子电池中的应用为例进行简要的介绍。图 9-13 是三维纳米片结构的 $LiMn_2O_4$（3D LMO）薄膜正极和平面 $LiMn_2O_4$（2D LMO）薄膜正极（负极为金属锂）在室温、0.1mV/s 的扫描速度下，3.3～4.4V 电压区间内测得的循环伏安曲线。可以看出，两种电极在 4.05V（A 和 D 位置）和 4.2V（B 和 C 位置）左右都出现了一对氧化还原峰，分别对应于 Li^+ 脱出/嵌入时材料内的 $Mn^{3+/4+}$ 的氧化还原反应。两种电极的阳极峰电流和阴极峰电流之比 i_{pa}/i_{pc} 接近于 1，反映出 Li^+ 在材料内的脱出/嵌入是可逆的。3D LMO 正极的阳极峰电势和阴极峰电势差小于 2D LMO 正极，表明其具有更小的电化学极化过程。此外，3D

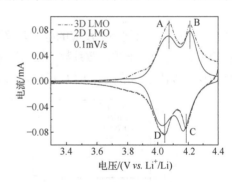

图 9-13 两种 $LiMn_2O_4$ 正极的循环伏安曲线对比

LMO 正极的循环曲线所围的面积（即氧化还原电量）大于 2D LMO 正极，表明其具有更大的容量。

图 9-14 是 Nb_2O_5 电极（负极为金属锂）在室温下，1～3V 电压区间内，0.2mV/s、0.3mV/s、0.5mV/s、0.7mV/s 和 1mV/s 的扫描速率下测得的循环伏安曲线。可以看出，Nb_2O_5 电极在 1.6V 左右出现了一对较宽的氧化还原峰，对应于 Li^+ 嵌入/脱出时材料内的 $Nb^{5+/4+}$ 的还原/氧

化反应。Nb_2O_5 电极的阳极峰电流和阴极峰电流之比 i_{pa}/i_{pc} 接近于 1,反映出 Li^+ 在材料内的脱出/嵌入是可逆的。当电极的电极过程主要受反应动力学控制时,电极的氧化峰或还原峰峰电流与扫描速率成正比(线性关系);而当电极的电极过程主要受扩散控制时,电极的氧化峰或还原峰峰电流与扫描速率的平方根呈线性关系。由图可知,Nb_2O_5 电极的峰电流与扫描速率成正比,表明其电极过程主要是受反应动力学控制。

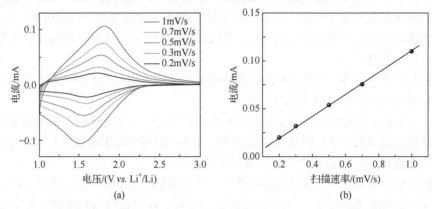

图 9-14　Nb_2O_5 电极在不同扫描速率下的(a)循环伏安曲线以及(b)峰电流与扫描速率的线性拟合曲线

对于 $LiCoO_2$ 电极(负极为金属锂),其在室温下、$3\sim4.2V$ 电压区间内,0.3mV/s、0.5mV/s、0.7mV/s、1mV/s 和 2mV/s 的扫描速率下的循环伏安曲线的峰电流与扫描速率的平方根呈线性关系(图 9-15),表明其电极过程主要受锂离子的扩散控制。对于可逆反应体系的电极,其峰电流数值可通过 Randles-Sevcik 方程计算得到:

$$i = 0.4463nFc_o^0 A \left(\frac{D_o nFv}{RT} \right)^{1/2} \tag{9-24}$$

式中,n 为发生氧化还原反应的电荷转移数;A 为电极面积;c_o^0 为氧化物的起始浓度;v 为扫描速率;D_o 为离子的扩散系数。根据峰电流与扫描速率的平方根拟合的直线斜率、电极的实际面积、锂离子的浓度,可以求解得出 $LiCoO_2$ 电极中锂离子的扩散系数约为 $5\times10^{-10}cm^2/s$。

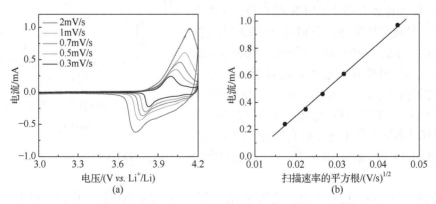

图 9-15　$LiCoO_2$ 电极在不同扫描速率下的(a)循环伏安曲线以及(b)峰电流与扫描速率的平方根的线性拟合曲线

本 章 小 结

本章详细介绍了功能材料的电化学性能参数及其测量技术，包括电极电势、电池电动势、电极的极化曲线测试、电池的阻抗测试和电池的线性电势扫描测试，对其基本概念、基本原理、测试方法进行了阐述。这些电化学性能测试方法有助于学生深入理解功能材料的电化学行为，指导实验设计，推动电化学功能新材料与新技术的发展。

习 题

1. 电化学性能参数主要包括哪些？
2. 解释电极的电极电势和电池电动势的区别，并说明它们对电池性能有何影响。
3. 什么是三电极体系？三电极体系中两回路分别有什么作用？
4. 什么是电极的极化曲线测试？通过极化曲线测试可以获得电池的哪些电化学性能？
5. 极化曲线中的塔费尔斜率代表什么？
6. 简要描述电化学阻抗测试的基本原理。
7. 如何通过电化学阻抗测试分析电极过程的动力学？
8. 线性电势扫描测试是用来做什么的？它在功能材料研究中有何重要性？
9. 对于功能材料的电化学性能测试方法，你认为哪种方法最适合用于评估电催化材料的活性和稳定性？说明理由。
10. 在循环伏安法测试中，峰电流的出现代表了什么？如何利用峰电流的性质评估电极材料的性能？

参 考 文 献

巴德, 福克纳. 2005. 电化学方法: 原理和应用. 2 版. 邵元华, 朱果逸, 董献堆, 等译. 北京: 化学工业出版社.

曹楚南, 张鉴清. 2002. 电化学阻抗谱导论. 北京: 科学出版社.

陈军, 陶占良. 2022. 化学电源: 原理、技术和应用. 2 版. 北京: 化学工业出版社.

黄晓, 吴林斌, 黄祯, 等. 2020. 锂离子固体电解质研究中的电化学测试方法. 储能科学与技术, 9(2): 479-500.

贾峥, 戴长松, 陈玲. 2006. 电化学测量方法. 北京: 化学工业出版社.

杨勇. 2017. 固态电化学. 北京: 化学工业出版社.

Anantharaj S, Noda S, Driess M, et al. 2021. The pitfalls of using potentiodynamic polarization curves for Tafel analysis in electrocatalytic water splitting. ACS Energy Letter, 6(4): 1607-1611.

Huang X, Wang Z L, Knibbe R, et al. 2019. Cyclic voltammetry in lithium-sulfur batteries-challenges and opportunities. Energy Technology, 7(8): 1801001.

Kurzweil P, Scheuerpflug W, Frenzel B, et al. 2022. Differential capacity as a tool for SOC and SOH estimation of lithium ion batteries using charge/discharge curves, cyclic voltammetry, impedance spectroscopy, and heat events: A tutorial. Energies, 15(13): 4520.

Olson J Z, López C M, Dickinson E J F. 2023. Differential analysis of galvanostatic cycle data from Li-ion batteries:

Interpretative insights and graphical heuristics. Chemistry of Materials, 35(4): 1487-1513.

Wang S S, ZhangJ B, Gharbi O, et al. 2021. Electrochemical impedance spectroscopy. Nature Reviews Methods Primers, 1(1): 41.

Yang X M, Rogach A L. 2019. Electrochemical techniques in battery research: A tutorial for nonelectrochemists. Advanced Energy Materials, 9(25): 1900747.

第10章

材料力学性能测试方法

材料根据其性能特点分为结构材料和功能材料两大类。无论结构材料还是功能材料，它们的力学性能测试方法基本相同，本章不加区分，统一表示为材料的力学性能测试。依据测试环境温度的不同，又可分为高温力学性能、室温力学性能和低温力学性能。如果施加的外载不随时间变化或仅缓慢变化，所测力学性能称为静态力学性能，反之，外载随时间而变化，所测性能称为动态力学性能。材料的力学性能主要包括：强度、硬度、弹性、塑性、韧性等。材料在不同温度环境中和被不同性质的载荷作用时将呈现出不同的力学行为，为此选用不同的力学性能指标评价其力学性能。本章主要介绍材料在静载荷下的拉伸、压缩、弯曲、扭转、剪切试验、硬度试验及动载荷下的冲击和强度试验呈现出来的力学性能的测试原理与方法，并简单介绍高温下的力学性能蠕变强度和持久强度的测试方法。

10.1 静载荷下材料的力学性能试验与力学性能指标

10.1.1 拉伸试验和拉伸曲线

拉伸试验虽然简单，但却是测试材料力学性能的最重要方法。通过拉伸试验，可以测定材料的弹性、强度、塑性、应变硬化等许多重要的力学性能指标。拉伸试验依据试验环境温度的不同分为室温拉伸与高温拉伸及低温拉伸三种。拉伸试验一般为静态单向拉伸，即指在室温环境中，对拉伸试样沿轴向缓慢施加单一方向的拉伸载荷，使其伸长变形直到断裂的过程。注意，拉伸过程中只加载，不卸载直至断裂，也称单调加载。外加载荷与试样位移之间的关系曲线称为拉伸曲线。

1. 拉伸试样

拉伸试样由国标 GB/T 228.1—2010 制定，试样横截面可以是圆形、矩形或多边形，截面积为 S_0，标注长度为 L_0，两者应该满足关系 $L_0 = k\sqrt{S_0}$（L_0 不应小于 15mm，k 为比例系数，国际上使用值为 5.65）。当横截面积太小，无法实现 k 值为 5.65 时，也可采用较高值，或采用非比例试样，但应在实验结果中注明。图 10-1 中 L_c 为平行缩减的长度。图 10-1 为矩形截面拉伸试样尺寸示意图，具体数据可通过查手册获得。

2. 拉伸试验机

万能材料试验机是一种用于测试材料拉伸、压缩、弯曲等力学性能的设备，通常有液压

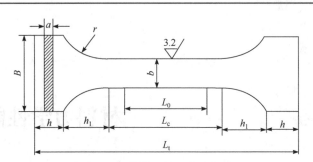

图 10-1　拉伸试样尺寸示意图

试验机和电子试验机两种，运用最广的是电子试验机，见图 10-2。它主要由测力系统、驱动系统、控制和计算机系统三大部分组成。可实现三种方式的加载控制，即载荷、形变、应变控制。其工作原理是基于应变片式传感器和数字信号处理技术，实现对试样的力和变形的测量。首先，将试样放置在上下两个夹具之间，并固定在试验机上。然后，通过驱动系统对试样进行拉伸、压缩或弯曲等加载，同时测力系统测量试样所受的力的大小。最后，控制系统对测量信号处理后，通过计算机显示和记录试样的力学性能指标。电子试验机可以实现多种测试项目的自动化检测，如拉伸强度、断裂伸长率、屈服强度、弹性模量等。它具有高精度、高可靠性、高自动化等特点，被广泛应用于各种材料的产品开发和质量控制。

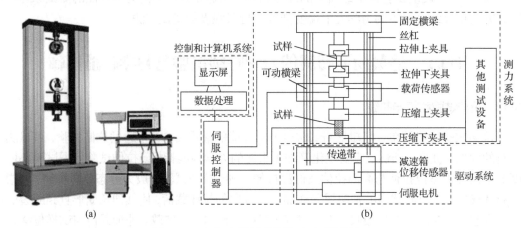

图 10-2　（a）电子试验机及（b）原理图

3. 引伸计

图 10-3　轴向拉伸引伸计 YBC 100-25

在测定微小塑性变形下的力学性能指标时，要用到精度高、放大倍数大的长度测量仪，称为引伸计，见图 10-3。引伸计一般由三部分组成：①变形部分；②传递和放大部分；③指示部分。传感器直接和被测构件接触，感受试样的微量变形。试样上被测的两点之间的距离为标距，标距的变化（伸长或缩短）为线变形。试样变形时，传感器随之变形，并把这种变形转换为机械、光、电、声等信息，放大器将传感器输出的微小信号放大。记录器（或读数器）将放大后的信号直接显示或自动记录下来。

常用的引伸计有机械式和电子式两种，它的主要参数为放大倍数和测量范围（量程）。引伸计根据其标定的精度划分等级，主要有 0.2、0.5、1、2 四个等级。一般情况下，机械式等级低，电子式等级高。使用时，应根据试验机和检测变形量的要求选取引伸计的式样及等级。若试验要求记录载荷-伸长曲线图，应选用电子式引伸计。引伸计应定期进行标定，日常试验中，要经常检查引伸计，如发现异常应重新标定后再使用。高温时采用的引伸计一般为非接触式，布置在高低温环境箱外，测量头可透过环境箱窗口实现试样加载过程的图像采集，引伸计软件完成对图像的计算，并实时输出测量的变形结果。

4. 静载荷

静载荷是指加载过程十分缓慢的载荷，具体的衡量参数有加载速率、变形速率和应变速率。

（1）加载速率，即应力增长率 $\dfrac{\mathrm{d}\sigma}{\mathrm{d}t}$，规定范围：5～10MPa/s。

（2）变形速率，变形速率又分为绝对变形速率和相对变形速率两种。绝对变形速率为试样单位时间内的试样伸长量，即 $\dfrac{\mathrm{d}l}{\mathrm{d}t}$，规定范围：1～5mm/s。而相对变形速率即为应变速率 $\dfrac{\mathrm{d}\varepsilon}{\mathrm{d}t}$，规定范围：$10^{-4}$～$10^{-2}$/s。

（3）应变速率，是指单位时间内发生的线应变或剪应变。静载时，应变速率范围：10^{-5}～10^{-2}/s。

5. 拉伸曲线

如图 10-4 所示为塑性较好的退火低碳退火钢的载荷-伸长曲线和工程应力-工程应变曲线。将图 10-4（a）拉伸曲线的纵坐标、横坐标分别除以拉伸试样的原始横截面积 A_0 和原始标距长度 L_0，则得到如图 10-4（b）所示的工程应力-工程应变曲线，简称应力-应变曲线。因均以一相应常数相除，故工程应力-工程应变曲线与载荷-伸长曲线形状相似。

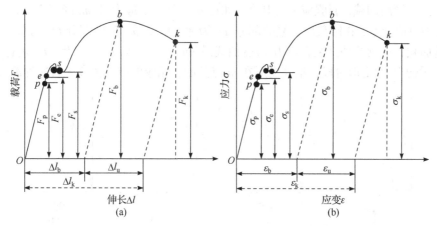

图 10-4　低碳退火钢的拉伸力-伸长量之间的关系曲线

（a）载荷-伸长曲线；（b）工程应力-工程应变曲线

一般应力用 σ 表示，应变用 ε 表示，定义：

$$\sigma = \frac{F}{A_0} \tag{10-1}$$

$$\varepsilon = \frac{L_0 - L}{L_0} = \frac{\Delta L}{L_0} \tag{10-2}$$

式中，F 为拉伸载荷；ΔL 为试样伸长量；L_0 为试样原始标距长度；L 为与 F 对应的试样标距长度；A_0 为试样的原始横截面积。

应力-应变曲线主要分四个阶段：

Ⅰ阶段，Oe——弹性变形阶段。该阶段的变形称为弹性变形，Op 应力-应变呈线性关系，线性斜率即应力与延伸率的比称为弹性模量 E，弹性模量反映产生弹性变形的难易程度，弹性模量 E 越大，表明材料发生弹性变形越困难，即抵抗弹性变形的能力越强，材料的刚度越大。

Ⅱ阶段，es——屈服变形阶段。该阶段曲线呈锯齿状平台，应力波动，平均值不增加，但变形增加，该现象称为屈服，此时的应力平均值称为屈服强度，表示为 σ_s。

Ⅲ阶段，sb——加工硬化阶段。屈服后，若使变形继续进行，必须提高应力，变形至 b 点，应力升至最大值，该值称为抗拉强度，表示为 σ_b，sb 阶段的应力随变形量的增加而增加，试样标距内整体均匀变形，该阶段又称均匀变形阶段或形变硬化阶段。

Ⅳ阶段，bk——颈缩阶段。此阶段试样突然发生局部颈缩变形，为非均匀变形阶段，集中变形，此时应力减小直至断裂，断裂时的应力值称为断裂强度，表示为 σ_k。

如图 10-5 所示为脆性材料的应力-应变曲线，其特点是应变与应力单值对应，并呈线性关系，显示材料只发生弹性变形，不产生塑性变形，无屈服强度，在最高应力（载荷）点处产生断裂，抗拉强度与断裂强度等同，形成的断口平面通常与拉伸力的轴线垂直。

图 10-6（a）为连续屈服材料的应力-应变曲线，Oa 为弹性变形阶段。自 a 点偏离直线关系，开始发生塑性变形，进入弹塑性阶段，过程沿 abk 进行。开始发生塑性变形的应力为屈服应力（屈服点）。如果一定预变形后卸载，屈服应力会升高。如在 m 点卸载，应力沿 mn 降至零，m 点对应的应变 Om' 为总应变量，在卸载后恢复的部分 nm' 为弹性应变量，残留部分 On 为塑性应变量。如果重新加载，继续拉伸试验，应力-应变曲线沿 nm 上升，至 m 点后沿 mbk 进行。nm 与 Oa 平行，属于弹性变形阶段，塑性变形在 m 点开始，相应的应力值高于首次加载时塑性变

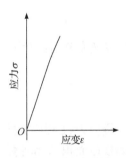

图 10-5 脆性材料的
应力-应变曲线

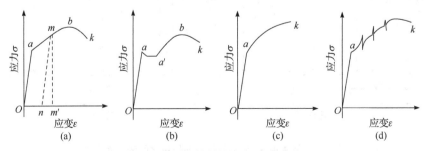

(a)   (b)   (c)   (d)

图 10-6 塑性材料的应力-应变曲线

形开始的应力值（*a* 点）。这表明材料经历一定的塑性变形后，由于应变强化或加工硬化，其屈服应力提高。*b* 点为应力-应变曲线的最高点，*b* 点之前，曲线是上升的，与 *ab* 段曲线对应的试样变形是在整个标距长度内的均匀变形，即试样各处的横截面积均匀缩小。从 *b* 点开始，试样的变形便集中于某局部区域，即试样开始集中变形，出现颈缩。自 *b* 点开始颈缩后，试样的承载能力迅速下降，导致应力-应变曲线沿 *bk* 变化，最后试样在 *k* 点断裂，形成杯状断口。

图 10-6（b）为具有明显屈服点（不连续屈服）材料的应力-应变曲线，与图 10-7（a）相比，不同之处在于出现了明显的屈服变形阶段 *aa'*。这种屈服变形在应力-应变曲线上有时呈屈服平台，有时呈锯齿状，相应的应变量为 1%~3%。

图 10-6（c）为材料拉伸时不出现颈缩过程的应力-应变曲线，变形过程只有弹性变形和均匀塑性变形阶段。某些塑性较低的金属（如铝青铜）、形变强化能力强的金属（如高锰钢）及部分陶瓷和非晶态高聚物具有此类应力-应变行为。

图 10-6（d）为材料拉伸时塑性不稳定性的应力-应变曲线。其变形特点是在塑性变形过程中出现多次局部失稳，在应力-应变曲线上相应出现间断或连续的齿形特征。原因是动态应变时效机理或孪生变形机理的参与。某些低溶质固溶体铝合金、镁合金和含杂质的铁合金及低温下的面心立方金属具有此类应力-应变行为。

10.1.2　拉伸试验获得的力学性能指标

1. 强度指标

（1）比例极限。指保持应力与应变成正比关系的最大应力，即应力应变曲线中偏移直线时的应力。比例极限用 σ_p 表示。

$$\sigma_p = \frac{F_p}{A_0} \tag{10-3}$$

式中，F_p 为拉伸曲线上开始偏移直线时对应的载荷；A_0 为试样的原始面积。比例极限是在使用时需要严格保持应力-应变线性关系的构件，如测力弹簧的设计参数和选材的重要指标。

（2）弹性极限。指材料由弹性变形过渡到弹-塑性变形的最大应力，或发生弹性变形的上限应力值。它表示超过该应力时，材料发生塑性变形。弹性极限一般表示为 σ_e，即

$$\sigma_e = \frac{F_e}{A_0} \tag{10-4}$$

式中，F_e 为拉伸曲线上由弹性变形过渡到弹-塑性变形临界点对应的载荷；A_0 为试样的原始面积。在 *e* 点释放时，仍能弹性恢复原状，只是应力与应变不存在线性比例关系。

该指标用于工作过程中不允许发生塑性变形的零件设计或选材。理论上，比例极限低于弹性极限，对于多数材料来说，比例极限接近或稍低于弹性极限。极少数材料具有非线性弹性特征，此时 *e* 点位置比 *p* 点位置高出许多，甚至不存在 *p* 点。

（3）屈服强度。屈服是指外载不增加，但塑性变形仍在增加的现象，此时材料产生了明显的塑性变形。屈服强度则是材料屈服时的应力，一般用 R_y 表示，传统表示为 σ_y 或 σ_s。由于屈服阶段应力呈锯齿状变化，因此可以分为上屈服强度 R_{yh} 和下屈服强度 R_{yl}。由于下屈服点的数值较为稳定，因此以它为材料抗力的指标，称为屈服强度。工程中常根据下屈服强

度确定材料的许用应力。屈服强度不仅有直接的使用意义，在工程上也是材料的某些力学行为和工艺性能的大致度量。例如，材料屈服强度增高，对应力腐蚀和氢脆就敏感；材料屈服强度低，冷加工成型性能和焊接性能就好等。因此，屈服强度是材料力学性能中不可缺少的重要指标。

（4）条件屈服强度。有些材料在拉伸时，无明显的屈服现象产生，此时国标 GB/T 228.1—2021 规定：发生 0.2%残余应变时的应力点为屈服点，此时的应力值称为条件屈服强度 $\sigma_{0.2}$。通常规定的残余应变有 0.01%、0.2%、0.5%、1.0%等，条件屈服强度可表示为 $\sigma_{0.01}$、$\sigma_{0.2}$、$\sigma_{0.5}$、$\sigma_{1.0}$。条件屈服强度也可简称屈服强度，最常用的是 $\sigma_{0.2}$，见图 10-7。

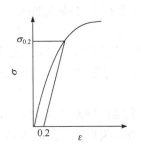

图 10-7 $\sigma_{0.2}$ 条件屈服强度示意图

注意，对于高分子材料，由于残余应变量不容易确定，故一般将应力-应变曲线上刚开始屈服降落的应力定义为屈服强度。而对于脆性很大的材料，如陶瓷、玻璃等，无塑性变形即发生断裂，该类材料不存在屈服强度。

（5）抗拉强度。抗拉强度也称强度极限，指试样在拉伸时所能承受的最大应力，是试样承受的最大载荷 F_b 与原始面积 A_0 的比值。它表征材料对最大均匀变形时的抗力，是应力-应变曲线的峰值。一般来说，在静载荷作用下，只要工作应力不超过材料的抗拉强度，零件就不会发生断裂。因此，它也是设计和选材的主要依据。抗拉强度表示为

$$\sigma_b = \frac{F_b}{A_0} \qquad (10-5)$$

虽然工程设计采用的主要参数是屈服强度而非抗拉强度，但抗拉强度也有意义：①抗拉强度比屈服强度更容易测定，试验时不需要应变参数；②它表征了材料在拉伸条件下所能承受载荷的最大应力值，低于抗拉强度时，材料有可能会变形失效。但不会发生断裂；抗拉强度也是成分、结构和组织的敏感参数，它可用来初步评价材料的强度性能以及各种加工、处理工艺质量；③对于脆性材料，它也是结构设计的基本依据。

（6）断裂强度 σ_k。材料断裂时的载荷与原始面积的比值，即

$$\sigma_k = \frac{F_k}{A_0} \qquad (10-6)$$

对于塑性很好的韧性材料来说，塑性变形最后阶段会产生颈缩，致使载荷下降，所以最大载荷就是拉伸曲线上的峰值载荷。虽然断裂时试样断裂面上承受的真实应力高于抗拉强度，但工程界更关心的是抗拉强度。对于脆性材料，断裂前仅发生弹性变形或少量塑性变形，不会颈缩，故最大载荷就是断裂时的载荷，此时抗拉强度就是断裂强度。

（7）弹性比功。弹性比功又称弹性应变能密度，它是指材料吸收变形功而又不发生永久变形的能力，就是在发生塑性变形前，单位体积材料能吸收的最大弹性变形功。弹性变形功用 W_e 表示，可用拉伸应力-应变曲线（图 10-8）弹性变形段下的面积表示，即

$$W_e = \frac{1}{2}\varepsilon_e \sigma_e = \frac{\sigma_e^2}{2E} \qquad (10-7)$$

（8）屈强比。屈强比是指屈服强度与抗拉强度的比值，无量纲，一般用 r 表示。它不是独立的性能指标。由于材料的许用应力一般由屈服强度除以一个设定的安全系数获得，屈强比高意味着进一步形变强化的潜力小，安全性差；反之，进一步形变强化的潜力大，安全性高，见图10-9。

$$r = \frac{\sigma_y}{\sigma_b} \qquad (10\text{-}8)$$

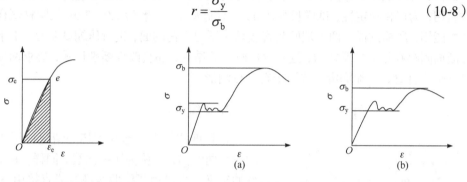

图 10-8 弹性比功计算方法示意图　　　图 10-9 不同屈强比时拉伸应力-应变曲线
（a）屈强比低；（b）屈强比高

（9）刚度。刚度是一工程概念，指在弹性变化范围内，构件抵抗变形的能力。构件刚度不足，会导致过度弹性变形而失效。刚度用 EA 表示，即刚度不仅与弹性模量 E 有关，还与构件的截面尺寸有关。可见拟增加刚度应选择高弹性模量的材料，或增加构件的截面尺寸。

2. 塑性指标

塑性是指材料在外力作用下产生永久变形而不发生破坏的能力，可用伸长率 δ 和断面收缩率 ψ 表示。

（1）伸长率 δ，即

$$\delta = \frac{L_k - L_0}{L_0} \times 100\% \qquad (10\text{-}9)$$

式中，δ 为伸长率，%；L_k 为试样断裂时标注的长度，m；L_0 为试样的原始标注长度，m。

（2）断面收缩率，即

$$\psi = \frac{S_0 - S_k}{S_0} \times 100\% \qquad (10\text{-}10)$$

式中，ψ 为断面收缩率，%；S_0 为试样的原始横截面面积，m^2；S_k 为试样断裂处的横截面面积，m^2。材料具有一定塑性才能顺利地进行各种变形或成形加工。δ、ψ 越大，材料塑性越好。二维表征（ψ）材料的塑性比一维（δ）更准确。

伸长率的测定方法：试验前，在试样的工作段标距长度 L_0，两端做好记号，拉伸断裂后，将断裂的两截试样在断口处细致地吻合对接，然后再测量出标距间长度，再利用公式计算伸长率。

一般材料中聚合物的塑性最好，如橡胶的弹性变形可达1000%以上；金属材料的塑性也较好，小于100%；Al_2O_3 陶瓷、石英玻璃几乎不发生塑性变形，为脆性材料。

10.1.3 压缩试验和压缩曲线

1. 压缩试验

压缩试验通常在万能材料试验机上进行。压缩试样横截面有圆形、正方形，一般采用圆柱试样，圆柱试样又分为短圆柱和长圆柱两大类，具体尺寸由国标确定。短圆柱试样供破坏试验用，为保持稳定性，试样长径比 h_0/d_0 不能太大，一般为 1.0～2.0；长圆柱试样供测量弹性性能用，压缩试样的两个端面是直接承受压力载荷的面，进行压缩试验时，上下压头与试样断面间存在很大的摩擦力，这不仅影响试验结果，还会改变断裂形式，要求两端面平行并与长轴线垂直，并涂润滑油或石墨粉进行润滑。

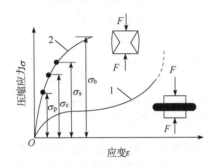

图 10-10 压缩应力-应变曲线
1. 塑性材料；2. 脆性材料

2. 压缩曲线

材料抵抗外力变形和破坏的情况可用压力和位移的关系曲线描述，称为压缩曲线。同样，根据应力、应变的定义，也可由压缩曲线换算或直接由试验系统得到压缩压力-应变曲线。图 10-10 为塑性材料（低碳钢）和脆性材料（铸铁）的压缩压力-应变曲线。

压缩可以看作反向拉伸，拉伸试验时定义的各个力学性能指标和相应的计算公式，在压缩试验中基本上都适用。因此，通过压缩曲线也可以计算压缩强度和塑性。

10.1.4 压缩试验获得的力学性能指标

（1）抗压强度 σ_{bc}，即

$$\sigma_{bc} = \frac{F_{bc}}{S_0} \tag{10-11}$$

式中，F_{bc} 为压缩时的最大载荷；S_0 为压缩试样的初始截面面积。

（2）相对压缩率 δ_c，即

$$\delta_c = \frac{h_0 - h_f}{h_0} \times 100\% \tag{10-12}$$

式中，h_0 为压缩试样压缩前的初始高度；h_f 为压缩试样压缩断裂后的高度。

（3）相对断面扩张率 ψ_{fc}，即

$$\psi_{fc} = \frac{S_f - S_0}{S_0} \times 100\% \tag{10-13}$$

式中，S_f、S_0 分别为压缩试样压缩前、后的截面面积。

在压缩试验及压缩力学性能分析时应注意：①压缩试验中试样的截面积不断增大，塑性很好的材料甚至可以压成圆饼状而不断裂，致使载荷急剧增高，如图 10-10 曲线 1 中的虚线部分所示，只能测得弹性变形的指标，而不能测得抗压强度。因此，对塑性很好的材料，除特定需要外，一般不采用压缩试验。在拉伸、扭转和弯曲试验时脆性材料不能显示的塑性行

为在压缩时有可能显示。②由于压缩时试样截面会变粗，在上、下压头与试样端面之间存在很大的摩擦力，不仅影响试验结果，还会改变断裂方式，为减小摩擦阻力的影响，试样两端必须平整光滑，相互平行，并涂润滑油或石墨粉进行润滑。③式（10-11）表示的是条件抗压强度，或名义抗压强度，试样的真实抗压强度等于 F_f/S_f。由于 S_f 大于 S_0，故真实抗压强度小于条件抗压强度。④对于金属材料，弹性变形的指标，如弹性模量、比例极限、弹性极限、屈服强度等，拉伸和压缩时差别不大。但由于裂纹和类裂纹缺陷对压缩载荷不敏感，抗压强度的绝对值一般高于抗拉强度。这一点在陶瓷等脆性材料中表现得非常明显。

10.1.5　弯曲试验和弯曲曲线

1. 弯曲试验

弯曲试验通常在万能材料试验机上进行。弯曲试验跨距为 L，试样为圆柱形试样（直径为 d）或矩形截面（宽度 $d \times$ 高度 h）的长条试样，可由国标确定。加载方式分为三点弯曲和四点弯曲两种，如图 10-11 所示。采用四点弯曲时，在两加载点之间为等弯矩，因此试样通常在该长度内具有组织缺陷的地方发生断裂，可以较好地反映材料的缺陷性质，特别是表面缺陷，并且试验结果也较准确，但进行四点弯曲试验时必须注意加载的均衡。进行三点弯曲试验时，试样总是在加载中心线处（最大弯矩处）断裂，该法操作简单易行，故常被采用。

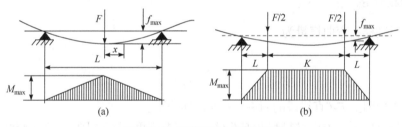

图 10-11　弯曲试验加载示意图
（a）三点弯曲加载；（b）四点弯曲加载

2. 弯曲曲线

弯曲试验中，通常还可用最大载荷对应的挠度表征材料的变形性能，在弯曲试样的跨距中心安装百分表或挠度计测定其挠度，从而通过测定载荷 F 与挠度 f 之间的关系曲线获得弯曲曲线或弯矩图，并以弯曲曲线确定材料在弯曲作用下的力学性能。图 10-12 为三种不同塑性材料的弯曲曲线，对于塑性较好的材料，载荷达到最高点时仍不发生断裂，如图 10-12 中曲线（a）和（b）所示，进一步弯曲所需载荷逐步下降，曲线可以延续很长而不断裂，因此弯曲试验难以测定塑性材料的破坏强度，只能用拉伸试验测定；对于脆性材料，可根据弯曲图[图 10-12（c）]求得抗弯强度。

10.1.6　弯曲试验获得的力学性能指标

通过弯曲试验可获得以下力学性能指标：

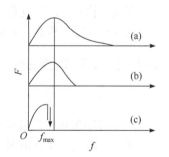

图 10-12　三种材料 F-f 弯曲曲线示意图
（a）高塑性；（b）中等塑性；
（c）脆性

1. 抗弯强度 σ_{bb}

抗弯强度是指试样弯曲至断裂时的最大应力，表示为

$$\sigma_{bb} = \frac{M_b}{W} \qquad (10\text{-}14)$$

式中，M_b 为试样断裂时的弯矩，对于三点弯曲：$M_b = F_b L/4$，对于四点弯曲：$M_b = F_b L/2$；F_b 为断裂时最大载荷；L 为试样的跨距，见图 10-12；W 为试样截面抗弯系数，对于直径为 d 的圆柱试样：$W = \frac{1}{32}\pi d^3$，对于宽为 b、高为 h 的矩形截面试样：$W = \frac{1}{6}bh^2$。

2. 挠度 f

挠度是指试样在弯曲试验受力时，试样的横截面心沿其轴线垂直方向偏移原始位置的线位移，用 f 表示，可用以表征材料的变形性能。

3. 转角 θ

转角是指弯曲变形时横截面相对原来的位置转过的角度，用 θ 表示，可表征材料的塑性。

4. 弯曲模量 E_b

对于矩形试样，弯曲模量为

$$E_b = \frac{mL^3}{4bh^3} \qquad (10\text{-}15)$$

式中，m 为弯矩图上 F-f 直线段的斜率；L 为试样跨距。

弯曲试验可以测定脆性材料和低塑性材料的抗弯强度，同时用挠度表示塑性，能明显地显示脆性材料和低塑性材料的塑性。故弯曲试验常用于评定陶瓷材料、硬质合金、工具钢以及铸铁的力学性能。

虽然弯曲试验不能破坏塑性很好的材料，不能测定其抗弯强度，但是可用于比较一定弯曲条件下不同材料的塑性。

弯曲试验时，试样截面上应力分布不均匀，表面应力最大，可以较灵敏地反映材料的表面缺陷情况，用于检查材料的表面质量。

10.1.7 扭转试验和扭转曲线

1. 扭转试验

扭转试验在电动式扭转试验机上进行。扭转试样主要采用直径为 d_0，标距长度为 L_0 的圆柱试样，详细尺寸可由国标查得。扭转试验主要由以下几部分组成。

（1）试样装夹。扭转试验一般采用长圆柱试样[图 10-13（a）]，试验机通常配备固定夹具和旋转夹具，试样两端分别被夹持在试验机的两个夹头中。

（2）加载装置。通过全数字电动交流伺服系统控制精密行星齿轮减速器带动试样两头夹具旋转，通过相对旋转（或一个夹头固定，另一个夹头旋转），对试件进行加载，施加扭

矩为 M。

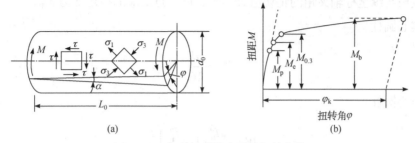

图 10-13 扭转试样的变形及扭转曲线
（a）扭转试样及变形示意图；（b）退火低碳钢扭转曲线

（3）传感器与测量。传感器又分为扭矩传感器和角度传感器。用于测量试样所受的扭矩、两个截面之间的相对扭转角 φ 和试样的标距长度 L_0。传感器的支座可以左右移动，以便装夹试样。这些传感器将测量结果传递给控制器，以便对试验进行控制和记录。

（4）控制装置。控制装置包括电子控制器和扭转传动装置，它能在控制电路的指令下，按照试验要求的角度、速度和力度对试样施加扭转力。

（5）绘图装置。在试验过程中，随着扭矩的增大，试件标距两端截面产生相对转动，使扭转角增大。

2. 扭转曲线

绘图装置绘出扭转图（M-φ 曲线），又称扭转曲线。图 10-13（b）为退火低碳钢的扭转曲线，它也存在弹性变形阶段和塑性变形阶段，与拉伸曲线有以下不同点：①不存在屈服；②不存在颈缩，即扭转塑性变形时，载荷（扭矩）不会下降，而是一直升高，直至断裂。

10.1.8 扭转试验获得的力学性能指标

根据扭转曲线，可以确定一系列扭转性能指标。

1. 扭转剪切模量（切变模量）

扭转剪切模量 G 为

$$G = \frac{32ML_0}{\pi\varphi d_0^4} \tag{10-16}$$

式中，M 和 φ 的取值一定要在线弹性范围内。

2. 扭转比例极限

扭转比例极限 τ_p 为

$$\tau_p = \frac{M_p}{W} \tag{10-17}$$

式中，M_p 为扭转曲线上开始偏离直线时的扭矩；W 为截面系数。采用作图法确定 M_p 的方法是在偏离直线不久后的曲线段上寻找一点，使该点的切线与纵坐标轴夹角的正切值比扭转曲线的直线段与纵坐标轴夹角的正切值大 50%，则该点对应的扭矩即为 M_p。

对于实心圆柱：

$$W = \frac{\pi d_0^3}{16} \tag{10-18}$$

对于空心圆柱：

$$W = \frac{\pi d_0^3}{16}\left(1 - \frac{d_1^4}{d_0^4}\right) \tag{10-19}$$

式中，d_0 为外径；d_1 为内径。

3. 扭转屈服强度

由于没有屈服平台区，采用条件屈服强度的概念，其为

$$\tau_{0.3} = \frac{M_{0.3}}{W} \tag{10-20}$$

式中，$M_{0.3}$ 为残余扭转切应变为 0.3% 时对应的扭矩。残余切应变取 0.3%，是为了与拉伸时取残余正应变为 0.2% 相当。

4. 抗扭强度

抗扭强度 τ_b 为

$$\tau_b = \frac{M_b}{W} \tag{10-21}$$

式中，M_b 为试样断裂时的最大扭矩。应注意的是，τ_b 是按弹性状态下的公式计算的，它比真实的抗扭强度要大，故称为条件抗扭强度，也可称为抗剪强度。工程设计时更关心的是条件抗扭强度，而非真实抗扭强度。

5. 扭转相对残余切应变

扭转时的塑性可用扭转相对残余切应变 γ_k 表示：

$$\gamma_k = \frac{\varphi_k d_0}{2L_0} \times 100\% \tag{10-22}$$

式中，φ_k 为断裂后的残余扭转角。

10.1.9 剪切试验

剪切试验主要包括单剪试验、双剪试验和冲孔试验，其试验原理如图 10-14 所示。将试样固定在底座上，然后对上压模加压，直到试样沿剪切面剪断，剪切试样尺寸由国标查得。

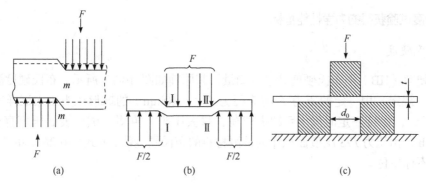

图 10-14 线材及板材剪切试验原理
（a）单剪；（b）双剪；（c）冲孔剪切

10.1.10 剪切试验获得的力学性能指标

剪切试验可以获得材料的抗剪强度 τ_b，即由试样被剪断时的最大载荷 F_b 和剪切面上的原始截面积 S_0 求得。

（1）单剪时，抗剪强度为

$$\tau_b = \frac{F_b}{S_0} \tag{10-23}$$

（2）双剪时，抗剪强度为

$$\tau_b = \frac{F_b}{2S_0} \tag{10-24}$$

（3）冲孔时，抗剪强度为

$$\tau_b = \frac{F_b}{\pi d_0 t} \tag{10-25}$$

式中，d_0 为冲孔直径；t 为板料厚度。

但应注意，在剪切面上产生的切应力分布是比较复杂的，因为在试样受剪切时，还伴随着挤压和弯曲。所以，剪切试验不能测定剪切比例极限和剪切屈服强度，若需测定，则需采用扭转试验。

10.1.11 硬度试验

硬度是材料的一项重要力学性能指标，是指该种材料抵抗另一种较硬的具有一定形状、尺寸并且本身不会发生残余变形的物体压入其表面的能力。常用静载压入法（即在静载荷下将一个硬的物体压入材料）测量。硬度反映了材料表面抵抗其他硬物压入其表面的能力，它表征材料抵抗塑性变形的能力。测定硬度的试验方法有多种，大体可分为压入法和划痕法两大类，压入法硬度试验形式又分为布氏硬度、洛氏硬度、维氏硬度、显微硬度和纳米硬度等。

因硬度试验所用设备简单，操作方便、迅速，而且硬度和抗拉强度之间存在一定的对应关系，硬度试验已成为产品质量检查、制定合理工艺的重要试验方法。

10.1.12 硬度试验获得的力学性能指标

1. 布氏硬度

布氏硬度（HB）用布氏硬度计进行测量，其原理如图 10-15 所示。布氏硬度测量根据国标的统一规定，用一定的压力 F 将直径为 D（=10mm）的球形压头压入试样表面，见图 10-15（a），保持一定时间 t 后卸去载荷，移去压头，再测量试样表面压痕直径 d，见图 10-15（b）。由压力 F/S 压痕面积作为被测材料的布氏硬度值，见式（10-26），单位为 MPa，但习惯上不标单位。

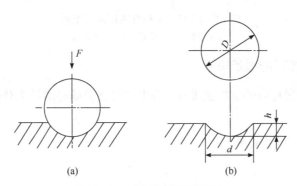

图 10-15   布氏硬度测量原理
（a）压头压入试样表面；（b）卸载后测量压痕直径

$$\mathrm{HB} = \frac{F}{S} = 0.102 \frac{2F}{\pi D(D - \sqrt{D^2 - d^2})} \qquad (10\text{-}26)$$

通常压头材料有淬火钢球（S）和硬质合金球（W）之分，因此布氏硬度分为 HBS、HBW 两种。

表示布氏硬度时，在符号 HBW 之前的数值为硬度测量值，符号后面按一定顺序用数值表示测试条件，表示为球体直径（mm）、测试压力（kgf）和保持时间（s），保持时间为 10～15s 时，不需要标注。值标注为"测量值 HBW $D/F/t$"，如 600HBW 1/30/20。

布氏硬度压痕直径较大，一般不用于测量成品零件，也不能用来测量较薄的零件。

2. 洛氏硬度

洛氏硬度用洛氏硬度计测定。用顶角为 120° 的金刚石圆锥体或直径为 1.588mm 的淬火钢球作为压头，以球形压头为例，洛氏硬度试验原理如图 10-16 所示。首先以一定的压力（预载荷 F_0）压入试样表面，维持一段时间，变形稳定后，压痕深度为 h_0，在预载荷的基础上

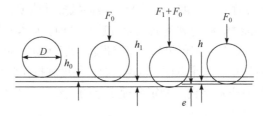

图 10-16   洛氏硬度测量原理（球形压头）

再施加主载荷 F_1，加载保持时间一般为 $10\sim15s$，压痕深度增加 h_1，变形稳定后释放主载荷 F_1，压头回弹一部分 e，在主载荷作用下的压头深度为 $h=h_1-e$，由该深度代入式（10-27）确定其硬度。压痕越深，材料越软，硬度值越低；反之，硬度越高。被测材料的硬度可直接在硬度计刻度盘读出。

洛氏硬度 HR：

$$HR = \frac{K-h}{0.002} \qquad （10-27）$$

式中，K 为常数；h 为压痕深度（ $h=h_1-e$ ）。

根据压头和载荷不同，常用洛氏硬度有 HRA、HRB 和 HRC 三种，见表 10-1。除表中所列外，还有 12 种洛氏硬度，HRA、HRC 也可测量陶瓷材料的硬度。HRA 与 HRC 的主要差别在于载荷的差异，HRA 载荷小，主要用于测量材料表面层的硬度，而 HRC 作用载荷大，压痕深，反映试样的体硬度。

表 10-1　常用洛氏硬度的种类、表示方法及适用范围

类型	压头种类	预载荷/N（kgf）	主载荷/N（kgf）	测量值有效范围	应用范围
HRA	120°金刚石圆锥	98（10）	490（50）	60～85HRA	硬质合金、淬火钢
HRB	1.588mm 钢球	98（10）	882（90）	25～100HRB	有色金属
HRC	120°金刚石圆锥	98（10）	1373（140）	20～67HRC	调质钢、淬火钢

注意：①在洛氏硬度计中，压痕深度已经换算成标尺刻度，具体试验时可直接读出硬度值，比较方便，免去了布氏硬度需先人工测量、再计算或查表；②预载荷的目的是防止表面孔洞缺陷等带来测量误差；③压痕深度是塑性变形深度，不包括弹性恢复深度 e。

3. 维氏硬度

维氏硬度也是采用压痕单位面积上的载荷表征硬度的，但与布氏硬度不同的是，它的压头只有一种，为金刚石正四棱锥体，其两相对面间夹角为 136°，这是为了在较低硬度时，其硬度值与布氏硬度值相等或相近，压痕为球形。

维氏硬度测量原理如图 10-17 所示。试验时，在载荷 F 的作用下，试样表面压出一个四方菱形的压痕，测量压痕对角线长度 d，借以计算压痕的表面积 S，以 F/S 值表征试样的硬度，用符号 HV 表示，加载保持时间一般为 $10\sim15s$。

压痕面积可按下式计算：

$$S = \frac{d^2}{2\sin 68°} = \frac{d^2}{1.8544}（\text{mm}^2） \qquad （10-28）$$

当载荷单位为 kgf 时，维氏硬度：

图 10-17　维氏硬度
测量原理

$$HV = \frac{F}{S} = \frac{1.8544F}{d^2}(\text{kgf/mm}^2) \qquad (10\text{-}29)$$

维氏硬度标注为硬度值 HV，单位（MPa）一般不标出；维氏硬度试验所用载荷较小，压痕深度浅，适用于测量较薄零件、表面硬化层、金属镀层、薄片金属和陶瓷材料的硬度。它对软、硬材料均适用，所测硬度的有效值范围为 0～1000HV。

当载荷单位为 N 时，维氏硬度：

$$HV = 0.102 \times \frac{1.8544F}{d^2} = 0.1891\frac{F}{d^2}(\text{N/mm}^2) \qquad (10\text{-}30)$$

根据试样大小、厚薄和其他条件，载荷 P 可在 0.5～120kgf 范围内选择 0.5kgf、1kgf、5kgf、10kgf、30kgf 等几种。

与布氏硬度和洛氏硬度相比，维氏硬度具有很多优点：它不存在布氏硬度试验中载荷与压头直径比例关系的约束，也不存在压头变形问题；由于角锥压痕轮廓清晰，采用对角线长度计量，精确可靠；维氏硬度不存在洛氏硬度的硬度级无法统一的缺点，而且比洛氏硬度能更好地测定极薄试样的硬度。维氏硬度试验的缺点是需要测量对角线长度，然后计算或查表，效率不高。

另外，由试验测得的各种硬度值不能直接进行比较，必须通过硬度换算表换算成同一种硬度值后，才可比较其大小。

维氏硬度的表征：HV 前面数值为维氏硬度值，后面则为试验力，如果试验力保持时间不是通常的 10～15s，还需在试验力后面加上保持时间，如 600 HV30/20 表示采用 30kgf 的试验力，保持时间 20s，硬度值 600。注意，维氏硬度值与试验力的大小无关，只要是硬度均匀的材料，可以任选试验力，其硬度值不变。

4. 显微硬度

显微硬度是指载荷小于 0.2kgf（2N）测量的硬度，用符号 HV_m 表示，其试验原理与维氏硬度相同，但所选载荷更小，一般小于 2N（1N = 100gf），产生的压痕也很小，并以 gf 为载荷单位，以 μm 为长度单位，故计算公式如下：

$$HV_m = 1854.4\frac{F}{d^2} \qquad (10\text{-}31)$$

显微硬度试验一般使用的载荷为 2gf、5gf、10gf、50gf、100gf 及 200gf，由于压痕微小，可研究微小区域的硬度，如不同相的硬度。但需抛光、制成金相试样，并在显微镜下测量对角线长度，故较烦琐，工业生产中不常采用，多用于材料显微组织硬度研究。

5. 纳米硬度

纳米硬度试验也属于压痕法，但采用的压头极其微细，施加的载荷也极其微小，为微牛（μN）数量级，可得到纳米级压痕深度。由于压痕极微，所以测定的是原位性能，也为微区性能，不代表材料整体性能。

纳米压痕试验采用纳米力学探针或附带显微成像系统的原子力显微镜，在载荷控制模式下进行压痕实验，可连续加载与卸载，并通过激光位移检测器测量压入深度，原位成像观察压痕状况。图 10-18 为加载与卸载过程中典型的载荷-位移曲线。图中最大载荷 F_{max} 产生的总位移用 h_{max} 表示，包括加载时样品表面的位移以及压头进入材料内部的深度。h_c 是最大载荷 F_{max} 下的真实接触深度，它由最初卸载曲线的切线外推法决定。卸载后弹性恢复，压痕剩余深度用 h_r 表示。压痕面积是与位移 h_c 和压头形状有关的函数，可由下式计算：

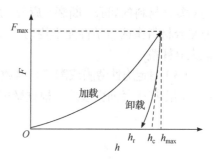

图 10-18　纳米压痕试验的载荷-
位移曲线

$$S = 24.5h_c^2 + C_1 h_c + C_2 h_c^{\frac{1}{2}} + C_3 h_c^{\frac{1}{4}} + C_4 h_c^{\frac{1}{8}} \quad (10\text{-}32)$$
$$+ C_5 h_c^{\frac{1}{16}} + C_6 h_c^{\frac{1}{32}} + C_7 h_c^{\frac{1}{64}} + C_8 h_c^{\frac{1}{128}}$$

式中，S 为压痕面积；$C_1 \sim C_8$ 为常数。公式中第一项表示完好压头形状，剩下各项为压头钝化偏离最初压头的修正项。

纳米硬度 HN 的表征仍然是单位压痕面积上的平均载荷，即

$$\mathrm{HN} = \frac{F}{S} \quad (10\text{-}33)$$

通过载荷-位移曲线还可求得被测试材料的原位弹性模量。加载过程中，材料经历弹塑性变形，而卸载初期材料为弹性变形，因此可由最初卸载曲线斜率 $\mathrm{d}F/\mathrm{d}h$ 得到材料的弹性模量，其公式为

$$\begin{cases} \dfrac{\mathrm{d}F}{\mathrm{d}h} = \alpha E_r S^{0.5} \\ \dfrac{1}{E_r} = \dfrac{1-\nu_s^2}{E_s} + \dfrac{1-\nu_i^2}{E_i} \end{cases} \quad (10\text{-}34)$$

式中，α 为与压头形状有关的常数；S 为实际压入面积；E_r、E_s、E_i 分别为体系的约化模量、材料弹性模量、压头模量；ν_s、ν_i 分别为材料和压头的泊松比。对于金刚石压头来说，$E_i = 1140\mathrm{GP}$，$\nu_i = 0.07$。

此外，利用载荷-位移曲线中卸载曲线部分，还可估算在压痕载荷下微区的塑性变形能力 h_r/h_{max}。

由以上讨论可见，纳米压痕法不仅能测定硬度，还能测定弹性模量、塑性变形能力等，因此属于微区力学性能试样方法，近年来得到广泛的应用，国际标准化组织对纳米压痕试验的设备、样品和试验过程进行了统一和规范。近年来，利用纳米压痕试验还可进行其他性能的测试，包括：

（1）测定薄膜、涂层、镀层等材料的硬度、模量以及与基底材料的结合力。对于一维尺度很小、二维尺度较大的膜、层状材料，无法运用常规力学性能试验方法，一般硬度受压头影响较大，也会受到基底的影响，纳米压痕法可以克服此类缺陷。

（2）研究复合材料界面及近界面微区力学性能分布特征。复合材料由于增强体与基体的模量和热膨胀系数有很大差异，复合后会在界面附近区域造成物理、力学性能（如硬度、塑性、残余应力应变、热导率等）的不均匀分布，虽然不均匀分布的区域很小（微米量级），

但对复合材料的屈服、断裂、疲劳、尺寸稳定性等宏观性能有很大影响。利用纳米压痕法研究复合材料微区力学性能不均匀性及其影响因素，对优化复合材料设计和改善复合材料性能大有裨益。

（3）测定脆性薄膜或陶瓷材料微小区域的断裂韧度。当压头压入脆性材料时，可能会在压痕周围产生径向微裂纹，根据微裂纹尺度及硬度估算断裂韧度 K_c：

$$K_c = \alpha \left(\frac{E}{H} \right)^{\frac{1}{2}} \left(\frac{F}{C^{\frac{3}{2}}} \right) \tag{10-35}$$

式中，α 为与压头形状相关的经验系数；H 为硬度；C 为径向裂纹长度；F 为载荷；E 为杨氏模量。

10.2 动载荷下材料的力学性能试验与力学性能指标

静载荷试验可以获得材料的许多力学性能指标，然而实际使用中的载荷大多为动载荷，即加载速度较快，或交变载荷，此时材料在动载荷下呈现出来的力学性能远低于静载荷下的力学性能，因此研究动载荷下的力学性能非常重要。动载荷下力学性能试验常见的有冲击试验、疲劳试验等。

10.2.1 冲击试验

以极快的速度发生变化的载荷称为冲击载荷。材料在冲击载荷作用下表现出的力学行为与静载荷下的不同。

由于冲击载荷是能量载荷，材料的抵抗冲击的能力指标不是力而是能量。即在冲击载荷作用下，材料产生塑性变形和断裂过程吸收能量的能力，该能力定义为冲击韧性。冲击试验采用冲击试验机进行，根据冲击方法的不同，冲击试验机通常分为落锤式、摆锤式和回转圆盘式三种，根据试样受力状态的不同，又可分为弯曲冲击、拉伸冲击和扭转冲击等类型。摆锤式弯曲冲击试验机又称摆锤式冲击试验机，具有结构简单、操作方便，冲击能量易于测定及试样易于加工等优点而得到广泛应用。其试验示意图如图 10-19 所示。试验时，将带有缺

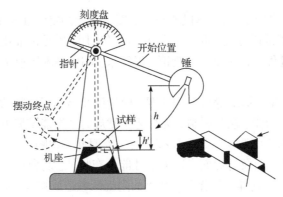

图 10-19　冲击试验示意图

口的标准冲击试样置于试验机的支承座上，摆锤升至一定高度 h 后落下，试样被冲断，摆锤继续摆动升至高度 h'，测定试样吸收的能量。注意，试样缺口背向冲击方向。试样尺寸由国标确定，试样通常有平面无缺口、V 形缺口和 U 形缺口三种。通过冲击试验可获得冲击功和冲击韧性力学性能指标。一般用冲击韧度和冲击吸收功表示，其单位分别为 J/cm^2 和 J（焦耳）。冲击韧性或冲击试验，因试验温度不同而被分为常温、低温和高温冲击试验三种。

10.2.2 冲击试验获得的力学性能指标

1. 冲击吸收功 K

冲击吸收功为冲断试样消耗的能量（冲击吸收功），根据试样缺口形状不同分为平面无缺口、V 形、U 形，其冲击吸收功分别表示为 K（无缺口）、K_V（V 形缺口）和 K_U（U 形缺口）。

$$K = mg(h-h') \tag{10-36}$$

式中，K 为摆锤冲断试样消耗的功，J；m 为摆锤质量，kg；g 为重力加速度，m/s^2；h、h' 为摆锤冲断试样的前后高度，m。

冲击吸收功表征材料抵抗冲击载荷不发生变形和断裂的能力。

2. 冲击韧度 α_k

$$\alpha_k = K/S_0 \tag{10-37}$$

式中，S_0 为试样缺口处截面积，cm^2。

试样带缺口的目的是在缺口附近造成应力集中，使塑性变形局限在缺口附近不大的区域内，并保证在缺口处发生破断以便正确测定材料承受冲击载荷的能力。材料冲击韧度 α_k 与材料本身特性（如化学成分、显微组织和冶金质量等）、试样几何参数（尺寸、缺口形状、表面粗糙度等）和试验温度等有关。α_k 对材料内部的结构缺陷、显微组织的变化很敏感，如夹杂物、偏析、气泡、内部裂纹、晶粒粗化等均会使 α_k 显著减小。同一种材料，缺口越深、越尖锐，塑性变形的体积就越小，冲击功也越小，材料表现出的脆性越显著。正因如此，不同类型和尺寸试样的冲击韧度是不能相互换算和直接比较的。另外，对于脆性很大的材料，如球墨铸铁、工具钢、陶瓷等，常采用不带缺口的试样。

3. 韧脆转变温度 T

材料的冲击韧度随温度的变化如图 10-20 所示。通常冲击韧度随温度降低均下降，并在某一温度附近急剧降低，这一温度称为材料的韧脆转变温度。使用温度高于材料的韧脆转变温度时，材料呈韧性断裂（断裂前有明显塑性变形）；使用温度低于材料的韧脆转变温度时，材料呈脆性断裂（断裂前无塑性变形）。因此，在设计低温下工作的零件时，应选用韧脆转变温度低于使用温度的材料。

陶瓷材料为脆性材料，因其韧性极低，一般不用摆锤式冲击试验机测量其冲击韧度。

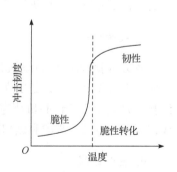

图 10-20 冲击韧性与温度的
关系曲线

10.2.3 疲劳试验和疲劳曲线

当试样在交变载荷（即载荷的大小、方向呈周期性变化）作用下工作时，尽管交变应力低于其屈服强度，但在交变应力的长期作用下，试样仍会发生突然断裂，这种现象称为材料的疲劳。疲劳断裂前无明显塑性变形，突然发生，因此疲劳具有很大的危险性，需高度重视。

1. 疲劳试验的分类

疲劳试验有多种分类方法，若根据试验应力的大小、破坏对应力（应变）循环周次影响的高低，可分为高周疲劳试验和低周疲劳试验。一般来说，失效循环周次大于 5×10^4 的称为高周疲劳试验；小于 5×10^4 的称为低周疲劳试验，也称应变疲劳试验。

若按试验环境可以分为：室温疲劳试验、低温疲劳试验、高温疲劳试验，或热疲劳试验、腐蚀疲劳试验、接触疲劳试验和微动磨损疲劳试验等。

若按试样的加载方式可以分为：拉-压疲劳试验、弯曲疲劳试验、扭转疲劳试验、复合应力疲劳试验。弯曲疲劳试验按弯矩的施加方向与试样是否旋转，又可分为旋转弯曲疲劳试验、圆弯曲疲劳试验和平面弯曲疲劳试验；按试样的支承情况与加载点的不同，又可分为三点弯曲疲劳试验、四点弯曲疲劳试验和悬臂弯曲疲劳试验。

若按应力循环的类型可以分为：等幅疲劳试验、双频疲劳试验、变频疲劳试验、程序疲劳试验和随机疲劳试验。等幅疲劳试验的应力水平（包括应力幅和平均应力）在试验过程中一直保持不变，材料的基本疲劳性能数据都是用等幅疲劳试验测出的。

按应力循环对称系数 r（最小应力与最大应力的比，即 $r = \dfrac{\sigma_{\min}}{\sigma_{\max}}$，也称应力比）可分为：对称疲劳试验（$r = -1$）和非对称疲劳试验（$r \neq \pm 1$）。非对称疲劳试验又可分为单向加载疲劳试验（$r > 0$）和双向加载疲劳试验（$r < 0$）。单向加载疲劳试验又可分为脉动疲劳试验（$r = 0$ 或 $r = \infty$）和波动疲劳试验（$0 < r < \infty$）。最常用的为对称循环加载疲劳试验。

2. 疲劳试验的试样

疲劳试样的形状和尺寸随试验机型号不同和材料强度高低而异，具体尺寸由国标查得。注意试样加工应遵照疲劳试样加工工艺。采用的机械加工在试样表面产生的残余应力和加工硬化应尽可能小；表面质量应均匀一致；试样精加工前进行热处理时，应防止变形或表面层变质，不允许对试样进行矫直。

3. 疲劳试验

疲劳试验采用疲劳试验机进行，疲劳试验机是一种专门用于测定材料在室温状态下的拉伸、压缩或拉、压交变载荷下的疲劳特性、疲劳寿命、预制裂纹及裂纹扩展的机器。疲劳试验就是运用疲劳试验机测定材料在不同循环次数下的断裂应力，绘制材料的疲劳寿命曲线，观察疲劳破坏现象和断口特征，分析材料疲劳特性的方法。

4. 疲劳曲线

疲劳曲线是指材料承受交变应力与断裂循环周次之间的关系曲线。各种材料对变应力的抵抗能力，是以一定循环作用次数 N 下，不产生破坏的最大应力 σ 表示的。最大应力 σ 与循环次数 N 之间的关系曲线即为疲劳曲线，见图 10-21。显然，循环次数越高，最大应力就越小。

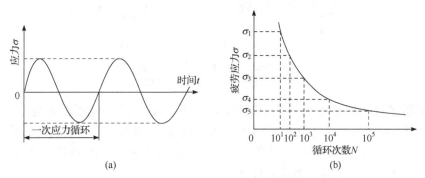

图 10-21　疲劳试验法测定的材料疲劳曲线示意图
（a）循环应力；（b）疲劳应力与循环次数的关系曲线

10.2.4　疲劳试验获得的力学性能指标

当应力低于某一值时，试样可以经受无限次的循环而不断裂，此应力值称为该材料的疲劳极限。由于交变载荷的性质（应力循环系数 r）显著影响疲劳极限，通常用 σ_r 表示疲劳极限。它表征材料抵抗疲劳断裂的能力。疲劳极限又称疲劳强度。

材料的疲劳极限受材料的种类、纯度与组织状态、载荷类型、零件表面状态和工作温度及环境状况等因素的制约。冷热加工时产生的缺陷（如脱碳、裂纹、刀痕、碰伤）使疲劳极限降低；高温易使材料的疲劳裂纹形成和扩展，降低疲劳极限。材料在腐蚀介质中工作时，由于表面产生点蚀或表面晶界被腐蚀而成为疲劳源，在应变力作用下就会逐步扩展而导致断裂。因此，在设计承受交变载荷的零件时，应对材料和制造工艺提出更高要求。

10.3　断裂韧度及其测试方法

有些高强度材料的零件常在远低于屈服强度的状态下发生脆性断裂，中、低强度材料制成的重型机械、大型结构件中也有类似情况发生，这就是低应力脆断。研究表明，低应力脆断与材料内部的裂纹及裂纹的扩展有关。因此，裂纹是否易于扩展，成为衡量材料是否易于断裂的一个重要指标。

1. 断裂韧度

材料中存在裂纹时，在外力的作用下，裂纹尖端附近形成了一个应力场，为表述该应力场的强度，引入了应力场强度因子 K 的概念。根据外力与裂纹面的空间取向关系，裂纹可分为 3 种典型模式：张开型（Ⅰ型）、滑开型（Ⅱ型）和撕裂型（Ⅲ型）。

Ⅰ型裂纹：外加拉应力与裂纹面垂直，裂纹呈张开趋势，最危险，如图 10-22（a）所示。
Ⅱ型裂纹：外加拉应力与裂纹面平行，并垂直于裂纹前缘线，如图 10-22（b）所示。
Ⅲ型裂纹：外加拉应力同时平行于裂纹面和裂纹前缘线，如图 10-22（c）所示。

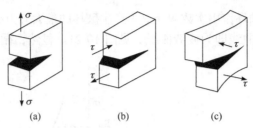

图 10-22　裂纹扩展的三种模式

（a）Ⅰ型；（b）Ⅱ型；（c）Ⅲ型

　　裂纹体除了这三种类型外，还会出现复合裂纹，如裂纹体同时受到正应力和切应力作用，或裂纹面与拉应力成一定角度，即Ⅰ型与Ⅱ型的复合。Ⅱ型和Ⅲ型裂纹尖端承受切应力，低应力脆断的倾向性相对较小。三种单一的裂纹扩展模式中，Ⅰ型最容易引起低应力脆断，因此总是以这种裂纹扩展模式为研究对象。

　　应力场强度因子是描述这种断裂行为的关键参数之一。它表示在单位裂纹长度上施加一个单位载荷产生的最大应力值。它与作用在裂纹上的应力以及裂纹的形状和尺寸有关。在弹塑性条件下，当应力场强度因子增大到某一临界值时，裂纹便失稳扩展导致材料断裂，这个临界值或失稳扩展的应力场强度因子称为断裂韧度，用 K_{IC} 表示。断裂韧度反映了材料抵抗裂纹失稳扩展即抵抗脆断的能力，是材料的力学性能指标。

　　断裂韧度是材料固有的力学性能指标，是强度和韧性的综合体现，与裂纹的大小、形状、外加应力等无关，主要取决于材料的成分、内部组织和结构。一般材料中，金属材料的断裂韧度最高，复合材料次之，高分子材料和陶瓷材料最低。

2. 断裂韧度的测定

1）测定试样

　　测定试样国标规定有四种类型：三点弯曲试样、紧凑拉伸试样、C 形拉伸试样、圆形紧凑拉伸试样。最常用的是三点弯曲试样，其形状见图 10-23，具体尺寸由国标查得。

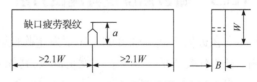

图 10-23　三点弯曲试样示意图

　　注意：①在测定 K_{IC} 值时，必须保证裂纹尖端的应力处于平面应变状态下，且裂纹尖端塑性变形区受到的约束是小范围的，这是因为平面应变断裂韧度 K_{IC} 代表塑性变形被限制时，材料阻止裂纹扩展的度量。K_{IC} 值越高，则临界塑性区尺寸越大。为了保证尖端塑性区尺寸远小于周围弹性区的尺寸，即试样小范围屈服以及裂纹尖端附近处于平面应变状态，需对试样尺寸做严格规定，即 $W = 2B$；韧带宽度 $W-a = 0.45\sim0.55W$。②试样应直接从被测构件上取，如果不允许，可以通过热处理工艺使所测试样与被测构件的组织成分完全相同，否则不具代表性。

2）测定方法

　　首先测定 F-V 曲线。即测定载荷 F 与裂纹张开位移 V 的关系曲线。以三点弯曲试样为例。测定方法如下：将试样安装于断裂韧度试验机（图10-24）上，支撑点间的跨距为 S，力 F 由力传感器测量，裂纹嘴张开的位移 V 由跨于试样切口两侧的夹式引伸计测量，载荷与位移信号经放大器放大后，再输入计算机或 $X\text{-}Y$ 记录仪，绘制出 $F\text{-}V$ 曲线，见图10-25。

由 $F\text{-}V$ 曲线可求得裂纹扩展时的临界载荷 F_C，F_C 相当于裂纹扩展量 $\dfrac{\Delta a}{a}=2\%$ 时的载荷。对于标准试样，大致相当于 $\dfrac{\Delta V}{V}=5\%$。为求 F_C，从 $F\text{-}V$ 曲线上的坐标原点作 OB 直线，其斜率较 $F\text{-}V$ 曲线直线部分斜率 OA 小 5%，此时 OB 直线与 $F\text{-}V$ 曲线的交点对应的载荷即为 F_Q。然后将压断的试样用显微镜测量裂纹长度 a，代入公式：

$$K_Q = \frac{F_Q}{BW^{\frac{3}{2}}} f(\frac{a}{W}) \tag{10-38}$$

其中

$$f(\frac{a}{W}) = 3\left(\frac{a}{W}\right)^{\frac{1}{2}} \times \frac{1.99 - \left(\frac{a}{W}\right)\left(1-\frac{a}{W}\right)\left[2.15 - 3.93\left(\frac{a}{W}\right) + 2.70\left(\frac{a}{W}\right)^2\right]}{2\left(1+\frac{2a}{W}\right)\left(1-\frac{a}{W}\right)^{\frac{3}{2}}} \tag{10-39}$$

最后通过有效性检验后即可认为 $K_Q = K_{IC}$。

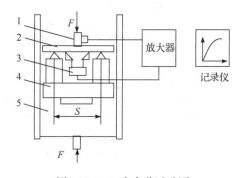

图10-24 三点弯曲试验图
1. 试样；2. 力传感器；3. 夹式引伸计；4. 夹具；5. 底座

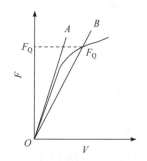

图10-25 $F\text{-}V$ 曲线

断裂韧度的应用主要有三个方面：①材料设计，包括材料的结构设计和选用。可根据材料的断裂韧性，计算结构的许用应力，从而设计结构的形状和尺寸，并为选材提供重要依据。②校核，可以根据结构要求的承载能力、材料的断裂韧性，校核结构的安全性，判断零件的脆断倾向。③新材料开发，可以根据材料断裂韧度的影响因素，有针对性地设计材料的组织结构，开发新材料。

10.4 高温下材料的力学性能试验与力学性能指标

许多零件在高温下长期工作，如高压蒸汽锅炉、汽轮机与燃气轮机叶片、航空发动机中的一些零件，对于制造这些零件的材料，仅考虑其常温力学性能，是无法满足使用性能要求的，因为材料的性能与温度密切相关。通常材料的强度随温度升高而降低，而塑性增加；而且在高温条件下，材料力学性能还与所加载荷的持续时间有关。一般钢铁材料的最高工作温度约为550℃，镍基材料可在1200℃工作；陶瓷材料的工作温度可达1500~3000℃；高分子材料的工作温度较低，如聚乙烯、聚氯乙烯、尼龙等，长期使用温度在100℃以下，而酚醛塑料的使用温度可达130~150℃，聚四氟乙烯可长期在250℃下工作。

对于高温下工作的材料，不能简单地用应力-应变关系评定力学性能，而应考虑温度、时间两个因素。如在450℃时，20号钢可短时承受330MPa的应力；将所加应力降至230MPa，在300h后才发生断裂；如将应力降至120MPa，在10000h后发生断裂。材料的高温性能用蠕变强度和持久强度表征。

10.4.1 蠕变试验和蠕变曲线

蠕变是指高温下的材料随应力作用时间延长而产生塑性变形的现象。蠕变试验由蠕变试验机进行，蠕变试样的具体尺寸由国标查得，蠕变试验原理见图10-26。试验期间试样受的应力和温度恒定。随着试验时间的延长，试样逐渐伸长，试样标距内的伸长量通过引伸计测定后，输入记录系统，自动记录试样的应变（伸长量/标距）与时间t的变化关系曲线，即得蠕变曲线，如图10-27所示。

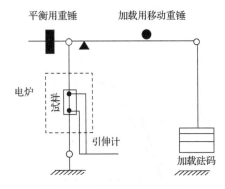

图 10-26 拉伸蠕变试验原理

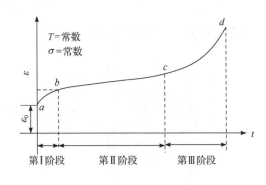

图 10-27 典型蠕变曲线

蠕变曲线中，ε_0是试样加上载荷后的瞬时应变，该部分变形不属于材料的蠕变。真正的蠕变从a点开始，曲线中$abcd$为蠕变曲线。根据曲线上各点的斜率即蠕变速率（$\dot{\varepsilon} = \dfrac{\mathrm{d}\varepsilon}{\mathrm{d}t}$）的变化规律，蠕变过程可分为三个阶段：

（1）蠕变减速阶段，即ab阶段，该阶段蠕变速率逐渐减小。

（2）蠕变稳定阶段，即bc阶段，该阶段蠕变速率稳定且最小。

（3）蠕变加速阶段，即cd阶段，该阶段蠕变速率逐渐增加。

10.4.2 蠕变试验获得的力学性能指标

1. 蠕变强度

蠕变强度是指材料在一定温度、一定时间内产生一定蠕变变形量能承受的最大应力值，

如 $\sigma^{600}_{0.1/1000} = 88$MPa 表示在 600℃、1000h 内，产生 0.1%蠕变变形量能承受的最大应力值为 88MPa。蠕变强度是通过蠕变曲线上的第 Ⅱ 阶段获得的。

2. 持久强度

持久强度是指材料在一定温度、一定时间内能承受的最大断裂应力，如 $\sigma^{800}_{1000} = 186$MPa 表示在 800℃、工作 1000h 能承受的最大应力为 186MPa。

持久强度是通过高温拉伸持久试验测定的，测定原理与蠕变试验相同，不过在持久试验中不需要测定试样的伸长量，只需测定试样在给定温度和一定应力作用下的断裂时间即可，但持久强度的测定时间比蠕变长得多。

在设计高温下工作的零件时，应按材料的蠕变强度和持久强度选择材料和确定结构。蠕变强度与持久强度之间的关系如同常温下屈服强度与抗拉强度之间的关系。陶瓷材料的高温强度优于金属材料，高温抗蠕变能力强，且有很高的抗氧化性，适宜在高温下使用。

10.5　深低温下材料的力学性能试验

通常把低于液氮温度（77K）的力学性能试验称为深低温力学性能试验，深低温力学性能测试需要为被测试样制造深低温环境，试样在深低温环境下被施加相应的载荷条件，通过深低温下可以工作的变形传感器（如深低温应变片、夹式引伸计、差动式引伸计等）得到试样的伸长、裂纹尖端张开位移、扭角等试样变形参量，获得载荷变形关系，得到相应的深低温条件下的材料力学性能数据。

10.5.1　低温环境

力学性能试验的深低温环境需要由深低温环境箱，或称深低温炉创造，图 10-28 是两种典型的力学性能试验深低温炉。炉体一般采用双层真空结构或安装隔热层。深低温炉与力学性能试验机相连，对试样施加各类载荷。试样浸泡在深低温介质内达到深低温，试验温度等于液态介质的温度。这种深低温环境只需要对温度进行监测，使试样温度准确，不需要对试样温度进行控制。如采用深低温介质蒸气对试样降温，必须对试样温度进行控制，如采用液氮（4.2K）形成 20K 的温度。这种方法的优点是可形成介于液态介质温度之间的中间温度，

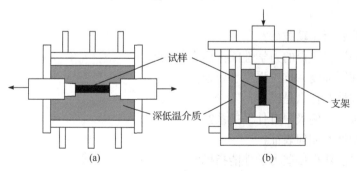

图 10-28　深低温炉工作示意图

（a）拉伸；（b）压缩

但控制复杂，试样的温度准确性和温度均匀性较差。还有一种方法是采用深低温介质冷却热导体，热导体与试样连接冷却试样，试样不与液态介质接触，形成真空环境。这种冷却可以模拟一些航天器构件的实际工作环境、压力环境，从而研究材料的力学行为。

　　力学性能测试使用深低温炉的关键之一是载荷拉杆或压杆与炉体的密封，要尽量减少密封带来的附加力，以保证试样应力计算的精度。深低温可能使炉外密封处（空气和水汽）结冰，使测试失败。采用专用波纹管密封技术可较好地解决这一问题。波纹管接头形成的附加载荷可以准确测得并予以扣除。

　　深低温炉的另一关键是多试样技术，为降低试验成本，缩短试验周期，一般深低温炉都采用多试样夹具，一次降温进行多个试样的试验。一次可进行多个试样的拉伸、压缩、疲劳、深低温蠕变及深低温冲击试验。

10.5.2　深低温介质

　　材料的深低温力学性能不仅与温度有关，还与介质、压力、介质的聚集态有关。在不同的介质如氦、氢、真空环境中，力学特性存在明显的差异。如在液氢介质下，氢元素对于金属结构材料的组织而言，一般是有害的，如在深低温环境中发现了钛合金应力腐蚀性的氢致开裂。

本 章 小 结

　　材料力学性能按温度可分为室温、高温和深低温力学性能。根据加载特性室温下的力学性能又分为静载荷与动载荷下的力学性能两种。静载荷下的力学性能主要通过静载荷试验获得，如拉伸、压缩、弯曲、扭转、硬度、剪切试验等，从而获得材料的强度、塑性和硬度等力学性能。动载荷下的力学性能则通过动载荷试验，如冲击和疲劳试验，获得冲击韧度和疲劳强度等力学性能，断裂韧度则通过 $F\text{-}V$ 曲线获得。高温下力学性能通过高温加载试验获得，如蠕变试验、持久试验等，获得蠕变强度、持久强度等。深低温环境下进行性能测试则可获得深低温力学性能。深低温环境由深低温炉和深低温介质保证，深低温下的力学性能与室温下的力学性能存在明显差异。

习　　题

1. 什么是静载荷、动载荷？
2. 静载拉伸试验获得的力学性能指标有哪些？
3. 什么是屈服强度、抗拉强度、屈强比？
4. 什么是弹性？什么是模量？
5. 弹性极限与比例极限有什么关系？
6. 什么是塑性？如何表征？
7. 压缩试验能获得哪些力学性能指标？
8. 扭转试验能获得哪些力学性能指标？
9. 弯曲试验能获得哪些力学性能指标？

10. 剪切试验能获得哪些力学性能指标？

11. 比较布氏硬度、洛氏硬度和维氏硬度的优缺点，说明它们的使用对象和适用范围。不同种类的硬度值是否可以直接比较？

12. 陶瓷材料采用什么方法测试硬度？其有何特点？

13. 何谓韧脆转变温度？物理意义是什么？

14. 什么是断裂韧度？为什么在设计中要考虑这个指标？

15. 什么是冲击韧度？如何测量？

16. 材料疲劳断裂是如何形成的？提高零件疲劳寿命有哪些方法？

17. 什么是疲劳极限？疲劳强度与疲劳极限存在什么关系？

18. 什么是蠕变强度和持久强度？两者有何区别？

参 考 文 献

机械工业理化检验人员技术培训和资格鉴定委员会. 2003. 力学性能试验. 上海: 上海科学普及出版社.

彭瑞东. 2017. 材料力学性能. 北京: 机械工业出版社.

乔生儒, 张程煜, 王泓. 2021. 材料的力学性能. 西安: 西北工业大学出版社.

王吉会, 郑俊萍, 刘家臣, 等. 2018. 材料力学性能原理与实验教程. 天津: 天津大学出版社.

张帆, 郭益平, 周伟敏. 2014. 材料性能学. 2 版. 上海: 上海交通大学出版社.

郑建军. 2019. 材料性能学基础实验教程. 北京: 冶金工业出版社.